测量放线工
必备技能

第二版

王欣龙　主编

CELIANG
FANGXIANGONG
BIBEI
JINENG

化学工业出版社

·北京·

《测量放线工必备技能》（第二版）主要包括测量放线概述、测量仪器及设备、测量误差基本知识、控制测量简述、测量放线基本方法、地形图测绘及其应用、建筑施工放线测量、建筑物变形观测等内容。并增加了多项案例，更加方便读者参考。

作为施工技术人员的参考用书，本书在内容上突出实用性，在形式上以一问一答方式来组织全书，脉络清晰，有的放矢。

本书可供专门从事测量工作的技术工人、工长、施工人员、技师学院、中高职类学校及各种短训班师生等参考使用。

图书在版编目（CIP）数据

测量放线工必备技能/王欣龙主编. —2 版. —北京：化学工业出版社，2017.1（2023.4重印）
ISBN 978-7-122-27947-7

Ⅰ.①测⋯　Ⅱ.①王⋯　Ⅲ.①建筑测量-基本知识
Ⅳ.①TU198

中国版本图书馆 CIP 数据核字（2016）第 206683 号

责任编辑：袁海燕　　　　　　　　装帧设计：韩　飞
责任校对：王　静

出版发行：化学工业出版社（北京市东城区青年湖南街 13 号　邮政编码 100011）
印　　装：天津盛通数码科技有限公司
850mm×1168mm　1/32　印张 11½　字数 313 千字
2023 年 4 月北京第 2 版第 6 次印刷

购书咨询：010-64518888　　　　　　售后服务：010-64518899
网　　址：http://www.cip.com.cn
凡购买本书，如有缺损质量问题，本社销售中心负责调换。

定　　价：38.00 元　　　　　　　　版权所有　违者必究

本书编写人员名单

主编：王欣龙

参编：（按姓名拼音排序）

李志刚　　刘彦林　　马立棉　　孙　丹

孙兴雷　　王欣龙　　杨晓方　　张素景

前　言

本书第一版自问世以来，深受广大测量技术人员的欢迎，根据读者反馈、实际测量人员需求及国家和行业对测量技术的方向调整，在保持第一版编写特点和整体框架不变的基础之上，参考当前实施的一系列规范新标准，我们对该书进行了部分内容的修订。主要修改内容包括以下部分。

1. 测量仪器部分，调整相对落后、淘汰仪器的使用功能及方法等内容，增加当前先进的测量仪器的介绍。

2. 测量误差部分，增加测量误差案例。

3. 测量放线基本方法部分，增加城市测量规范相关内容，另外在介绍角度测量、三四等测量、基线测量时增加实际案例穿插说明。

4. 建筑施工放线测量部分，将施工测量重点部分细化，不太重要部分删去，重点讲操作及注意事项，并用实际案例供读者参考。

5. 变形观测部分，增加实例。

6. 解决了第一版中其他不妥及疏漏之处。

尽管本书为第二版修订，也难免还有疏漏之处，欢迎读者朋友指正。

编者

2016 年 7 月

第一版前言

工程建设中，测量放线是第一道也是必需的工序，还是确保整个工程质量和设计意图的关键工序。作为工程建设全过程的一项极其重要的技术性工作，测量工作是建设项目具体建造实施的 GPS，工程测量技能是施工一线工程技术人员必备的岗位能力。

从目前来讲，测量仪器及新技术随着社会科技的迅速发展在不断地更新换代，测量技术人员不仅要熟练使用常规的传统测量工具，还需不断学习掌握新的测量仪器、技术及新的测量方法才能完成必须面对的工作。实际工作中，测量放线是一项运用立体几何、平面几何、解析几何等多项知识结合的综合技术，包含有多种技能，测量技术人员需要不断总结经验才能掌握测量中的技巧并融会贯通，保障建设工程的顺利进行。

通常，在修房、筑路、架桥等的施工现场，首先看到的是扛着测量仪器和工具的测量人员。如果没有他们测量绘制出来的地区地形图纸，工程就无法进行规划和设计，建设也就无法开展，大家称测量人员为工程建设的"尖兵"。设计工作完成后，测量放线人员首先将各建筑物的位置、形状、高度等用不同的标志固定在现场，没有这些测量标志，施工人员无法正常进行施工，因此，大家又称测量放线人员为工程建设的"眼睛"。

测量放线工作是这样一种既不需要太高学历，但又需要有一定基础知识的技能性工作。大批具有初、高中文化水平的农民工，他们只要经过短期培训和学习即可掌握这门可以改善自身能力的技术。因此，为满足测量应用型人才的培养目标，根据《测量放线工》国家职业标准和建筑业实际需要，我们特编写了本书。该书采用一问一答的形式，易学易用。

本书由王欣龙主编。在编写过程中，参阅了同行专家的一些资料和文献，统一列在参考文献中。另外，杨晓方、孙丹、刘彦林、马立棉、孙兴雷、李志刚、张素景等也参与了本书的编写工作，在此，一并表示感谢。

限于编者水平及时间，书中疏漏之处，还望请读者朋友多多指教！

编者

2011 年 12 月

目　　录

第一章　测量放线概述

第一节　测量放线工基本要求

1. **测量放线工是指做什么工作的人员？**

测量放线工是利用测量仪器和工具，测量建筑物的空间位置和标高，并按施工图放实样，确定平面尺寸的技术人员。

2. **测量放线工道德素质要求有哪些？**

(1) 遵守国家相关法律和有关规定。

(2) 热爱本职工作，自觉履行测量放线工作职责。

(3) 互相协作，密切配合，共同完成任务。

(4) 听从指挥、服从分配，遵守劳动纪律。

(5) 做到安全、文明施工，杜绝事故，防患于未然。

(6) 树立质量第一的思想，做到精益求精，确保工程质量。

(7) 工作认真负责，严于律己，不骄不躁，吃苦耐劳。

(8) 钻研业务，努力提高专业技能。

3. **测量放线工专业技术内容要求有哪些？**

(1) 识图的基本知识，看懂分部分项施工图，并能校核小型、简单建筑物平、立、剖面图的关系及尺寸。

(2) 房屋构造的基本知识，熟悉一般建筑工程施工程序及对测量放线的基本要求，弄清本职业与相关职业之间的关系。

(3) 熟悉建筑施工测量的基本内容、程序及作用。

(4) 掌握点的平面坐标（直角坐标、极坐标）标高、长度、坡度、角度、面积和体积的计算方法，一般函数计算器的使用知识。

(5) 掌握普通水准仪、普通经纬仪的基本性能、用途及保养知识。

(6) 熟悉水准测量的原理 (视线高法和高差法), 基本测法、记录和闭合差的计算及调整。

(7) 熟悉场地建筑坐标系与测量坐标系的换算、导线闭合差的计算及调整、直角坐标及极坐标的换算、角度交会法与距离交会法定位的计算。

(8) 掌握光电测距和激光仪器在建筑施工测量中的一般应用。

(9) 掌握经纬仪在两点间投测方向点、直角坐标系法、极坐标法和交会法测量或测设点位, 以及圆曲线的计算与测设。

(10) 能制定一般工程施工测量放线方案, 并组织实测。

(11) 能预防和处理施工测量放线中的质量和安全事故的方法。

4. 测量放线的主要工作流程是什么?

(1) 首先, 当一个工程项目图纸到手之后, 要认真细致地熟读图纸。先从说明开始, 了解工程概况, 对图纸说明反复研读, 使自己对工程有一个初步的了解, 为下面的工作打好基础。工程之初, 放线人员首先关心的就是定位。当规划部门把红线引测到现场之后, 就要根据规划与总平面图对建筑物进行准确的定位。

总平面图是表示一个区域内自然状况的图纸。在总平面图中, 可以根据给出的红线与测量坐标, 确定建筑物的位置以至定位。当建筑物走向与测量坐标方向不一致, 并且不是一个建筑物时, 为了方便, 可以根据测量坐标与建筑物的方位角, 自建坐标系, 也就是建筑坐标。

(2) 完成了定位工作之后, 就要核对施工图中的建筑平面图尺寸与定位尺寸、结构图的基础平面尺寸是否一致。核对正确后, 就可以根据定位标桩设定工程施工放线控制点。做好控制点后, 再根据结构施工图的基础图放样, 进行基础施工。放线的过程其实是一个按图纸 1:1 放大样的过程。不同的是有些线在实际工作中无法放出来, 或不必放出来。要想办法做一些引线控点, 以保证在施工阶段支模砌筑、浇注混凝土、安装等工序实施过程中的位置和标高符合设计要求。

基础图中只有两种尺寸，一是墙间或柱间轴线尺寸，再有就是轴线总尺寸。详图中标注着轴线到基础底面标高，垫层的宽度和厚度，基础形式，地梁的位置和标高，室内外地面的标高，基础梁的配筋情况，垫层，基础，基础墙，基础梁的材料。放线人员所做的工作就是要以图上的数据进行现场测设。

（3）基础施工实施过程中，放线人员要掌握基础底面标高、垫层、宽度、厚度、大放脚的高度、层数、基础宽度、基础梁的高度、位置、管沟、预留洞口位置等信息，进行现场测设时，还要结合上层图纸，查看有没有局部标高变化以及室内外地面之高差等等。在工程进行到基础圈梁时应及时查看主体结构与地梁之间结合点的情况。查阅清楚结构柱的位置及地梁顶标高与首层正负零的关系，同时由控制点把控制轴线引测标注到梁上。为下一步的主体与首层施工做好准备。

（4）基础地梁达到施工强度时，首层与主体施工便开始连接了，在首层与主体施工的同时可能穿插首层地面垫层、地下管线、设备基础这些工作，在不影响总体施工的安排情况下都有可能进行施工。放线人员要做到心中有数，做好前期的准备。

（5）进入到主体施工或首层施工后，放线人员的工作基本上就进入到了一个常规施工阶段。这时要关注的是主体的结构标高与建筑标高的关系以及门、窗的具体位置与标高，各个梁柱的位置，规格、标高，在各工种进行施工前，把施工图中每条与基础相关的轴线准确无误地测设到基础上，同时把门窗洞口位置及柱子的位置，标注到梁上或者基础侧面。结构施工中框架结构与其他混凝土结构施工过程会采取分步和一次浇筑等方式，这时就要针对不同的施工方式，采取相应的测量方式。

分步施工时放线人员要放轴线，根据轴线与柱子、剪力墙与其他结构边线的关系放出各个结构的边线，在结构施工拆模后把控制线、标高线测设到施工完成的结构构件上，用以控制版面结构层梁板的位置、标高。楼板结构支模完成后要配合技术员和质检员检测梁、板、模板尺寸以保证准确无误。

在整体楼层一次完成浇筑施工中，放样人员首先完成平面轴线之后再根据轴线尺寸与各构件之关系，准确地在梁上或地面上放出各构件的边线，同时把标高标注在结构柱的钢筋上，这样就便于后续工程，根据这些线完成各构件柱、墙、梁、板的定位制作与安装。

模板制作安装完成时，制作人员可以根据地面线与图示尺寸用自梁底吊线坠的方法自行完成校验。确认无误后一层的放线与模板工作就基本完成了。

（6）多层与高层施工中，由于功能与结构的需要，平面图上下对应关系较多，所以，首层完成后，下一层即是一种重复，关键就是把下面控制线测设到上一层。测设的主要方法有：外控法、内控法，还有运用吊线坠法。多层建筑用外控法比较方便，高层会用到内控法。

（7）当进入顶层与屋面施工时，放线人员要认真阅读图纸，把这些特别之处熟记于心认真落实。当进行到屋面施工阶段，应注意一些细部装饰工作的特点，如：墙及挑檐的高度、防水的做法、雨水口的预留位置、出屋面各构筑物的位置结构形式，图示要求等。稳妥地完成了这些工作之后，如果是民建工程，那么主体结构工程就已经完成了。放线人员的具体工作要转向每个楼层的地面与散水、台阶、装饰工程。这个阶段就是按图结合实际情况合理地完成这些任务的测设。

（8）工业建筑在结构主体完成之后，就到了设备基础施工与验收阶段。有一些设备基础是在结构施工的同时完成的，有些设备基础要等到结构施工完成之后才能开始施工。

在设备基础施工放线时，首先要熟读平面图中各基础之间的平面关系，在结构工程完成的情况下，可根据实际情况对总控制线作小的调整，也就是做设计允许的调整。根据实际结构确定了总控制线之后，就可以对各个设备基础实施放线了。

如果是小型厂房就可以简单一些，但如果是大型或是要安装一些联动设备的大型基础，一定要根据实际情况制定一些十分具体的工作方案，在做方案时要认真研读图纸，每一步都事先设计好。放线人员的任务就是在忠于原设计的基础之上，以圆满简单的方式完成施工任务。

第二节　测量仪器保养知识

1. 怎样建立测量仪器档案及台账？

通常，测量组建立本部门所属测量仪器的档案和台账，并填写仪器使用动态。使用动态由仪器责任人负责填写，每月填写一次使用动态，测量组负责人检查。

一般，工程部通知项目经理部将所有属于固定资产的测量装置、台账及检定证书上报到工程部。所报资料如为传真件，则应在资料的每一页都标明项目经理部及工地名称，以免混淆。台账中所有在用仪器均必须附有检定证书，停用的仪器必须附有停用报告。

项目部所属的全部或部分测量仪器，从一个工地向另外一个工地转移后的十五天内，仪器的接收工地技术室将属于固定资产的监测装置和 2000 元以上主要监测装置的台账及检定证书报工程部一份。

项目经理部所有属于低值易耗品的测量设备台账和检定证书，应由技术室负责建立并保存，工程部进行不定期检查。

2. 怎样对测量仪器进行检定和维修？

仪器的定期检定按照《监视和测量装置的控制程序》有关规定执行。检定和正常维修费用均由仪器使用单位承担。仪器检定后 10 月内，将属于固定资产仪器的检定证书报工程部一份备案。对于未能按照要求执行者，工程部可按《管理体系运行奖罚规定》有关规定予以处罚。

3. 测量仪器的停用要求有哪些？

测量仪器检定有效期到期时，如果没有该监测项目，可申请停用，由原使用单位填写"监测装置停用申请报告"，经工程部审批后生效。停用的仪器由原使用单位保管，以备其他工地需要时调拨。停用的装置再次启用前必须检定后才能使用。

4. 完工后，测量仪器应怎样处理？

凡工程完工后，项目经理部的测量仪器经工程部批准后首先在本项目经理部进行内部调拨；调拨后的剩余仪器，由项目经理部负责将其进行检修、保养、包装后就地封存停用，并将封存停用的仪器，停用报告报工程部批准，待其他工地需要时再进行调拨。

5. 怎样对测量仪器设备进行维护与管理？

(1) 仪器保存。仪器应存放在通风、干燥、温度稳定的房间里。各种仪器均不可受压、受冻、受潮或受高温，仪器柜不要靠近火炉或暖气管、片，不可靠近强磁场。存放仪器时，特别是在夏天和车内，应保证温度在一定的范围之内（-20～+50℃）。注意防止未经许可的人员接触仪器。

(2) 仪器运输。仪器长途运输时，应切实做好防碰撞、防振及防潮工作。装车时务必使仪器箱正放，不可倒置。测量人员携带仪器乘坐汽车时，应将仪器放在腿上并抱持怀中，或背起来以防颠簸振动损坏仪器。如发生仪器损坏者，按照相关规定对运输过程中的仪器责任人进行处理。

(3) 操作保养规程。

① 仪器负责人必须精通仪器使用知识，必须遵循仪器生产厂家列出的安全须知，能向其他使用者讲述仪器的操作和安全防护知识并进行有效的监督。

② 不可自行拆卸、装配或改装仪器。

③ 操作前应先熟悉仪器。一切操作均应手轻、心细、动作柔稳。

④ 仪器开箱前，应将仪器箱平放在地上。严禁手提或怀抱着仪器箱子开箱，以免开箱时仪器落地摔坏。开箱后注意看清楚仪器在箱中安放的状态，以便在用完后按原样安放。

⑤ 仪器自箱中取出前，应松开各制动螺栓，提取仪器时，用手托住仪器基座，另一手握持支架，将仪器轻轻取出，严禁用手提望远镜的横轴。仪器及所用附件取出后，及时合上箱盖，以免灰尘进入箱内。仪器箱放在测站附近，箱上严禁坐人。

⑥ 测站应尽量选在容易安牢脚架、行人车辆少的地方，保证仪器及人员安全。安置脚架时，以便于观测为原则，选好三条腿的方向，高度与观测者身高相适应。

⑦ 安置仪器时，应确保附件（如脚架、基座、测距仪、连接电缆等）正确地连接，安全地固定并锁定在其正确位置上，避免设备引起机械震动。千万不要不拧仪器的连接螺栓就将仪器放在脚架平面上，螺栓松了以后应立即将仪器从脚架上卸下来。

⑧ 仪器安置后，必须有人看护。

⑨ 转动仪器前，先松开相应制动螺栓，用手轻扶支架使仪器平稳旋转。当仪器失灵或有杂音等不正常的情况出现时，应首先查明原因，妥善处理。严禁强力扳扭或拆卸、锤击而损坏仪器。仪器故障不能排除或查明时，要向有关人员声明，及时采取维护措施，不应继续勉强使用，以免使仪器损坏程度加重或产生错误的测量结果。

⑩ 制动螺栓应松紧适当，应尽量保持微动螺旋在微动行程的中间一段移动。

⑪ 在工作过程中，短距离迁站时先将仪器各制动螺栓旋紧，物镜朝下，检查连接栓是否牢固，然后将三脚架合拢，于扶持脚架于肋下，另一手紧握仪器基座置仪器于胸前。严禁单手抓提仪器或将仪器扛在肩上。抱着仪器前进时，要稳步中速行走。若需跨越沟谷、陡坡或距离较远时，应装箱背运。

⑫ 观测结束后，先将脚螺旋和各制动、微动螺旋旋到正常位置，用镜头纸轻轻除去仪器上的灰尘、水滴等。然后按原样装箱，将各制动螺旋轻轻旋紧，检查附件齐全后轻合箱盖，箱口吻合后方可上锁，若箱口不吻合，应检查仪器各部位状态是否正确，切不可用力强压箱盖，以免损坏仪器。

⑬ 仪器应尽量避免日晒、雨淋，烈日下或在雨中测量时，应给仪器打伞。

⑭ 仪器尽量避免在雨中使用，如必须使用时，时间不要太长，使用后要及时擦干水，放在阴凉处晾干后装箱，不可放在太阳光下暴晒。

⑮ 仪器清洗前，应先吹掉光学部件上的灰尘。不可用手触摸物镜、目镜、棱镜等光学部件的表面。清洗镜头时，要用干净、柔软的布或镜头纸进行擦拭。如有必要，可稍微蘸点纯酒精（不要使用其他液体，否则会破坏仪器部件）。

⑯ 不要用仪器去直接观测太阳，这样不仅有可能损坏测距仪或全站仪的内部部件，也有可能会造成眼睛受伤。

⑰ 雷雨天进行测量时，将冒着受雷击的危险，因此，雷雨天不要进行野外测量。

⑱ 电子仪器的充电器只能在干燥的房间里使用，不应该在潮湿和酷热的地方使用，如果这些装置受潮，使用时将可能会发生电击。

⑲ 仪器如有激光发射，不可用眼睛直接观测激光束，也不要用激光束对准其他人。

⑳ 使用金属水准尺、对中杆等装置，在电气设备如电缆或电气化铁路附近工作时，应与电气设备保持一定的距离，遵从有关电气安全方面的规定。

㉑ 仪器从温度低的地方安置到温度较高的地方时，仪器表面及其光学部分将产生水汽，可能影响到观测，可用镜头纸将其轻轻擦去，也可以在使用前将仪器用衣服包住，使仪器温度尽快与环境温度相适应，这样，水汽会自动消除。

㉒ 应保持电缆和插头的清洁干燥，经常清理插头上的灰尘。仪器工作时，不要拔掉连接电缆。

6. 如何保养测量用具？

（1）钢尺。使用中不可抛掷、脚踏或车轧，以免折断或劈裂。

在城市道路上量距时，应设专人护尺。钢尺由尺盘上放开后，应保证平直伸展，如有扭结或打环，应先解开而后拉紧，以防折断。为保护尺上刻划及注记不被磨损或锈蚀，携尺前进时应将尺提起，不要拖地而行。钢尺尽量避免接触泥、水，若接触泥、水后应尽早擦干净，使用完毕后尺面需涂凡士林油，再收入卷盘中。

（2）皮尺。量距时拉力要均匀适当，不要用力过大，以免拉断。使用中避免接触泥水、车轧或折叠成死扣，如受潮或浸水时应及时将尺面由尺盘中放出，晾干后再收拢。

（3）水准尺、花杆、脚架。尺面刻划应精心保护，以保持其鲜明清晰。使用过程中不可将其自行靠放在电杆、树木或墙壁上撒手不管，以免倒下摔坏。塔尺使用完毕后，应将抽出的部分及时收回，使接头处保持衔接完好。扶尺时不得用塔尺底部敲击地面，以保持塔尺零点位置精确可靠。暂时不用时，应平放在地面上，不许坐在水准尺、花杆及脚架上。也不许用以上工具抬、挑物品。对于木质测量用具来说，使用及存放时还应注意防水、防潮，以免变形。

（4）垂球。不可用垂球尖在地面上刻划，也不可将垂球当作工具敲击其他物体。

第二章 测量仪器及设备

第一节 水 准 器

1. 什么是水准器？有哪几种水准器？

大地水准面和铅垂线分别是测量工作的基准面和基准线，而水准器是用来整平仪器的一种装置，它用来指示仪器的水平视线是否水平，竖轴是否铅直，之后仪器才能提供水平线和铅垂线。任何外业测量仪器都是以此为基础的。

水准器有管水准器和圆水准器两种。

2. 什么是管水准器？外形与结构如何？

管水准器又叫水准管，它用于精确整平仪器。

管水准器是一个纵剖面方向的内壁磨成弧面的玻璃管，管内装入酒精和乙醚的混合液，加热融封，冷却后留有一个气泡，如图2-1所示。由于气泡较轻，它总是处于管内最高位置。

管水准器管面上一般刻有间隔 2mm 的分划线，管面中心即分划线的中点 O，称为水准管零点。过零点作与圆弧相切的纵向切线 LL 称为水准管轴。当水准管气泡中心与水准管零点重合时，称为气泡居中，这时水准管轴处于水平位置。如果水准管轴与视准轴平行，当水准管气泡居中时，视准轴也处于水平位置，则仪器视线即为水平视线。

水准管相邻分划线间的圆弧所对应的圆心角 τ'' 称为水准管分划值。

$$\tau'' = \frac{2}{R}\rho''$$

式中　R——水准管圆弧半径，mm；

　　　ρ''——弧度秒值，206265"。

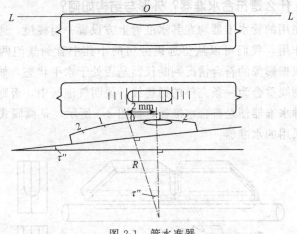

图 2-1　管水准器

由此可见，圆弧半径愈大，水准管分划愈小，水准管灵敏度愈高，用其整平仪器的精度也愈高。

3. 什么是圆水准器？外形与结构如何？

圆水准器是一个顶面玻璃内表面磨成球面的玻璃圆盒，内部也含有混合液及气泡，如图 2-2 所示。圆水准器用于粗略整平仪器，使仪器的竖轴处于铅垂位置。

圆水准器球面中央刻有一小圆圈，其圆心称为圆水准器零点。过零点的球面法线 $L'L'$，称为圆水准器轴。当圆水准器气泡位于圆圈中央即气泡居中时，圆水准器轴处于铅垂位置。如果这时圆水准器轴与仪器竖轴平行，则仪器竖轴也处于铅垂位置。

当气泡不居中，气泡中心偏离零点

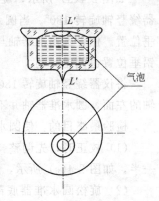

图 2-2　圆水准器

2mm 时竖轴所倾斜的角值，称为圆水准器的分划值，一般为 $(8'\sim10')/2mm$，圆水准器精度较低，故只用于仪器的粗略整平。

4. 什么是符合水准器？外形与结构如何？

现在用的管水准器均在其水准管上方设置一组棱镜，通过内部的折光作用，我们可以从望远镜旁边的小孔中看到气泡两端的影像，并根据影像的符合情况判断仪器是否处于水平状态，如果两侧的半抛物线重合为一条完整的抛物线，说明气泡居中，否则需要调节。这种水准器便是符合水准器，如图 2-3 所示，是微倾式水准仪上普遍采用的水准器。

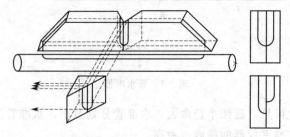

图 2-3 符合水准器

5. 如何进行圆水准器的检验及校正？

如图 2-4(a) 所示，旋转脚螺旋使水准器气泡居中，然后将仪器绕竖轴旋转 $180°$。当圆水准器气泡居中时，圆水准器轴处于铅垂位置。假设圆水准器轴与竖轴不平行，且偏移 α 角，那么竖轴与铅垂位置也偏差 α 角。

将仪器绕竖轴旋转 $180°$，如图 2-4(b) 所示，圆水准器转到竖轴的左面，圆水准器轴并不铅垂，而是与铅垂线偏差 2α 角。

检验最终目的：使圆水准器轴 $L'L'$ 平行于仪器的竖轴 VV。

(1) 校正时，先调整脚螺旋，使气泡向零点方向移动偏离值的一半，如图 2-4(c) 所示，竖轴处于铅垂位置。

(2) 旋松圆水准器底部的固定螺钉，用校正拨动三个校正螺钉，使气泡居中，如图2-5所示。此时，圆水准器轴平行于仪器竖轴且处于铅垂位置，如图 2-4(d) 所示。

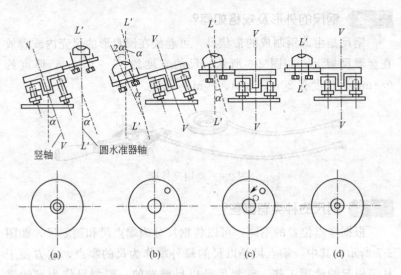

竖轴　　　圆水准器轴

(a)　　　(b)　　　(c)　　　(d)

图 2-4　圆水准器轴平行于仪器竖轴的检验与校正

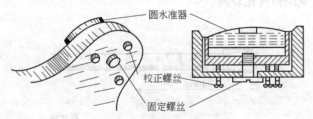

圆水准器

校正螺丝

固定螺丝

图 2-5　圆水准器校正螺钉

此校正需反复进行，直至仪器旋转到任何位置时，圆水准器气泡皆居中为止，最后旋紧固定螺钉。

第二节　钢尺及量距其他工具

1. 什么是钢尺？

钢尺是由薄钢片制成的带状尺，可卷入金属圆盒内，又称钢卷尺。钢尺性脆、易折断、易生锈，所以使用时要避免扭折、防止受潮。由于钢尺抗拉强度高，不易拉伸，所以量距精度较高。

2. **钢尺的外形及规格如何?**

钢尺是由薄钢制成的带状尺，可卷放在圆盘形的尺壳内或卷放在金属尺架上，如图 2-6 所示。尺的宽度约 10～15mm，厚度约 0.4mm，长度有 20m、30m、50m 等几种。

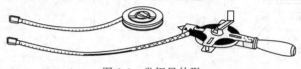

图 2-6　卷钢尺外形

3. **钢尺的种类有哪些?**

根据零点位置的不同，可以将钢尺分为端点尺和刻划尺，如图 2-7 所示，其中，端点尺是以尺的最外端作为尺的零点，它方便于从墙根起的量距工作，刻划尺是以尺前端的一刻划尺作为尺的零点，其量距精度比较高。

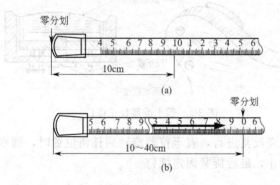

图 2-7　端点尺和刻划尺
(a) 端点尺; (b) 刻划尺

4. **钢尺的分划有几种，是什么?**

钢尺的分划有好几种，有的以厘米为基本分划，适用于一般量距; 有的也以厘米为基本分划，但尺端第一分类内有毫米分划; 也有的全部以毫米以基本分划。后两种适用于较精密的距离丈量。钢尺的分米和米的分划线上都有数字注记。

5. **什么是标杆？规格如何？**

标杆多用木料或铝合金制成，直径约 3cm，全长有 2m、2.5m及 3m 等几种规格。杆上涂装成红白相间的 20cm 色段，非常醒目，标杆下端装有尖头铁脚，如图 2-8 所示，便于插入地面，作为照准标志。

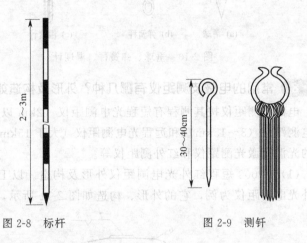

图 2-8　标杆　　　　　　　　图 2-9　测钎

6. **什么是测钎？规格如何？**

测钎通常用钢筋制成，上部弯成小圆环，下部磨尖，直径3～6mm，长度 30～40cm。钎上可用涂料涂成红白相间的色段。通常 6 根或 11 根系成一组，如图 2-9 所示。量距时，将测钎插入地面，用以标定尺端点的位置，还可作为近处目标的瞄准标志。

7. **钢尺量距用其他辅助工具有哪些？**

钢尺量距用辅助量距工具外，还有垂球、弹簧秤、温度计等，如图 2-10 所示。测量时，垂球用在斜坡上的投点，弹簧秤用来施加检定时标准拉力，以保证尺长的稳定。

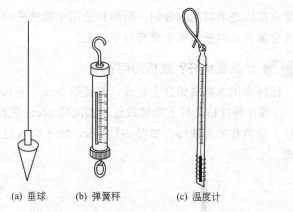

(a) 垂球　　(b) 弹簧秤　　(c) 温度计

图 2-10　垂球、弹簧秤、温度计

8. 常用的电磁波测距仪有哪几种？外形及构造如何？

电磁波测距仪按其测程有短程光电测距仪（2km 以内）、中程光电测距仪（3～15km）和远程光电测距仪（大于 15km）；按其采用的光源有激光测距仪和红外测距仪等。

（1）D2000 短程红外光电测距仪外形及构造。以 D2000 短程红外光电测距仪为例，它的外形、构造如图 2-11 所示，其主机通

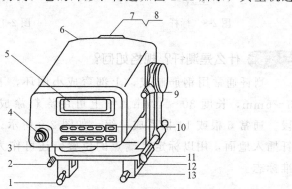

图 2-11　D2000 短程红外光电测距仪

1—显示器；2—望远镜目镜；3—键盘；4—电池；5—照准轴水平调整手轮；

6—座架；7—俯仰调整手轮；8—座架固定手轮；9—间距调整螺钉；

10—俯仰固定手轮；11—物镜；12—物镜罩；13—RS-232 接口

过连接支架安装在经纬仪的上部，如
图 2-12 所示，并利用光轴调节螺钉
使主机发射——接受器光轴与经纬仪
视准轴位于同一竖直平面内。测距仪
横轴到经纬仪横轴的高度与觇牌中心
到反射棱镜的高度一致，使得经纬仪
瞄准觇牌中心的视线与测距仪瞄准反
射棱镜中心的视线保持平行，见图
2-13，反射棱镜见图 2-14，选用棱镜
时，可根据距离远近而定，棱镜安装
在三脚架上，依据光学对中器和长水
准管进行对中和整平。

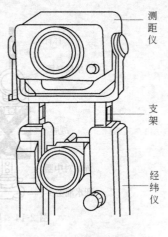

测距仪

支架

经纬仪

图 2-12　光电测距仪与
经纬仪的连接

　　D2000 短程红外测距仪的技术性
能如下所述。

　　① D2000 短程红外测距仪的最大测程为 2500m，测距精度可
达 $\pm(3mm + 2 \times 10^{-6} \times D)$（其中 D 为所测距离），最小读数
为 1mm。

　　② 光电测距仪设有自动控制光强调节装置，在复杂环境下测

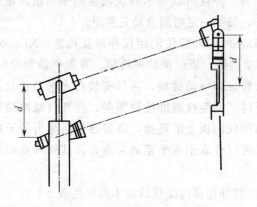

图 2-13　光电测距仪所用经纬仪瞄准觇牌中心视线与
测距仪瞄准反射棱镜中心视线平行

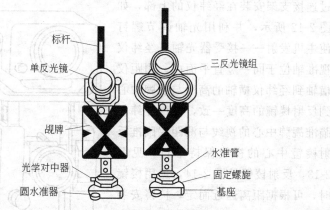

图 2-14　反射棱镜外形及结构

量时可人工调节光强。

③ 光电测距仪可输入温度、气压和棱镜常数自动对结果进行改正，可输入垂直角自动控制计算出水平距离和高差，可通过距离预置进行定线放样，如果输入测站坐标和高程，还可自动计算观测点的坐标和高程。

④ 光电测距仪的测距方式有正常测量和跟踪测量，正常测量所需时间为 3s，并且可以显示数次测量的平均值，跟踪测量所需时间为 0.8s，每隔一定时间自动复测距。

（2）ND3000 红外相位测距仪外形及构造。ND3000 红外相位测距仪自带望远镜，望远镜的视准轴、发射光轴和接收光轴同轴，有垂直制动螺旋和微动螺旋，可以安装在光学经纬仪或电子经纬仪上。测距时，测距仪瞄准棱镜测距，经纬仪瞄准棱镜测量竖直角，通过测距仪面板上的键盘，将经纬仪测量出的天顶距输入到测距仪中，可以计算出水平距离和高差，其外形及构造如图 2-15 所示。

ND3000 红外相位测距仪的技术指标见表 2-1。

ND3000 红外相位测距仪的使用操作系统步骤如下所述。

（1）检查电源开关。温度、气压、棱镜常数等仪器常数都预先

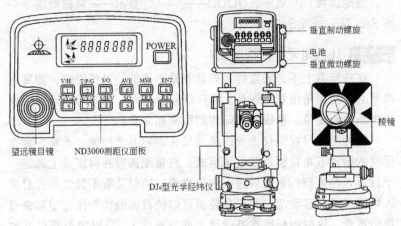

图 2-15　ND3000 红外相位测距仪及单棱镜

设置好了，不需要进行修改设置，具体的参数修改设置参看《仪器操作手册》。

表 2-1　ND3000 红外相位测距仪主要技术指标

测程	单棱镜 2km，三棱镜 3km
精度	$\pm(5mm+3ppm \cdot D)$
分辨率	1mm
环境温度	$(-20+50)℃$
显示距离	9999.99m

（2）瞄准目标。主机望远镜对准棱镜中心。

如距离较远，棱镜不容易找到，或能见度太低的情况下，可按两次圆键。

调整主机俯仰微动螺旋和水平微动螺旋，使回光信号显示数字最大，然后用手动增减光键减至显示数为 60 左右即可以测距。

接下来按 S/H/V 键即测距键，这样测站点到照准点的距离就会显示在液晶显示屏上。斜距、高差之间的转换通过连续按此键即可实现。

测距流程：开机——GOOD——"＊"显示——精确照准——按 SIG 键——按 S/H/V 键。

9. 什么是无标尺视距仪？

在待定点上不必安置标尺就能测量距离的一种视距仪。测算距离所必需的楔角值和基线长 l 都在仪器上获得。一些无标尺视距仪中楔角是固定值，基线长度随待测距离而变化。

这种无标尺视距仪主要由基线尺、固定五角棱镜、光楔、带指标线的活动五角棱镜及望远镜组成。测量距离时在待定点上选定一个目标，经光楔折射角后进入物镜成像，同时又有不经光楔折射进入物镜成像。移动活动的五角棱镜可以使目标的两个像在望远镜视场中重合。这时指标线在基线尺上截取长度 l，乘以视距乘以常数即可算得距离。另一些仪器中基线长 l 固定不变，折射角随距离而变化。用无标尺视距仪测量距离的精度较差，但用它测量从测站到山顶和悬崖等难以攀登处的距离很方便，可用于起伏较大地区的地形测图。

10. 什么是激光测距仪？

主要功能：点到点距离测量＋水平距离测量＋高度测量＋俯仰角度测量（如图 2-16）；

测距范围：0～1000m；

测距精度：＋/－30cm；

倾斜度量程：±90°（deg）

倾斜度精度：±0.25°（deg）

图 2-16 激光测距仪

新产品——美国激光技术公司（Laser Technology，Inc.）全新推出的图帕斯™200（TruPulse 200型），是最新推出的一款专业激光测距仪。它紧凑轻便的外观和"测量瞄准一体化"设计使激光和视线处于同一直线上，极大减小了由于激光发射点与视线之间的误差，使测量的结果更加精确。仪器具备的透明清晰显示数据的光学系统能够在眼睛瞄准目标的同时可以读出测量数据。仪器配备的屈光度调节器能够使工作时提供更好、更舒服、更加清晰的视野。利用倾斜度传感器，能测量出水平距离和垂直距离，并且利用内置的程序能够马上计算出任何两点之间的高差。可以通过标准的串口 RS232（标准）或者无线蓝牙®技术进行数据传输。在不同的环境条件下选择近距模式，远距模式或连续模式进行工作。

　　主要功能：点到点距离测量＋水平距离测量＋高度测量＋俯仰角度测量；

　　光学放大倍数：7 倍；

　　标准环境下测距范围：0～1000m；

　　高反射条件：2000m；

　　测距精度：＋/－30cm；

　　倾斜度量程：±90°（deg）；

　　倾斜度精度：±0.25°（deg）；

　　单位：英尺，码，米和度；

　　规格说明：

　　尺寸：12cm×5cm×9cm；

　　重量：220g；

　　数据传输：RS232 串口（标准）和无线蓝牙®（可选）；

　　电源：3.0V 直流电；（2）AA or（1）CRV3；

　　视力安全：（美国）食品及药物管理局一级别安全标准即联邦法规 21 章；

　　环境要求：防水 & 防尘，NEMA 3，IP 64；

　　温度：－20～＋60℃显示器；液晶显示；

　　脚架：单脚架/三脚架（1/4″－20）；

　　激光测距仪一般采用两种方式来测量距离：脉冲法和相位法。脉冲法测距的过程是这样的：测距仪发射出的激光经被测量物体反射后又被测距仪接收，测距仪同时记录激光往返的时间。光速和往返时间乘积的一半，就是测距仪和被测量物体之间的距离。脉冲法测量距离的精度一般在＋/－1m 左右。另外，此类测距仪的测量盲区一般是 15m 左右。

激光测距是光波测距中的一种测距方式，如果光以速度 c 在空气中传播在 A、B 两点间往返一次所需时间为 t，则 A、B 两点间距离 D 可用下列表示。

$$D = ct/2$$

式中　D——测站点 A、B 两点间距离；

　　　c——光在大气中传播的速度；

　　　t——光往返 A、B 一次所需的时间。由上式可知，要测量 A、B 距离实际上是要测量光传播的时间 t，根据测量时间方法的不同，激光测距仪通常可分为脉冲式和相位式两种测量形式。

11. 什么是相位式激光测距仪？

相位式激光测距仪是用无线电波段的频率，对激光束进行幅度调制并测定调制光往返测线一次所产生的相位延迟，再根据调制光的波长，换算此相位延迟所代表的距离。即用间接方法测定出光经往返测线所需的时间。

相位式激光测距仪一般应用在精密测距中。由于其精度高，一般为毫米级，为了有效地反射信号，并使测定的目标限制在与仪器精度相称的某一特定点上，对这种测距仪都配置了被称为合作目标的反射镜。

若调制光角频率为 ω，在待测量距离 D 上往返一次产生的相位延迟为 φ，则对应时间 t 可表示为：

$$t = \varphi/\omega$$

将此关系代入公式，距离 D 可表示为

$$D = 1/2\,ct = 1/2\,c \cdot \varphi/\omega = \frac{c}{4\pi f} \times (N\pi + \Delta\varphi)$$

$$= \frac{c}{4f} \times (N + \Delta N) = U(N + \Delta N)$$

式中　φ——信号往返测线一次产生的总的相位延迟；

　　　ω——调制信号的角频率，$\omega = 2\pi f$；

U——单位长度，数值等于 1/4 调制波长；

N——测线所包含调制半波长个数；

$\Delta\varphi$——信号往返测线一次产生相位延迟不足 π 部分；

ΔN——测线所包含调制波不足半波长的小数部分。

$$\Delta N = \varphi/\omega$$

在给定调制和标准大气条件下，频率 $c/(4\pi f)$ 是一个常数，此时距离的测量变成了测线所包含半波长个数的测量和不足半波长的小数部分的测量即测 N 或 φ，由于近代精密机械加工技术和无线电测相技术的发展，已使 φ 的测量达到很高的精度。

为了测得不足 π 的相角 φ，可以通过不同的方法来进行测量，通常应用最多的是延迟测相和数字测相，目前短程激光测距仪均采用数字测相原理来求得 φ。

由上所述一般情况下相位式激光测距仪使用连续发射带调制信号的激光束，为了获得测距高精度还需配置合作目标，而目前推出的手持式激光测距仪是脉冲式激光测距仪中又一新型测距仪，它不仅体积小、重量轻，还采用数字测相脉冲展宽细分技术，无需合作目标即可达到毫米级精度，测程已经超过 100m，且能快速准确地直接显示距离。是短程精度精密工程测量、房屋建筑面积测量中最新型的长度计量标准器具。现应用最多的是 LEICA 公司生产的 DISTO 系列手持式激光测距仪和图雅得（Trueyard）激光测距望远镜等。

第三节　水　准　仪

1. 水准仪的种类有哪几种？

如按水准仪的构造及功能来分，可分为：

利用水准管来获得水平视线的水准管水准仪，称为微倾式水准仪。

利用补偿器来获得水平视线的水准仪，称为自动安平水准仪。

新型水准仪，也叫电子水准仪，它配合条纹编码尺，利用数字化图像处理的方法，可自动显示高程和距离，使水准测量实现了自动化。

我国水准仪按其精度可分为：

DS_{05} 型、DS_1 型、DS_3 型和 DS_{10} 型四个等级，DS_{05} 型、DS_1 型主要用于精密水准测量，DS_3 型、DS_{10} 型则用于普通水准测量，其中 "D" 为大地测量仪器的总代号，"S" 为 "水准仪" 汉语拼音的第一个字母，下标的是指水准仪所能达到的每公里往返测高差中数的中误差（mm）。

2. **DS_3 型微倾式水准仪由哪几部分构成，各部分功能如何？**

图 2-17 所示为我国生产的 DS_3（简称 S_3）型水准仪的外形及结构。水准仪主要由望远镜、水准仪及基座三部分组成。

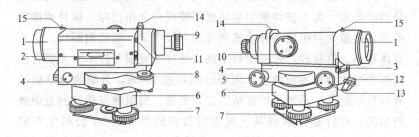

图 2-17 DS_3 型水准仪

1—望远镜；2—水准管；3—钢片；4—支架；5—微倾螺旋；6—基座；
7—脚螺旋；8—圆水准器；9—目镜对光螺旋；10—物镜对光螺旋；
11—气泡观察镜；12—制动扳手；13—微动螺旋；14—缺口；15—准星

（1）望远镜。望远镜是水准仪上的重要部件，用来瞄准远处的水准尺进行读数，它由物镜、调焦透镜、调焦螺旋、十字丝分划板和目镜等组成，如图 2-18 所示。

望远镜的物镜由两片以上的透镜组成，作用是与调焦透镜一起使远处的目标成像在十字丝平面上。形成缩小的实像。旋转调焦螺旋，可使不同距离目标的成像清晰地落在十字丝分划板上，称为调焦或物镜对光。

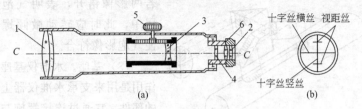

图 2-18 测量望远镜
1—物镜；2—目镜；3—调焦透镜；4—十字丝分划板；
5—物镜对光螺旋；6—目镜对光螺旋

　　望远镜的目镜也是由一组复合透镜组成的，其作用是将物镜所成的实像连同十字丝一起放大成虚像，转动目镜螺旋，可使十字丝影像清晰，称目镜对光。

　　十字丝分划板是安装在镜筒内的一块光学玻璃板，上面刻有两条互相垂直的十字丝，竖直的一条称为纵丝，水平的一条称为横丝或中丝，与横丝平行的上、下两条对称的短丝称为视距丝，用以测定距离。

　　水准测量时，用十字丝交叉点和中丝瞄准目标并读数。物镜光心与十字丝交点的连线称望远镜的视准轴。合理操作水准仪以后，视准轴的延长线即成为水准测量所需要的水平视线。

　　从望远镜内所看到的目标放大虚像的视角 β 与眼睛直接观察目标的视角 α 的比值，称为望远镜的放大率，一般用 v 表示

$$v = \beta/\alpha$$

DS$_3$ 型水准仪望远镜的放大率一般为 25～30 倍。

　　(2) 水准器。水准仪上的水准器是用来指示水准轴是否处于水平位置，是操作人员判定水准仪是否置平正确的重要部件。普通水准仪上通常有圆水准器和管水准器两种。

　　为了便于观测和提高水准管的居中精度，DS$_3$ 型水准仪水准管的上方装有符合棱镜系统，如图 2-19 所示。通过棱镜组的反射折光作用，将气泡两端的影像同时反映到望远镜旁的观察窗内。通过观察窗观察，当气泡两端半边气泡的影像符合时，表明气泡居中。

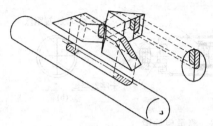

图 2-19 水准管与符合棱镜

若两影像错开，表明气泡不居中，此时应转动微倾螺旋使气泡影像符合。

（3）基座。水准仪基座的作用是用来支承水准仪器上部的部件，它通过连接螺旋与三脚架连接起来。基座主要由轴座、脚螺旋和底板构成。

脚螺旋的作用如下所述。

① 制动螺旋。用来限制望远镜在水平方向的转动。

② 微动螺旋。在望远镜制动后，利用它可使望远镜做轻微的转动，以便精确瞄准水准尺。

③ 对光螺旋。它可以使望远镜内的对光透镜做前后移动，从而能清楚地看清目标。

④ 目镜调焦螺旋。调节它，可以看清楚十字丝。

⑤ 微倾螺旋。调节它可以使水准器的气泡居中，达到精确整平仪器的目的。

（4）水准尺和尺垫。DS₃ 型水准仪配用的标尺，常用干燥而良好的木材、玻璃钢或铝合金制成。尺的形式有直尺、折尺和塔尺，长度分别为 3m 和 5m。其中，塔尺能伸缩携带方便，但接合处容易产生误差，杆式尺比较坚固可靠。

水准尺尺面绘有 1cm 或 5mm 黑白相间的分格，米和分米处注有数字，尺底为零。为了便于倒像望远镜读数，注的数字常倒写，如图 2-20 所示。

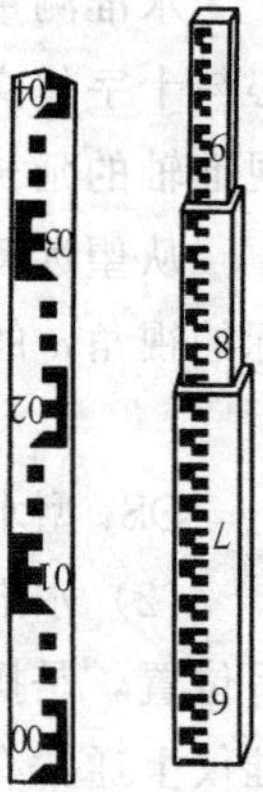

图 2-20 水准仪用水准尺

（a）　（b）

通常，三等、四等水准测量和图根水准测量时所用的水准标尺是长度整 3m 的双面（黑红面）木质标尺，黑面为黑白相间的分格，红面为红白相间的分格，分格值均为 1cm。尺面上每五个分格组合在一起，每分米处注记倒写的阿拉伯数字，读数视场中即呈现正像数字，并由上往下逐渐增大，所以读数时应由上往下读。

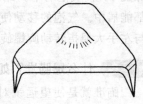

尺垫是用于水准仪器转点上的一种工具，通常由钢板或铸铁制成，如图 2-21 所示。

使用它时，应把三个尺脚踩入土中，将水准尺立在突出的圆顶上。尺垫的作用是防止下沉稳固转点。

图 2-21　水准仪用尺垫示意

3. 使用水准仪时，如何安置仪器？

（1）首先打开三脚架，安置三脚架，要求高度适当、架头大致水平并牢固稳妥，在山坡上测量时应使三脚架的两脚在坡下、一脚在坡上。

（2）将水准仪用中心连接螺旋连接到三脚架上。

（3）取水准仪时，要确保已经握住仪器的坚固部位，且确认仪器已牢固地连接在了三脚架上之后才放手。

4. 如何进行水准仪的粗略整平？

粗略整平即粗平，就是通过调节仪器的脚螺旋，使圆水准气泡居中，以达到仪器纵轴铅直、视准轴粗略水平的目的。基本方法是：如图 2-22（a）所示，设气泡偏离中心于 a 处时，可先选择一对脚螺旋 1、2，用双手以相对方向转动两个脚螺旋，使气泡移至

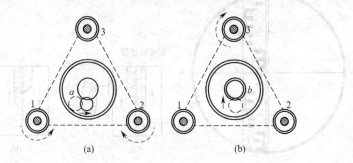

(a)　　　　　　　　　(b)

图 2-22　粗略整平

两脚螺旋连线的中间 b 处，如图 2-22（b）所示；然后，再转动脚螺旋 3，使气泡居中。此项工作应反复进行，直至在任意位置气泡都能居中。气泡的移动使圆水准器气泡居中。规律是，其移动方向与左手大拇指转动脚螺旋的方向相同。

5. 什么是瞄准？如何进行水准仪的瞄准标尺操作？

瞄准就是使望远镜对准水准尺，清晰地看到目标和十字丝成像，以便准确地进行水准尺读数。操作方法为：

（1）初步瞄准。松开制动螺旋，转动望远镜，利用镜筒上的照门和准星连线对准水准尺，然后拧紧制动螺旋。

（2）目镜调焦。转动目镜调焦螺旋，直至清晰地看到十字丝。

（3）物镜调焦。转动物镜调焦螺旋，使水准尺成像清晰。

（4）精确瞄准。转动微动螺旋，使十字丝的纵丝对准水准尺像。瞄准时应注意清除视差。

视差，就是当目镜、物镜对光不够精细时，目标的影像不在十字丝平面上，以致两者不能被同时看清，如图 2-23 所示。视差的存在会影响瞄准和读数精度，必须加以检查并消除。检查有无视差，可用眼睛在目镜端上、下微微地移动，若发现十字丝和水准尺成像有相对移动现象，说明有视差存在。消除视差存在的方法是仔细地进行目镜调焦和物镜调焦，直至眼睛上下移动读数不变为止。

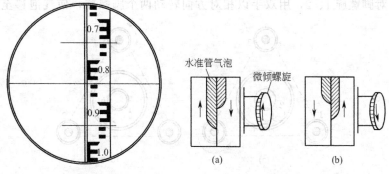

图 2-23　瞄准水准尺并读数　　　　　　图 2-24　精确整平操作示意

6. 怎样进行水准仪的精确整平？

（1）用眼睛观察水准气泡及气泡影像。

（2）用右手缓慢地转动微倾螺旋，使气泡两端的影像严密吻合，视线应为水平视线。

（3）同时，微倾螺旋的转动方向与左侧半气泡影像的移动方向一致。

精确整平的操作示意图如图 2-24 所示。

7. 怎样读取水准仪的刻度？

（1）读数前注意一下分米分划线与注字的对应，并检查水准管气泡是否符合。

（2）用十字丝中间的横丝读取水准尺的读数。

（3）尺上可直接读出的数值单位有米、分米和厘米数，还可估读出毫米数，水准尺的读数共有四位数（零也要读出）。

（4）读数时，应从望远镜的上面向下面读，即先读小数，再读大数。

8. 水准仪轴线应满足何种几何条件？

如图 2-25 所示，水准仪的主要轴线是视准轴 CC、水准管轴 LL、仪器竖轴 VV 及圆水准轴 $L'L'$。各轴线间应满足的几何条

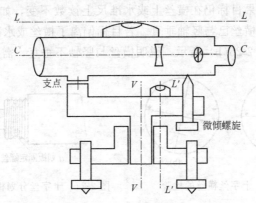

图 2-25 水准仪的轴线

件是：

（1）圆水准轴平行于仪器竖轴，即 $L'L' /\!/ VV$。当条件满足时，圆水准气泡居中，仪器的竖轴处于垂直位置，这样仪器转动到任何位置，圆水准气泡应居中。

（2）十字丝横丝垂直于竖轴，即十字丝横丝水平。这样，在水准尺上进行读数时，可以用横丝的任何部位读数。

（3）水准管轴平行于视准轴，即 $LL /\!/ CC$。当此条件满足时，水准管气泡居中，水准管轴水平，视准轴处于水平位置。

这些条件，在仪器出厂前经过严格检校都是满足的，但是由于仪器长期使用和运输中的振动等原因，可能使某些部件松动，上述各轴线间的关系会发生变化。因此，为保证水准测量质量，在正式作业之前，必须对水准仪进行检验与校正。

9. 　如何进行水准仪圆水准器的检验？

详见本章第一节内容。

10. 　如何进行水准仪十字丝横丝与竖轴垂直的检验与
　　　校正？

（1）先用横丝的一端照准一固定的目标或在水准尺上读一读数，然后用微动螺旋转动望远镜，用横丝的另一端观测同一目标或读数。

（2）如果目标仍在横丝上或水准尺上读数不变，如图 2-26（a）所示，说明横丝已与竖轴垂直。若目标偏离了横丝或水准尺读数有变化，如图 2-26（b）所示，说明横丝与竖轴不垂直，需要校正。

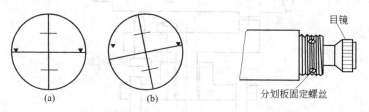

图 2-26　十字丝横丝的检验　　　　图 2-27　十字丝分划板校正图示

（3）打开十字丝分划板的护罩，可见到三个或四个分划板的固定螺丝，如图 2-27 所示。松开这些固定螺丝，用手转动十字丝分划板座，反复试验使横丝的两端都能与目标重合或使横丝两端所得水准尺读数相同，校正完成。最后旋紧所有固定螺丝。

11. **如何进行水准仪水准管轴与视准轴平行的检验与校正?**

（1）首先在平坦地面上选取 A、B 两点，而且在两点打入木桩或设置尺垫。

（2）将水准仪置于离 A、B 等距的 I 点，测得 A、B 两点上的读 a_1 和 b_1，则 $h_1 = a_1 - b_1$，如图 2-28(a) 所示。

（3）若视准轴与水准管轴平行，h_I 就是 A、B 两点之间的正确高差，若视准轴与水准管轴不平行，但由于仪器到两点的距离相等，i 角构成的误差对后视读数和前视读数的影响相同，它们的差值可以使误差抵消，因此，h_I 也是 A、B 两点的正确高差。

（4）把水准仪移至距离 B 点很近的地方 II 点，再次测 A、B 两点的高差，如图 2-28(b) 所示，仍把 A 作为后视点，得高差 $h_{II} = a_2 - b_2$。如果 $h_{II} = h_I$，说明在测站 II 所得的高差也是正确的，说明在测站 II 观测时视准轴是水平的，水准管轴与视准轴是平

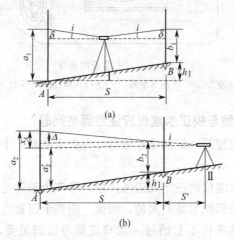

图 2-28　检验与校正水准管与视准轴平行图

行的，即 $i=0$。如果 $h_{II}\neq h_{I}$，则说明存在 i 角误差，由图 2-28 (b) 可知：

$$i=\frac{\Delta}{S}\rho$$

而，
$$\Delta=a_2-b_2-h_1=h_{II}-h_{I}$$

式中，Δ 为仪器在 II 和 I 所测高差之差；S 为 A、B 两点间的距离；ρ 为 $206265''$。对于一般水准测量，要求 i 角不大于 $20''$，否则应进行校正。

（5）转动微倾螺旋，使十字丝的中丝对准 A 点尺上应读读数 a_2，此时视准轴处于水平位置，而水准管气泡不居中。

用校正针先拨动水准管一端左、右校正螺钉，如图 2-29 所示，再拨动上、下两个校正螺钉，使偏离的气泡重新居中，最后要将校正螺钉旋紧。此项校正工作也需反复进行，直至达到要求为好。

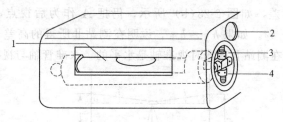

图 2-29　水准管的校正

1—水准管；2—气泡观察窗；3—上校正螺钉；4—下校正螺钉

12. 检验与校正水准仪应注意哪些问题？

（1）必须按照一定的顺序进行，即圆水准器，十字丝和水准管的顺序。

（2）在水准仪的三个几何条件中，第三个条件是主要条件，它对测量超限的影响也是最大的，因此，应该予以重点校正。

（3）上述条件不是通过一次校正就可以满足要求的，应该细致、耐心的多做几次，起到满足条件为止。

13. **什么是自动安平水准仪？有何特点？**

（1）外形及结构。自动安平水准仪是一种不用水准管而能自动获得水平视线的水准仪，它与 DS_3 微倾式水准仪的区别在于无水准管和微倾螺旋，却在望远镜的光学系统中装置了补偿器。

自动安平水准仪外形如图 2-30 所示。

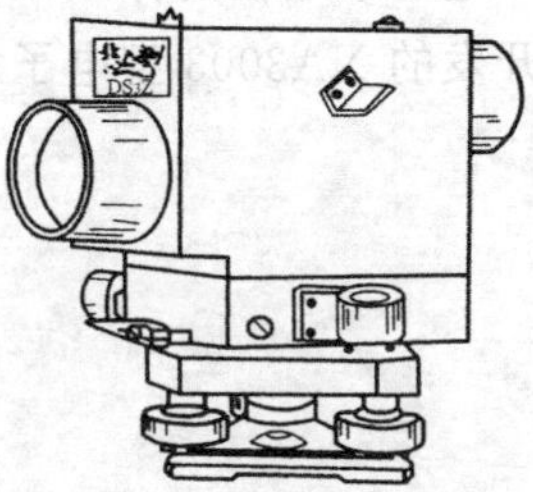

国产自动安平水准仪的型号是在 DS 后加字母 Z，即为 DSZ_{05}、DSZ_1、DSZ_3、DSZ_{10}，其中 Z 代表"自动安平"汉语拼音的第一个字母。

（2）使用原理。自动安平水准仪与微倾式水准仪一样，也是利用脚螺

图 2-30 自动安平水准仪外形

旋使圆水准器气泡居中，从而完成仪器的整平，再使用望远镜照准水准尺，用十字丝横丝读取水准尺读数，即获得水平视线读数。

由于自动安平水准仪安装的补偿器有一定的工作范围，即能起到补偿作用的范围，所以使用自动安平水准仪时，要防止补偿器贴靠周围的部件，不处于自由悬挂状态。有的仪器在目镜旁有一按钮，它可以直接触动补偿器。读数前可轻按此按钮，以检查补偿器是否处于正常工作状态，也可以消除补偿器有轻微的贴靠现象。如果每次触动按钮后，水准尺读数变动后又能恢复原有读数则表示工作正常。但如果仪器上没有这种检查按钮则可用脚螺旋使仪器竖轴在视线方向稍微倾斜，若读数不变则表示补偿器工作正常。使用自动安平水准仪时应十分注意圆水准器的气泡居中。

（3）特点。自动安平水准仪测量时无需精平，这样可以缩短水准测量的观测时间，且对于施工场地地面的微小震动、松软土地的仪器下沉及大风吹刮等原因引起的视线微小倾斜，自动安平水准仪的补偿器能随时调整，最终给出正确的水平视线读数，因此，自动安平水准仪具有观测速度快、精度高的优点，被广泛应用在各种等级的水准测量工作中。

14. 什么是电子水准仪？有何特点？

（1）外形构造。电子水准仪也可称为数字水准仪，是在自动安平水准仪的基础上发展起来的，也可以说是自动安平水准仪的升级版，是从光学时代跨入电子时代的产物。

电子水准仪的标尺采用的是条码标尺，图 2-31 为瑞士徕卡公司开发的 NA3003 型电子水准仪外形及所用条码标尺。

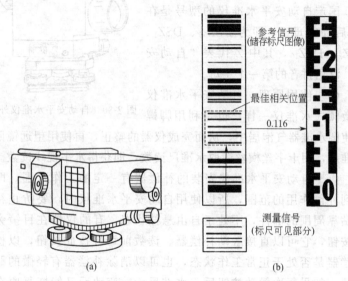

参考信号
（储存标尺图像）

最佳相关位置

0.116

测量信号
（标尺可见部分）

(a)   (b)

图 2-31　NA3003 型电子水准仪的外形及所用条码标尺

(a) 外形；(b) 条码标尺

（2）电子水准仪的观测精度。以图 2-31 的 NA3003 型电子水准仪为例，其分辨力为 0.01mm，每千米往返测得的高差数中偶然误差为 0.4mm。

（3）电子水准仪的使用原理。与电子水准仪配套使用的水准尺为条形编码尺，通常由玻璃纤维或铟钢制成，在电子水准仪中还装有传感器，它可识别水准标尺上的条形编码。当电子水准仪摄入条形编码后，经处理器转变为相应的数字，再通过信号转换和数据化，在显示屏上直接显示中丝读数和视距。

（4）电子水准仪的特点。

读数客观。不存在误读、误记和人为读数误差、出错。

精度高。视线高和视距读数都是采用大量条码分划图像经处理后取平均值得出来的，因此削弱了标尺分划误差的影响。多数仪器都有进行多次读数取平均的功能，可以削弱外界条件影响，不熟练的作业人员也能进行高精度测量。

效率高。只需调焦和按键就可以自动读数，减轻了劳动强度。视距还能自动记录、检核、处理，并能输入电子计算机进行后处理，可实现内外业一体化。

15. 什么是精密水准仪，有何使用特点?

精密水准仪（precise level）主要用于国家一等、二等水准测量和高精度的工程测量中，例如建（构）筑物的沉降观测、大型桥梁工程的施工测量和大型精密设备安装的水平基准测量等。精密水准仪种类很多，微倾式的有 DS_1 型，进口的有瑞士威特厂生产的 N3 等。

精密水准仪与其他水准仪的主要区别是它必须配有精密水准尺。精密水准尺通常是由木质的槽内安有一根合金带。带上标有刻划，数字标注在木尺上，精密水准尺的分划有 1cm 和 0.5cm 两种。精密水准仪所用精密水准尺如图 2-32 所示。

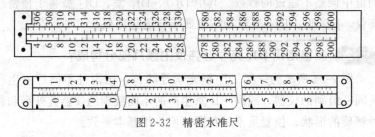

图 2-32 精密水准尺

精密水准仪的使用方法与一般水准仪基本相同，只是读数方法有些差异。

（1）在水准仪精准后，十字丝中丝往往不恰好对准水准尺上某一整分划线。

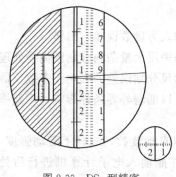

图 2-33　DS₁ 型精密
水准仪读数视场

（2）要转动测微轮使视线上、下平行移动，十字丝的楔形丝正好夹住一个整分划线，如图 2-33 所示，被夹住的分划线读数为 1.97m。此时视线上下平移的距离则由测微器读数窗中读出，其读数为 1.50mm。因此，水准尺的全读数为 1.97m＋0.00150m＝1.97150m。实际读数为全部读数的一半，即 1.97150m÷2＝0.98575m。

第四节　经　纬　仪

1. **什么是光学经纬仪？有哪些等级和类型？**

光学经纬仪是采用光学玻璃度盘和光学测微器读数的设备，电子经纬仪则采用光电描度盘和自动显示系统。国产经纬仪按精度可分为 DJ₀₇ 型、DJ₁ 型、DJ₂ 型、DJ₆ 型、DJ₁₅ 型和 DJ₆₀ 型六个等级。"D"、"J" 分别表示 "大地测量"、"经纬仪" 汉语拼音的第一个字母，07、1、2、6、15、60 分别表示该仪器一测回水平方向观测值中误差不超过的秒数。其中 DJ₀₇、DJ₁ 型、DJ₂ 型属于精密经纬仪，DJ₆ 型、DJ₁₅ 型和 DJ₆₀ 型属于普通经纬仪。

2. **测量常用 DJ₆ 光学经纬仪由哪几部分构成？**

图 2-34 所示为一架 DJ₆ 型光学经纬仪。国内外不同厂家生产的同一级别的仪器，或同一厂家生产的不同级别的仪器其外形和各种螺旋的形状、位置虽不尽相同，但作用基本一致。

DJ₆ 型光学经纬仪包括照准部、度盘和基座三大部分。

（1）照准部。照准部由望远镜、制动微动螺旋、竖直度盘、读数设备、竖盘指标水准管和光学对中器等组成。

望远镜用于瞄准目标，其构造与水准仪的望远镜基本相同，但

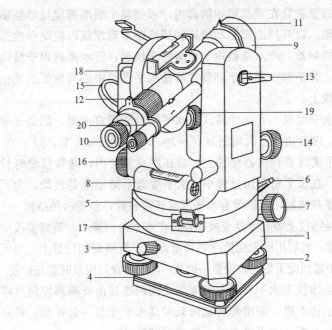

图 2-34　DJ₆型光学经纬仪外形

1—基座；2—脚螺旋；3—轴套制动螺旋；4—脚螺旋压板；5—水平度盘外罩；
6—水平方向制动螺旋；7—水平方向微动螺旋；8—照准部水准管；9—物镜；
10—目镜调焦螺旋；11—瞄准用的准星；12—物镜调焦螺旋；13—望远镜制动螺旋；
14——望远镜微动螺旋；15—反光照明镜；16—度盘读数测微轮；17—复测机钮；
18—竖直度盘水准管；19—竖直度盘水准管微动螺旋；20—度盘读数显微镜

为了便于瞄准目标，经纬仪的十字丝分划板与水准仪稍有不同。此外，经纬仪的望远镜与横轴固连在一起，安放在支架上，望远镜可绕仪器横轴转动、俯视或仰视，望远镜视准轴所扫过的面为竖直面。为了控制望远镜的上下转动，设有望远镜制动螺旋和望远镜微动螺旋。

竖直度盘固定在望远镜横轴的一端，随同望远镜一起转动。竖盘指标水准管用于安置竖盘读数指标的正确位置，并借助支架上的竖盘指标竖直管微动螺旋来调节。读数设备包括读数显微镜、测微镜以及光路中的一系列光学棱镜和透镜。

仪器的竖轴处在管状竖轴轴套内,可使整个照准部绕仪器竖轴作水平转动,设有照准部制动螺旋和照准部微动螺旋以控制照准部水平方向的制动。圆水准器用于粗略整平仪器;管水准器用于精确整平仪器。光学对中器用于调节仪器使水平度盘中心与地面点处在同一铅垂线上。

(2)水平度盘。光学经纬仪有水平度盘和竖直度盘,都是光学玻璃制成,度盘边缘全圆周刻划 $0°\sim360°$,最小间隔有 $1°$、$30'$、$20'$ 三种。水平度盘装在仪器竖轴上,套在度盘轴套内,通常按顺时针方向注记。在水平角测角过程中,水平度盘不随照准部转动。为了改变水平度盘位置,仪器设有水平度盘转动装置,包括两种结构。

方向经纬仪上装有度盘变换手轮,在水平角测量中,若需要改变度盘的位置,可利用度盘变换手轮将度盘转到所需要的位置上。为了避免作业中碰到此手轮,特设置一护盖,配好度盘后应及时盖好护盖。

复测经纬仪上水平度盘与照准部之间的连接由复测器控制。将复测器扳手往下扳,照准部转动时就带动水平度盘一起转动。将复测器扳手往上扳,水平度盘就不随照准部转动。

(3)基座。经纬仪基座与水准仪基座的构成和作用基本类似,包括轴座、脚螺旋、底板、三角压板等。

利用中心连接螺旋将经纬仪与脚架连接起来。在经纬仪基座上还固连一个竖轴套和轴座固定螺旋,用于控制照准部和基座之间的衔接。中心螺旋下有一个挂钩,用于挂垂球。

3. **DJ$_6$ 型光学经纬仪的读数装置是什么?如何读数?**

光学经纬仪的水平度盘和竖直度盘的度盘分划线通过一系列的棱镜和透镜,成像于望远镜旁的读数显微镜内。观测者通过显微镜读取度盘读数。DJ$_6$ 型经纬仪,常用的有分微尺测微器和单平板玻璃测微器两种读数方法。

(1)分微尺测微器及读数方法。分微尺测微器的结构简单,读数方便,具有一定的读数精度,故广泛用于 DJ$_6$ 型光学经纬仪。从这种类型经纬仪的读数显微镜中可以看到两个读数窗,注有

"⊥"（或"V"）的是竖盘读数窗，注有"一"（或"H"）的是水平度盘读数窗。两个读数窗上都有一个分成 60 小格的分微尺，其长度等于度盘间隔 1° 的两分划线之间的影像宽度，因此 1 小格的分划值为 1′，可估读到 0.1′。

读数时，先读出位于分微尺 60 小格区间的度盘分划线的度数，再以度盘分划线为指标，在分微尺上读取不足 1° 的分数，并估读秒数（秒数只能是 6 的倍数）。在图 2-35 中，水平度盘的读数为 157°03′42″，竖直度盘读数为 79°58′30″。

（2）单平板玻璃测微器及读数方法。单平板玻璃测微器主要由平板玻璃、测微尺、连接机构和测微轮组成。转动测微轮，单平板玻璃与测微尺绕轴同步转动。当平板玻璃底面垂直于光线时，如图 2-36(a) 所示，读数窗中双指标线的读数是 92°+α，测微尺上单指标线读数为 15′。转动测微轮，使平板玻璃倾斜一个角度，光线通过平板玻璃后发生平移，如图 2-36(b) 所示，当 92° 分划线移到正好被夹在双指标线中间时，可以从测微尺上读出移动 α 之后的读数为 17′28″。

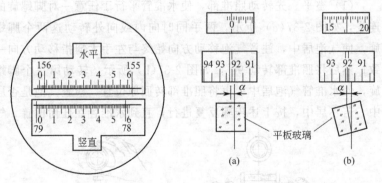

图 2-35　分微尺测微器读数　　　图 2-36　单平板玻璃测微器读数

4. 使用经纬仪时，粗略对中和整平有哪几种方法？如何操作？

（1）垂球对中法。将三脚架调整到合适高度后张开三脚架，将其安置在测站点上方，在三脚架的连接螺旋上挂上垂球，如果垂球尖离标志中心太远，可固定一脚移动另外两脚，或将三脚架整体平移，使垂球尖大致对准测站点标志中心，并注意使架头大致水平，然后踩实架脚。

再将经纬仪从箱中取出，用连接螺旋将经纬仪安装在三脚架上。调整脚螺旋，使圆水准器气泡居中。

此时，如果垂球尖偏离测站点标志中心，可旋松连接螺旋，在架头上移动经纬仪，使垂球尖精确对中测站点标志中心，然后旋紧连接螺旋。

（2）光学对中器对中。使架头大致对中和水平，连接经纬仪；调节光学对中器的目镜和物镜对光螺旋，使光学对中器的分划板小圆圈和测站点标志的影像清晰。

再转动脚螺旋，使光学对中器对准测站标志中心，此时圆水准器气泡偏离，伸缩三脚架架腿，使圆水准器气泡居中，注意三脚架架尖位置不得移动。

5.　使用经纬仪时，如何进行经纬仪的精确对中和整平？

（1）整平。先转动照准部，使水准管平行于任意一对脚螺旋的连线，如图 2-37（a）所示，两手同时向内或向外转动这两个脚螺旋，使气泡居中，注意气泡移动方向始终与左手大拇指移动方向一致；然后将照准部转动 90°，如图 2-37（b）所示，转动第三个脚螺旋，使水准管气泡居中；再将照准部转回原位置，检查气泡是否居中，若不居中，按上述步骤反复进行，直到水准管在任何位置，气

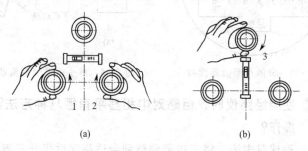

（a）　　　　　　　　　（b）

图 2-37　经纬仪的整平

泡偏离零点不超过一格为止。

（2）对中。先旋松连接螺旋，在架头上轻轻移动经纬仪，使垂球尖精确对中测站点标志中心，或使对中器分划板的刻划中心与测站点标志影像重合；然后旋紧连接螺旋。垂球对中误差一般可控制在 3mm 以内，光学对中器对中误差一般可控制在 1mm 以内。

对中和整平，一般都需要经过几次"整平—对中—整平"的循环过程，直至整平和对中均符合要求。

6. 使用经纬仪时，如何进行瞄准操作？

（1）松开望远镜制动螺旋和照准部制动螺旋，将望远镜朝向明亮背景，调节目镜对光螺旋，使十字丝清晰。

（2）利用望远镜上的照门和准星粗略对准目标，拧紧照准部及望远镜制动螺旋。

（3）调节物镜对光螺旋，使目标影像清晰，同时注意消除误差。

（4）转动照准部及望远镜的微动螺旋，精确瞄准目标。

（5）测水平角时，瞄准目标底部应用十字丝交点附近的竖丝。

（6）经纬仪瞄准示意图见图 2-38。

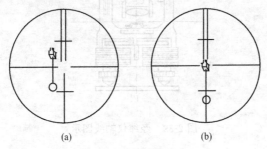

(a)　　　　　　　　　(b)

图 2-38　经纬仪瞄准

7. 使用经纬仪时，如何读数？

（1）打开反光镜，调节反光镜镜面位置，使读数窗亮度适中。

（2）转动读数显微镜对光螺旋，使度盘、测微尺及指标线的影像清晰。

（3）根据仪器的读数设备，按前述的经纬仪读数方法进行读数。

8. 经纬仪的轴线应满足哪些几何条件？

如图 2-39 所示，经纬仪的主要轴线有竖轴 VV、横轴 HH、视准轴 CC 和水准管轴 LL。检验经纬仪各轴线之间应满足的几何条件有：

（1）水准管轴 LL 应垂直于竖轴 VV。

（2）十字丝纵丝应垂直于横轴 HH。

（3）视准轴 CC 应垂直于横轴 HH。

（4）横轴 HH 应垂直于竖轴 VV。

（5）竖盘指标差为零。

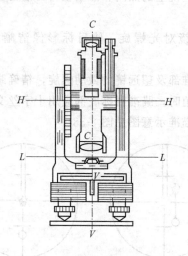

图 2-39　经纬仪轴线图示

通常仪器经过加工、装配、检验等工序出厂时，经纬仪的上述几何条件是满足的，但是，由于仪器长期使用或受到碰撞、振动等影响，均能导致轴线位置的变化。所以，经纬仪在使用前或使用一段时间后，应进行检验，如发现上述几何条件不满足，则需要进行校正。

9. 如何进行经纬仪水准管轴垂直于竖轴的检验与校正?

（1）先整平仪器，照准部水准管平行于任意一对脚螺旋，转动该对脚螺旋使气泡居中，照准部旋转180°，若气泡仍居中，说明此条件满足，否则需要校正。

（2）如图2-40(a)所示，设水准管轴与竖轴不垂直，倾斜了 α 角，将仪器绕竖轴旋转180°后，竖直位置不变，此时水准管轴与水平线的夹角为 2α，如图2-40(b)所示。

（3）校正时，先相对旋转这两个脚螺旋，使气泡向中心移动偏离值的一半，如图2-40(c)所示，此时竖轴处于竖直位置。再用校正针拨动水准管一端的校正螺钉，使气泡居中，如图2-40(d)所示，此时水准管轴处于水平位置。

此检验与校正需反复进行，直到照准部旋转到任意位置气泡偏离零点都不超过半格为止。

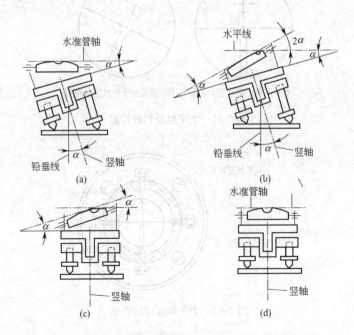

图2-40 水准管垂直于竖轴的检验和校正操作图示

10. **如何进行经纬仪十字丝垂直于仪器横轴的检验与校正?**

（1）首先整平仪器，用十字丝交点精确瞄准一明显的点状目标 P，如图 2-41 所示。

（2）制动照准部和望远镜，同时转动望远镜微动螺旋使望远镜绕横轴做微小俯仰，如果目标点 P 始终在竖丝上移动，说明条件满足，如图 2-41（a）所示，否则，需校正，如图 2-41（b）所示。

（3）旋下十字丝分划板护罩，用小改锥松开十字丝分划板的固定螺丝，微微转动十字丝分划板，使竖丝端点至点状目标的间隔减小一半。

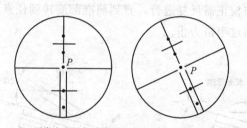

(a) 正常十字丝竖丝视野　(b) 需校正十字丝竖丝视野

图 2-41　十字丝竖丝的检验

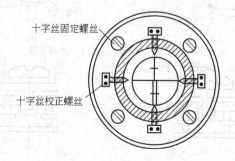

图 2-42　十字丝竖丝的校正

（4）再返转到起始端点，如图 2-42 所示。反复上述检验与校正,使目标点在望远镜上下俯仰时始终在十字丝竖丝上移动为止。

(5) 最后旋紧固定螺钉,旋上护盖。

11. 如何进行经纬仪视准轴垂直于横轴的检验与校正?

(1) 首先整平经纬仪,使望远镜大致水平,用盘左照准远处(80~100m)一明显标志点,读盘左水平度盘读数 L,再用盘右照准标志点,读水平度盘读数 R,如果 L 与 R 的读数相差180°,说明条件满足。

(2) 如果读数相差不为180°,差值为两倍视准轴误差,用 $2C$ 来表示。

(3) 校正时,在盘右位置按公式 $R_{正} = \frac{1}{2}[R + (L \pm 180°)]$,计算出盘右的正确读数。

(4) 转动水平微动螺旋,使水平度盘置于正确读数 $R_{正}$,此时望远镜十字丝交点已偏离了目标点。

(5) 旋下十字丝分划板护盖,稍微松开十字丝环上下两个校正螺丝,再拨动十字丝环的左右两个螺丝,一松一紧(先松后紧),推动十字丝环左右移动,使十字丝交点精确对准标志点。

反复上述操作,直到符合要求为止。另外,若采用盘左、盘右观测并取其平均值计算角值时,可以消除此项误差的影响。

12. 如何进行经纬仪横轴垂直于竖轴的检验与校正?

(1) 在距一垂直墙面20~30m处,安置经纬仪,整平仪器,如图2-43所示。

(2) 盘左位置。瞄准墙面上高处一明显目标 P,仰角宜在30°左右。

(3) 固定照准部。将望远镜置于水平位置,根据十字丝交点在墙上定出一点 A。

(4) 倒转望远镜成盘右位置,瞄准 P 点,固定照准部,再将

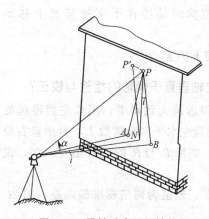

图 2-43 横轴垂直于竖轴的
检验与校正图示

望远镜置于水平位置，定出点 B。如果 A、B 两点重合，说明横轴垂直于竖轴；否则，需要校正。

（5）校正时，在墙上定出 A、B 两点连线的中点 N，仍以盘右位置转动水平微动螺旋，照准 N 点，转动望远镜，仰视 P 点，此时十字丝交点必然偏离 P 点，设为 P' 点。

（6）打开仪器支架的护盖，松开望远镜横轴的校正螺钉，转动偏心轴承，升高或降低横轴的一端，使十字丝交点准确照准 P 点，最后拧紧校正螺钉。

此项检验与校正也需反复进行。

现代新型经纬仪已不需要此项校正。

13. 如何进行经纬仪竖盘指标差的检验与校正?

（1）安装经纬仪，待仪器整平后，用盘左、盘右观测同一目标点 A。

（2）分别使竖盘指标水准管气泡居中，读取竖盘读数 L 和 R，计算竖盘指标差 x，若 x 值超过 $1'$ 时，需要校正。

（3）校正时，先计算出盘右位置时竖盘的正确读数 $R_0 = R - x$，原盘右位置瞄准目标 A 不动。

（4）转动竖盘指标水准管微动螺旋，使竖盘读数为 R_0，此时竖盘指标水准管气泡不再居中了，用校正针拨动竖盘指标水准管一端的校正螺钉，使气泡居中。

此项检校需反复进行，直至指标差小于规定的限度为止。

竖盘指标差如图 2-44 所示。

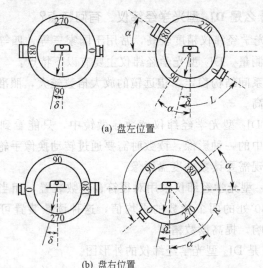

(a) 盘左位置

(b) 盘右位置

图 2-44 竖盘指标差图

14. 如何进行经纬仪光学对中器的视准轴与竖轴的检验与校正?

(1) 先安置好仪器,整平后在仪器正下方放置一块白色纸板,将光学对中器分划板中心投影到纸板上,并作一标志点 P,如图 2-45(a) 所示。

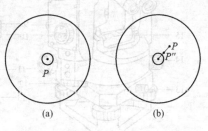

(2) 然后,将照准部旋转 180°,若 P 点仍在光学对中器分划圈内,说明条件满足,否则需校正。

图 2-45 光学对中器的检验与校正

(3) 在纸板上画出分划圈中心与 P 点的连线,取中点 P''。通过调节对中器上相应的校正螺丝,使 P 点移至 P'',如图 2-45(b) 所示。

(4) 反复 1~2 次,直到照准部旋转到任何位置时,目标都落在分划圈中心为止。需要注意的是,仪器类型不同,校正部位也不同,有的校正直角转向棱镜,有的校正光学对中器分划板,有的两者均可校正。

15. 什么是 DJ₂ 型光学经纬仪，有何特点？

DJ₂ 型光学经纬仪精度较高，常用于国家三等、四等三角测量和精密工程测量。DJ₂ 型光学经纬仪主要有以下特点：

（1）轴系间结构稳定，望远镜的放大倍数较大，照准部水准管的灵敏度较高。

（2）在 DJ₂ 型光学经纬仪读数显微镜中，只能看到水平度盘和竖直度盘中的一种影像，读数时需要通过转动换像手轮，使读数显微镜中出现需要读数的度盘影像。

（3）DJ₂ 型光学经纬仪采用对径符合读数装置，相当于取度盘对径相差 180°处的两个读数的平均值，这种读数装置可以消除偏心误差的影响，提高读数精度。

图 2-46 是 DJ₂ 型光学经纬仪的外形图。

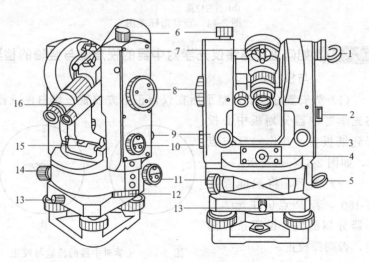

图 2-46　DJ₂ 型光学经纬仪外形

1—读数显微镜；2—照准部水准管；3—照准部制动螺旋；4—座轴固定螺旋；

5—望远镜制动螺旋；6—光学瞄准器；7—测微手轮；8—望远镜微动螺旋；

9—换像手轮；10—照准部；11—水平度盘变换手轮；12—竖盘反光镜；

13—竖盘指标水准管观察镜；14—竖盘指标水准管微动螺旋；

15—光学对点器；16—水平度盘反光镜

16. **什么是电子经纬仪? 有何特点?**

(1) 电子经纬仪外形及结构。电子经纬仪是在光学经纬仪的基础上发展起来的新一代测角仪器,电子经纬仪与光学经纬仪的根本区别在于它用微机控制的电子测角系统代替光学读数系统。

电子经纬仪使用电子测角系统,能将测量结果自动显示出来,实现了读数的自动化和数字化。采用积木式结构,可与光电测距仪组合成全站型电子速测仪,配合适当的接口,可将电子手簿记录的数据输入计算机,实现数据处理和绘图自动化。

电子经纬仪外形如图 2-47 所示。

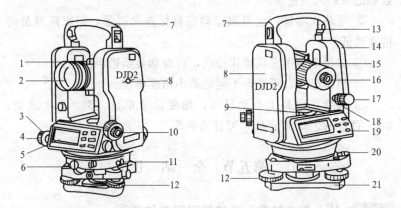

图 2-47 DJD₂ 电子经纬仪外形

1—粗瞄准器; 2—物镜; 3—水平微动螺旋; 4—水平制动螺旋; 5—液晶显示屏;
6—基座固定螺旋; 7—提手; 8—仪器中心标志; 9—水准管; 10—光学对点器;
11—通信接口; 12—脚螺旋; 13—手提固定螺钉; 14—电池; 15—望远镜调焦手轮;
16—目镜; 17—垂直微动手轮; 18—垂直制动手轮; 19—键盘;
20—圆水准器; 21—底板

(2) 电子经纬仪测角原理。电子经纬仪测角是从特殊格式的度盘上取得电信号,根据电信号再转换成角度,并且自动地以数字形式输出,显示在电子显示屏上,并记录在储存器中。电子测角度盘根据取得电信号的方式不同,可分为光栅度盘测角、编码度盘测角和电栅度盘测角等。

（3）电子经纬仪的特点。

① 装有内置驱动马达及 CCD 系统的电子经纬仪还可自动搜寻目标。

② 竖盘指标差及竖轴的倾斜误差可自动修正。

③ 可根据指令对仪器的竖盘指标差及轴系关系进行自动检测。

④ 可自动计算盘左、盘右的平均值及标准偏差。

⑤有的仪器可预置工作时间，到规定时间则自动停机。

⑥ 有与测距仪和电子手簿连接的接口。与测距仪连接可构成组合式全站仪，与电子手簿连接，可将观测结果自动记录，没有读数和记录的人为错误。

⑦ 可单次测量，也可跟踪动态目标连续测量，但跟踪测量的精度较低。

⑧ 如果电池用完或操作错误，可自动显示错误信息。

⑨ 根据指令，可选择不同的最小角度单位。

⑩ 读数在屏幕上自动显示，角度计量单位（360°六十进制、400g 百进制、6400 密位）可自动换算。

第五节　全　站　仪

1. 什么是全站仪？全站仪有哪些种类？

全站仪全名全站型电子速测仪，是一种可以同时进行角度（水平角、竖直角）测量、距离（斜距、平距、高差）测量和数据处理，由机械、光学、电子元件组合而成的测量仪器，它将电子经纬仪、电磁波测距仪、微处理器合并为一体，对测量数据自动进行采集、计算、处理、显示、存储和传输。不仅可全部完成测站上所有的距离、角度和高程测量以及三维坐标测量、点位的测设、施工放样和变形观测，还可以用于控制网的加密、地形图的数字化测绘及测绘数据库的建立等。

利用它工作时只需安置一次便可以完成测站上全部的测量

工作。

全站仪采用了光电扫描测角系统，其类型主要有编码盘测角系统、光栅盘测角系统及动态（光栅）测角系统等三种。

全站仪按其外观结构可分为积木式和整体式，按测量功能可分为经典型全站仪、机动型全站仪、无合作目标

图 2-48　拓普康 GGS-105N 型全站仪

型全站仪和智能型全站仪，按测距仪测距可分为短距离测距全站仪、中测程全站仪和长测程全站仪。

图 2-48 为 GGS-105N 型全站仪，图 2-49 为自动全站仪。

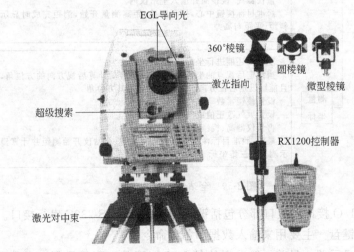

图 2-49　自动全站仪

2. 全站仪由哪几部分构成？

全站仪包括照准部、I/O 接口、CPU 部和电源。

照准部。照准部包括望远镜、度盘、水准器、脚螺旋、光学对

中器、基座、制动螺旋和微动螺旋。

目前，全站仪基本采用望远镜的光轴（又称视准轴）和测距光轴完全同轴的光学系统（图 2-50），一次照准就能同时测出距离和角度。

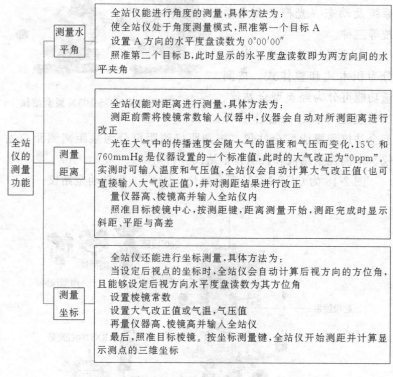

图 2-50　全站仪的测量功能

I/O 接口。接口部分包括键盘、显示器、RS-232C 串行接口。

键盘。主要用来输入数据和各种命令。

显示器。目前一般采用的是 LCD（液晶）型显示器，它主要用来显示各种测量数据和各种命令。

RS-232C 串行接口：主要是将全站仪与计算机等外围设备进行连接，通过外围设备对全站仪进行控制和数据交换。在全站仪的控制面板上所进行的操作和控制，同样可以在计算机的键盘上操作，便于用户应用开发。操作命令使用的是 ASC Ⅱ 代码，能执行测量、数据的传送、测量模式和功能的选择等。

CPU 部。CPU 部包括 CPU、ROM（主存储器）、RAM（暂存储器）。CPU 按其程序进行各种控制和运算，RAM 暂时存放输入或输出的数据和运算的结果，ROM 存放各种测量数据。

3.　全站仪有哪几种测量功能？

全站仪的测量功能见图 2-50。

4.　全站仪的工作原理是什么？

使用全站仪测量时，首先在测站点安置电子经纬仪，在电子经纬仪上连接安装电磁波测距仪；在目标点安置反光棱镜，用电子经纬仪瞄准反光棱镜的觇牌中心，操作键盘，在显示屏上显示水平角和垂直角。再用电磁波测距仪瞄准反光棱镜中心，操作键盘，测量并输入测量时的温度、气压和棱镜常数，然后置入天顶距（即电子经纬仪所测垂直角），即可显示斜距、高差和水平距离。最后，再输入测站点到照准点的坐标方位角及测站点的坐标和高程，即可显示照准点的坐标和高程。

另外，全站仪的电子手簿中可储存上述数据，最后输入计算机进行数据处理和自动绘图。目前，全站型电子速测仪已逐步向自动化程度更高、功能更强大的全站仪发展。

5.　全站仪有何测量等级？

全站仪的测距精度依据国家标准分为三个等级，小于 5mm 为 Ⅰ级仪器，标准差大于 5mm 小于 10mm 为 Ⅱ级仪器，大于 10mm 小于 20mm 为 Ⅲ级仪器。

全站仪测距和测角的精度通常应遵循等影响的原则，公式为：

$$\frac{m_D}{D} = \frac{m_\beta}{\beta} \quad 或 \quad \frac{m_\beta}{\beta} = 2 \times \frac{m_D}{D}$$

6.　全站仪使用操作步骤是什么？

（1）安置全站仪。将全站仪安置于测站，反射棱镜安置于目标点。对中与整平同光学经纬仪。新型全站仪还具有激光对点功能，其对中方法是：安置、整平仪器，开机后打开激光对点器，松开仪器的中心连接螺旋，在架头上轻移仪器，使显示屏上的激光对点器光斑对准地面测站点的标志，然后拧紧连接螺旋，同时旋转脚螺旋使管水准气泡居中，再按 Esc 键自动关闭激光对点器即可。仪器有双轴补偿器，整平后气泡略有偏差，对测量并无影响。

（2）开机。打开电源开关（POWER 键），显示器显示当前的棱镜常数和气象改正数及电源电压。若电量不足应及时更换电池。

（3）仪器自检。转动照准部和望远镜各一周，使仪器水平度盘和竖直度盘初始化（有的仪器无需初始化）。

（4）设置参数。棱镜常数检查与设置：检查仪器设置的常数是否与仪器出厂时定的常数或检定后的常数一致，不一致应予以改正。气象改正参数设置：可直接输入气象参数（环境气温 t 与气压 p），或从随机所带的气象改正表中查取改正参数，还可利用公式计算，然后再输入气象改正参数。

（5）进行角度、距离、坐标测量。在标准测量状态下，角度测量模式、斜距测量模式、平距测量模式、坐标测量模式之间可互相切换。全站仪精确照准目标后，通过不同测量模式之间的切换，可得所需的观测值。

（6）照准、测量。方向测量时照准标杆或觇牌中心，距离测量时瞄准反射棱镜中心，按测量键显示水平角、垂直角和斜距，或显示水平角、水平距离和高差。

（7）结束。测量完成，关机。

7. **使用全站仪应注意哪些事项？**

（1）使用前应先阅读说明书，对仪器有全面的了解，然后着重学习一些基本操作，如测角、测距、测坐标、数据存储、系统设置等。在此基础上再掌握其他如导线测量、放样等测量方法，然后可进一步学习掌握存储卡的使用。

（2）全站仪安置在三脚架之前，应检查三脚架的三个伸缩螺旋是否旋紧。用连接螺旋仪器固定在三脚架上之后才能放开仪器。操作者在操作过程中，不可以离开仪器。

（3）不可以在开机状态下插拔电缆，电缆、插头应保持清洁、干燥，插头如有污物，应进行清理。

（4）电子手簿应定期进行检定或检测，并进行日常维护。

（5）电池充电时间不能超过专用充电器规定的充电时间，否则有可能将电池烧坏或者缩短电池的使用寿命。若用快速充电器，一般只需要 60～80min。电池如果长期不用，则一个月之内应充电一次。存放温度以 0～40℃为宜。

（6）望远镜不能直接让太阳照准，以防损坏测距部发光二极管。

（7）阳光下或雨天测量使用时，应打伞遮阳和遮雨。

（8）仪器应保持干燥，遇雨后应将仪器擦干，放在通风处，待仪器完全晾干后才能装箱。仪器应保持清洁、干燥。由于仪器箱密封程度很好，因而箱内潮湿会损坏仪器。

（9）凡迁站都应先关闭电源并将仪器取下装箱搬运。

（10）全站仪长途运输或长久使用以及温度变化较大时，宜重新测定并存储视准轴误差及竖盘指标差。

8. **怎样对全站仪进行检测维护？**

全站仪须时常进行检定，检定周期不可超过一年。对其检定主要包括三个方面，分别如下：

（1）光电测距单元性能测试。包括测试光相位均匀性、周期误差、内符合精度、精测尺频率，测试加、乘常数及综合评定其测距精度。必要时，还可以在较长的基线上进行测距的外符合检查。

（2）电子测角系统检测。包括对中器和水准管的检校，照准部旋转时仪器基座方位稳定性检查，测距轴与视准轴重合性检查，仪器轴系误差（照准差 C，横轴误差 i，竖盘指标差 I）的检定，倾斜补偿器的补偿范围与补偿准确度的检定，一测回水平方向指标差的测定和一测回竖直角标准偏差测定。

（3）数据采集与通信系统的检测。包括检查内存中的文件状态，检查储存数据的个数和剩余空间；查阅记录的数据；对文件进行编辑、输入和删除功能的检查；数据通信接口、数据通信专用电缆的检查等。

9. 全站仪的主轴线应满足何种几何条件？

全站仪的主要轴线有仪器的旋转轴即竖轴 VV、水准管轴 LL、望远镜视准轴 CC 和望远镜的旋转轴即横轴 HH。应满足以下几何条件有：

（1）照准部水准管轴应垂直于竖轴，即 $LL \perp VV$。

（2）十字丝竖丝应垂直于横轴。

（3）视准轴应垂直于横轴，即 $CC \perp HH$。

（4）横轴应垂直于竖轴，即 $HH \perp VV$。

10. 如何进行全站仪照准部水准管轴垂直于竖轴的检验与校正？

（1）检验时先将仪器大致整平，转动照准部使其水准管轴与任意两个脚螺旋的连线平行，调整脚螺旋使气泡居中。

（2）将照准部旋转 $180°$，若气泡仍然居中，说明条件满足；否则，应进行校正。

（3）使水准管轴垂直于竖轴，用校正针拨动螺钉气气泡向正中间位置退回一半，为使竖轴竖直，再用脚螺旋使气泡居中即可，此项检验与校正必须反复进行，直到满足条件。

11. 如何进行全站仪十字竖丝垂直于横轴的检验与校正？

（1）检验时用十字丝竖丝瞄准一清晰小点，使望远镜绕横轴上下转动，若小点始终在竖丝上移动则条件满足，否则需要校正。

（2）校正时松开四个压环螺钉，转动目镜筒，使小点始终在十字丝竖丝上移动，校好后将压环螺钉旋紧。

12. 如何进行全站仪视准轴应垂直于横轴的检验与校正?

选择一个水平位置的目标,盘左、盘右观测之,取它们的读数(常数 $180°$)的差即得两倍的 C。

$$C=(\alpha_{左}-\alpha_{右})/2$$

式中,$\alpha_{左}$ 为盘左读数;$\alpha_{右}$ 为盘右读数。

13. 如何进行全站仪横轴垂直于竖轴的检验与校正?

(1) 选择较高墙壁附件处安置仪器,以盘左位置瞄准墙壁高处一点 P(仰角最好大于 $30°$)放平望远镜在墙壁上定出一点 m_1,倒转望远镜盘右位置再瞄准 P 点。又放平望远镜在墙壁上定出另一点 m_2。如果 m_1、m_2 重合则条件满足,否则需要校正。

(2) 校正时瞄准 m_1、m_2 的中点 m,固定照准部,向上转动望远镜,此时十字丝交点将不对准 P 点,抬高或降低横轴的一端,使十字丝的交点对准 P 点。此项检验也要反复进行,直到条件满足为止。

以上检测与矫正在观测期最好经常进行,每项检验完毕后必须旋紧有关的校正螺钉。

第六节 卫星定位系统

1. 什么是 GPS 全球定位系统?

GPS(Global Positioning System)即全球定位系统,是由美国建立的一个卫星导航定位系统,利用该系统,用户可以在全球范围内实现全天候、连续、实时的三维导航定位和测速;另外,利用该系统,用户还能够进行高精度的时间传递和高精度的精密定位。GPS 计划始于 1973 年,已于 1994 年进入完全运行状态。

近十多年来,GPS 定位技术在应用基础的研究、新应用领域的开拓及软硬件的开发等方面均取得了迅速的发展,使得 GPS 精密定位技术已经广泛地渗透到了经济建设和科学技术的许多领域，尤其是在大地测量学及其相关学科领域，如地球力学、海洋大地测量学、地球物理勘探和资源勘察、工程测量、变形监测、城市控制测量、地籍测量等方面都得到了广泛应用。

2. GPS 卫星定位技术的特点？

全天候作业，可以在任何时间、任何地点连续观测，通常不受天气状况的影响。

操作简便，自动化程度高。

观测时间短，还节省人力。

可提供三维坐标，即在精确测定观测平面位置时，还可以精确测定观测站的大地高程。

测站点间不要求通视，这样可根据需要布点，也无需建造觇标。

定位精度高，目前单频接收机的相对定位精度可达到 5mm＋1ppm$D$，双频接收机甚至可优于 5mm＋1ppm$D$。

3. GPS 卫星定位系统的构成部分是什么？

GPS 的整个系统由空间部分、地面控制部分、用户设备部分三大部分组成，如图 2-51 所示。

4. GPS 卫星定位原理是什么？

GPS 卫星定位是以 GPS 卫星和用户接收机天线之间距离的观测量为基础，并根据已知的卫星瞬时坐标，从而确定用户接收机所对应的电位，即待定点的三维坐标 (x, y, z)。实际上，GPS 定位的关键是测定用户接收机到 GPS 卫星之间的距离。

5. 什么是 GPS 伪距定位法？

如果设 GPS 卫星发射的测距码信号到达接收机天线所经历的时间为 t，该时间乘以光速 c，即是卫星到接收机的空间几何距离，计算公式为：

$$\rho = ct$$

GPS 定位系统构成	空间部分	GPS 的空间部分由 24 颗 GPS 工作卫星组成,这些 GPS 工作卫星共同组成了 GPS 卫星星座,其中 21 颗为可用于导航的卫星,3 颗为活动的备用卫星 构成卫星空间部分的 24 颗卫星分布在 6 个倾角为 55° 的轨道上绕地球运行 卫星的运行周期约为 11 小时 58 分(12 恒星时) 每颗 GPS 工作卫星都发出用于导航的定位信号,GPS 用户正是利用这些信号来工作的
	地面控制部分	GPS 的控制部分由分布在全球的若干个跟踪站所组成的监控系统构成,根据其作用的不同,这些跟踪站又被分为主控站、监控站和注入站 主控站有一个,位于美国科罗拉多(Colorado)的法尔孔(Falcon)空军基地,如图 2-52 所示。它的作用是根据各监控站对 GPS 的观测数据,计算出卫星的星历和卫星钟的改正参数等,并将这些数据通过注入站注入到卫星中去;同时,它还对卫星进行控制,向卫星发布指令,当工作卫星出现故障时,调度备用卫星,替代失效的工作卫星工作;另外,主控站也具有监控站的功能 监控站有五个,除了主控站外,其他四个分别位于夏威夷(Hawaii)、大西洋的阿森松群岛(Ascencion)、印度洋的迪戈加西亚(Diego Gareia)、太平洋的卡瓦加兰(Kwajalein),监控站的作用是接收卫星信号,监测卫星的工作状态 注入站有三个,它们分别位于阿森松群岛(Aseeneion)、迪戈加西亚(Diego Garcia)、卡瓦加兰(Kwajalein)注入站的作用是将主控站计算出的卫星星历和卫星钟的改正数等注入到卫星中去
	用户设备部分	GPS 的用户设备部分由 GPS 信号接收机、数据处理软件及相应的用户设备等构成 其中,接收机硬件和机内软件以及 GPS 数据的后处理软件包,构成完整的 GPS 用户设备。GPS 接收机的结构分为天线单元和接收单元两大部分。对于测地型接收机来说,两个单元一般分成两个独立的部件,观测时将天线单元安置在测站上,接收单元置于测站附近的适当地方,用电缆线将两者连接成一个整机。也有的将天线单元和接收单元制作成一个整体,观测时将其安置在测站点上

图 2-51　GPS 系统构成

实际上，由于卫星时钟与接收机时钟难以严格同步，测距码在大气传播时还要受大气电离层折射及大气对流层的影响，产生了延迟误差。所以实际上求得的距离并非真正的站星几何距离，也叫"伪距"，用 $\tilde{\rho}$ 表示。

图 2-52　GPS 地面监控站示意

伪距 $\tilde{\rho}$ 与空间几何距离 ρ 之间的关系为:

$$\rho = \tilde{\rho} + \delta_{\rho I} + \delta_{\rho T} - 2\delta_t^s + 2\delta_{tan}$$

式中, $\delta_{\rho I}$ 为电离层延迟改正; $\delta_{\rho T}$ 为对流层延迟改正, δ_t^s 为卫星钟差改正; δ_{tan} 为接收机钟差改正。

6. 什么是 GPS 单点定位法?

用 GPS 卫星还可以发射的载波作为测距信号, 由于载波的波长比测距波长要短得多, 因此对载波进行相位测量, 可以获得高精度的站星距离。

那么, 站星之间的真正几何距离 ρ 与卫星坐标 (x_s, y_s, z_s) 和接收机天线相位中心坐标 (x, y, z) 之间有下面的关系:

$$\rho = \sqrt{(x_s - x)^2 + (y_s - y)^2 + (z_s - z)^2}$$

公式中, 卫星的瞬时坐标 (x_s, y_s, z_s) 可根据接收到的卫星导航电文得知, 此公式中只有 x、y、z 三个未知数。当接收机同时对 3 颗卫星进行距离测量, 从理论上可以推算出接收机天线相位中心的位置。这样的话, GPS 单点定位的实质, 即是空间距离后方交会, 如图 2-53 所示。

实测时, 为了求得测站上的未知数 (修正接收机的计时误差要用到接收机钟差, 也是一个待求未知数), 需要同时观测 4 颗卫星。

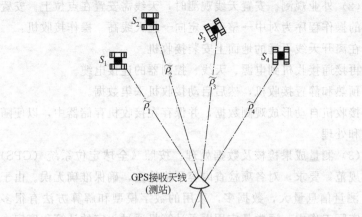

图 2-53　GPS 卫道单点定位的基本原理图示

单点定位法的优点是只需要一台接收机即可，数据处理也比较简单，定位速度也快，但测量精度低，仅能测到米级的精度。

7. 什么是 GPS 相对定位法？

相对定位法是位于不同地点的若干台接收机同步跟踪相同的 GPS 卫星，以确定各台接收机间的相对位置。

因为同步观测值之间存在着许多数值相同或相近的误差影响，它们在求相对位置过程中得到消除或削弱，因此，使相对定位可以达到很高的精度，此方法目前应用较广泛。

8. GPS 卫星定位实测程序是什么？

GPS 定位的实测程序主要是：方案设计→选点建立标志→外业观测→成果检核→内业数据。

（1）选点建立标志。点位应选在交通方便、利于安装接收设备并且视场开阔的地方。

GPS 点应避开对电磁波接收有强烈吸收、反射等干扰影响的金属和其他障碍物体，例如高压线、电台电视台、高层建筑和大范围水面等。

点位选定后，再按要求埋设标石，绘制点之记。

（2）外业观测。安置天线观测时，天线需安置在点位上。安置天线的操作程序为对中→整平、定向→量天线高。操作接收机：

在离开天线不远的地面上安装接收机。

再接通接收机到电源、天线、控制器的连接电缆。

预热和静置接收机，然后启动接收机采集数据。

接收机自动形成观测数据，并保存在接收机存储器中，以便随时调和处理。

（3）测量成果检核及数据处理。按照《全球定位系统（GPS）测量规范》要求，对各项检查内容严格检查，确保准确无误。由于GPS测量信息量大，数据多，采用的数字模型和解算方法有很多种，实际工作中，通常是应用电子计算机通过一定的计算程序完成数据处理工作。

9. GPS卫星定位技术有哪些实际应用？

（1）导航。因GPS系统能以较好的精度实时定出接收机所在位置的三维坐标，实现实时导航。因而GPS系统可用于轮船、舰艇、飞机、导弹、车辆等各种交通工具及运动载体的导航。

GPS导航定位的新应用体现在：GPS手机、基于GPS技术的车辆监控系统、基于GPS技术的智能车辆导航仪。

（2）授时。利用GPS技术可提供自动化中需要的精确同步时间，可做出精确的授时钟，GPS授时钟综合精度可优于 $0.5\mu s$。

授时方法有：长短波授时、GPS时间信号、卫星授时、电话授时和计算机网络授时。

（3）高精度、高效率的地面测量。GPS的出现给测量带来了根本性的变革：在大地测量方面，GPS定位技术以其精度高、速度快、费用省、操作简便等优点被广泛用于大地控制测量中。而且也可说，GPS定位技术已取代了用常规测角、测距方法建立的大地控制网，即GPS网。

（4）GPS连续运行站网和综合服务系统的应用。在全球地基GPS连续运行站的基础上组成的IGS，是GPS连续运行站网和综合服务系统范例。它无偿向全球用户提供 GPS 各种信息，如 GPS 精密星历、快速星历、预报星历、IGS 站坐标及其运动速率、IGS 站所接收信号的相位和伪距数据、地球自转速率等。

（5）GPS 在卫星测高、地球重力场中的应用。重力探测技术的开展开创了卫星重力探测时代，GPS 为卫星跟踪卫星和卫星重力梯度测量提供了精确的卫星轨道信息和时间信息。其包括观测卫星轨道摄动以确定低阶重力场模型，利用卫星海洋测高，直接确定海洋大地水准面及 GPS 结合水准测量直接测定大陆大地水准面，可获得厘米级的大地水准面。

（6）GPS 在大气监测中的应用。根据 GPS 接收机的位置，GPS 遥感大气水汽含量分为地基和空基。地基 GPS 遥感技术能以较高的平面分辨率测定大气中可降水分，其精度可达 $1\sim2mm$。GPS 在遥感对流层方面，可测定大气中的水汽含量，提高数值大气预报的准确性和可靠性。通过测定电离层对 GPS 信号的延迟来确定单位体积内总自由电子含量，以建立全球的电离层数字模型，即所谓提供"空间大气预报"。

10.　什么是前苏联全球导航系统？

GLONASS 的起步晚 GPS 9 年，是从前苏联 1982 年 10 月 12 日发射的第一颗 GLONASS 卫星开始，到 1996 年。全球导航卫星系统的导航定位精度较美国"导航星"全球定位系统低 $30\sim100m$，测速精度 $0.1\mu m$，授时精度 $1\mu s$。

在 1995 年完成了 24 颗工作卫星加 1 颗备用卫星的布局，24 颗卫星分布在 3 个轨道高度为 20000km、轨道倾角为 $65°$ 的近圆轨道平面内，每个轨道平面有 8 颗卫星，呈等间距分布，运行周期 12h。整个系统经数据加载、调整和检验，于 1996 年 1 月 18 日正常运行。但由于某种原因，该系统目前只有 $4\sim6$ 颗健康卫星，而且接收设备价格较贵，影响了其作用的发挥。

GLONASS 系统在系统构成与工作原理上与 GPS 类似，也是由空间卫星、地面监控系统和用户接收设备三大部分组成。

11. 什么是欧盟的伽利略全球导航定位系统（GALLLEO GNSS)?

从 1994 年开始，欧盟进行了对伽利略 GNSS 系统方案的论证，2000 年在世界无线电大会上获得了建立 GNSS 系统的 L 频段的频率资源。2002 年 3 月，欧盟同意了伽利略 GNSS 系统的建立。

伽利略 GNSS 系统由 30 颗卫星（27 颗工作卫星，3 颗备用卫星）组成。均匀分布在 3 个高度圆轨道面上，轨道高度为 23616km，倾角为 56°，星座对地面覆盖良好。在欧洲建立两个控制中心。第一颗试验卫星已于 2005 年 12 月 28 日成功发射。

伽利略 GNSS 系统的设计思想：与 GPS/GLONASS 不同，完全从民用出发，建立了一个最高精度（1m）的全开放型的新一代 GNSS 系统；与 GPS/GLONASS 有机兼容，增强系统使用的安全性和完善性；中国政府已决定投入 2 亿欧元，全面参与伽利略 GNSS 系统的建设计划，并拥有伽利略系统 20% 的产权和 100% 的使用权。但由于某种原因，伽利略系统的建设进展缓慢。

12. 什么是中国的卫星导航定位系统（北斗导航)?

我国最初的计划是建成一个拥有完全自主知识产权的双星导航定位系统，"北斗一号"卫星定位系统。"北斗一号"卫星定位系统由两颗地球静止卫星（800E 和 1400E)、一颗在轨备份卫星（110.50E)、中心控制系统、标校系统和各类用户机等部分组成。2006 年年底，我国决定把双星导航定位系统逐步扩展为全球卫星导航定位系统。

2000 年 10 月、12 月，我国发射了两颗"北斗导航试验卫星"，2003 年 5 月发射了第三颗，加上地面中心站和用户一起构成了双星导航定位试验系统（"北斗一号"）。双星导航定位系统空间部分由 3 颗地球静止轨道卫星（其中一颗在轨备用）组成；地面中心站包括地面应用系统和测控系统；用户部分为车辆、船舶、飞机及各军兵种低动态及静态导航定位用户。服务区域为东经 70°～145°、北纬 5°～55°范围。

建设的北斗卫星导航系统空间部分由 5 颗静止轨道卫星和 30 颗非静止轨道卫星组成，提供两种服务方式，即开放服务和授权服务。开放服务是在服务区免费提供定位、测速和授时服务，定位精度为 10m，授时精度为 50ns，测速精度为 0.2m/s。授权服务是向授权用户提供更安全的定位、测速、授时和通信服务信息。

其主要功能是：

（1）定时。快速确定用户所在地的地理位置，向用户及主管部门提供导航信息。

（2）通信。用户与用户、用户与中心控制系统间均可实现双向简短数字报文通信。

（3）授时。中心控制系统定时播发授时信息，为定时用户提供时延修正值。

北斗卫星导航系统与 GPS 和 GLONASS 系统最大的不同是，它不仅能使用户知道自己所在的位置，还可以告诉别人自己所在的位置，特别适用于需要导航与移动数据通信的场所，如交通运输、调度指挥、地理信息实时查询等。

另外，我国分别在 2007 年 2 月 3 日和 4 月 14 日发射第 4 颗、第 5 颗试验卫星，特别是第 5 颗试验卫星为 21600m 的高圆轨道卫星，具有非凡意义。

2016 年 6 月 12 日，第二十三颗北斗导航卫星发射成功。如今，北斗导航系统的服务覆盖了全球 1/3 的陆地，使亚太地区 40 亿人口受益，其精度也与 GPS 相当。北斗卫星导航系统有无尽的潜力，随着北斗系统 2020 年具有全球服务能力，其在开发与应用中将发挥更大的效益。现如今，在中国国家测绘地理信息局、云南省测绘地理信息局、老挝国家测绘局的支持下，基于北斗系统建设的老挝卫星定位综合服务系统正式启动。老挝地理信息龙头企业老挝天眼公司拥有该系统的所有权、运营权和使用权。此系统兼容北斗卫星导航系统、美国全球定位系统（GPS）、俄罗斯全球轨道导航卫星系统（GLONASS）的卫星定位连续运行参考站网系统（CORS），形成覆盖老挝的高精度平面定位基础设施，向老挝全境用户提供各种不同精度的位置和时间服务信息。首个 CORS 单基站已于 2016 年 8 月 1 日建成并通过技术测试，落地万象市塞色塔综合开发区。

目前，国际上共有六大卫星导航定位系统，包括美国的 GPS、俄罗斯的 GLONASS、欧盟的 GALILEO、中国"北斗"，以及印度区域导航卫星系统（IRNSS）、日本准天顶（QZSS）卫星导航定位系统。其中，GPS、GLONASS、GALILEO 和"北斗"是全球范围的卫星导航定位系统，IRNSS 和 QZSS 是区域卫星导航定位系统。最近几年，世界各国纷纷加快了卫星导航定位系统的建设步伐，截至 2016 年 4 月 1 日，全球共有在轨运行导航卫星 102 颗（详情见表 2-2）。

表 2-2　全球导航卫星系统在轨运行情况

名称	目前在轨卫星数量	系统投入运行时间
美国 GPS	32	1994 年
俄罗斯 GLONASS	28	2009 年
欧盟 GALILEO	12	计划 2016 年开始运营
中国"北斗"	23	2012 年开始在亚太地区提供服务
印度 IRNSS	6	计划 2016 年
日本 QZSS	1	2020 年
合计	102	—

预计到 2020 年，将全面建成"北斗"卫星导航全球系统，形成全球覆盖能力。建成后将为全球用户提供卫星定位、导航和授时服务，并为我国及周边地区用户提供定位精度 1m 的广域差分服务和 120 个汉字/次的短报文通信服务。

北斗导航技术面临着以下主要任务：建设完整的星座系统；升级地面运控中心，使之更加稳定；提高卫星原子钟的性能；提供全球的 PNT 服务；增加自主导航能力；增加新的信号频段；使之与其他 GNSS 的兼容与互操作；使北斗导航技术的星基增强系统也与其他 GNSS 广域增强系统兼容。为了完成这些任务，北斗导航技术将进一步发展星间链路技术、新的定轨策略、与星基增强系统的整合，以及多频信号体制。

第三章　测量误差基本知识

第一节　测量误差简介

■ 1. 什么是测量真值?

在实际测量过程中，无论哪一个观测量，都客观存在一个能代表其真正大小的数值，也可称为观测真值，一般，真值的表示方法为：$\tilde{L}$。

■ 2. 什么叫做误差?

实际测量时，由于观测者主观因素和仪器本身原因以及外部环境等影响，所观测值总与测量真值存在或大或小的差异，那么这一差值就称为测量误差，也可叫真误差。

例如，倘若进行了 n 次观测，各观测值为 L_1，L_2，$\cdots$，L_n，观测量的真值为 $\tilde{L}_1$，$\tilde{L}_2$，$\cdots$，$\tilde{L}_n$。由于各观测值都带有一定的误差，所以每一个观测值的真值 $\tilde{L}_i$［或 $E(L_i)$］与观测值 L_i 之间必存在一个差数，设为：

$$\Delta_i = \tilde{L}_i - L_i$$

Δ_i 称为真误差（在此仅包括偶然误差），有时简称为误差。若记

$$L = [L_1, L_2, \cdots, L_n]^{\mathrm{T}}, \tilde{L} = [\tilde{L}_1, \tilde{L}_2, \cdots, \tilde{L}_n]^{\mathrm{T}},$$
$$\Delta = [\Delta_1, \Delta_2, \Delta_n]^{\mathrm{T}}$$

那么有：

$$\Delta = \tilde{L} - L$$

■ 3. 测量误差有哪几种?

依据对观测结果的影响，可分为系统误差和偶然误差。

系统误差是指在相同的观测条件下对某量进行一系列观测，如果误差出现的符号及大小均相同或按一定的规律变化的误差。如量距中用名义长度为 30m 而经检定后实际长度为 30.001m 的钢尺，每量一尺段就有 0.001m 的误差，丈量误差与所测量的距离成正比。

系统误差具有累积性。又如某些观测者在照准目标时，总习惯于把望远镜十字丝对准目标的某一侧，这样会使观测结果带有系统误差。

偶然误差则是指在相同的观测条件下对某量进行一系列观测，如果误差的符号和大小都具有不确定性，但就大量观测误差总体而言，又服从于一定的统计规律性的误差。偶然误差也叫随机误差。如读数的估读误差、望远镜的照准误差、经纬仪的对中误差等。

在观测过程中，系统误差与偶然误差常常是同时产生的，当系统误差采取了适当的方法加以消除或减小以后，决定观测精度的主要因素就是偶然误差了，偶然误差影响了观测结果的精确性，因此在测量误差理论中研究对象主要是偶然误差。

偶然误差的特性如下所述。

例如，对一个三角形的三个内角进行测量，测量的结果是三角形各内角之和不等于 180°，如果用 L 表示真值；X 表示观测值，那么偶然误差为：

$$\Delta = X - L = X - 180°$$

现在对 221 个三角形在完全相同的条件下进行了观测，按所观测数据及误差大小总结成了表 3-1。

表 3-1 对 221 个三角形观测相应误差个数的统计

误差区间	正误差个数	负误差个数	总　　计
$0''\sim3''$	30	29	59
$3''\sim6''$	21	20	41
$6''\sim9''$	15	18	33
$9''\sim12''$	16	14	32
$12''\sim15''$	12	12	22

续表

误差区间	正误差个数	负误差个数	总 计
15″～18″	8	10	16
18″～21″	5	6	11
21″～24″	2	2	6
24″～27″	1	0	1
27″以上	0	0	0
合 计	110	111	221

从表 3-1 获知:绝对值较小的误差比绝对值较大的误差个数多;绝对值相等的正负误差的个数大致相等;最大误差不超过 27″。

另外,人们发现,就单个偶然误差而言,其大小和符号都没有规律性,呈现出随机性(图 3-1),但就其总体而言却呈现出一定的统计规律性,并且是服从正态分布的随机变量(图 3-2)。

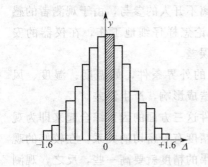
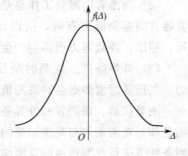

图 3-1 随机变量的分布   图 3-2 正态分布

人们还发现,在相同观测条件下,大量偶然误差分布表现出一定的统计规律性。

(1)观测条件一定时,偶然误差的绝对值有一定的限值,或者说,超出该限值的误差出现的概率为零。

(2)绝对值相等的正、负误差出现的概率相同。

(3)绝对值较小的误差比绝对值较大的误差出现的概率大。

(4)同一个量的等精度观测时,偶然误差的算术平均值,随着

观测次数 n 的无限增大而趋于零，即：

$$E(\Delta) = \lim_{n \to \infty} \frac{\Delta_1 + \Delta_2 + \cdots + \Delta_n}{n} = \lim_{n \to \infty} \frac{[\Delta]}{n} = 0$$

式中，$[\Delta]$ 为偶然误差的代数和。

4. 产生误差的主要原因是什么？

对于系统误差来讲，其产生的原因主要是由于仪器制造或校正不完善以及观测人员操作习惯或测量时外界条件引起的。偶然误差产生的原因是由观测者、仪器和界条件等多方面引起的。

具体来说，产生误差的原因可以归纳为以下三方面。

（1）测量仪器。因为测量工作总是需要使用一定的仪器、工具设备，由于仪器设备本身的精密度，所以观测必然受到其影响，再者仪器设备在使用前虽经过了校正，但残余误差仍然存在，测量结果中就不可避免地包含了这种误差。

（2）观测者。测量工作总是离不开人的参与，由于观测者的感觉器官的鉴别能力有限，所以无论怎样仔细地工作，在仪器的安置、照准、读数等方面都会产生误差。

（3）外界条件。观测时所处的外界条件，如温度、湿度、风力、气压等因素势必会对观测值造成影响，产生误差。

测量仪器、观测者和外界条件这三方面的因素综合起来即为观测条件。观测条件与观测结果的精度有着密切的关系。在较好的观测条件下进行观测所得的观测结果的精度就要高一些，反之，观测结果的精度就要低一些。

第二节　衡量观测精度的指标

1. 什么是中误差？

中误差是指在相同观测条件下，一组同精度观测值的真误差平方和的算术平均值的平方根。

例如，设有一组同精度的独立观测值，其相应的一组真误差分

别为 Δ_1，Δ_2，…，Δ_n，则这组独立误差平方的平均值的极限即是该组观测值的方差，即

$$\sigma^2 = \lim_{n\to\infty} \frac{[\Delta\Delta]}{n}$$

式中，$[\Delta\Delta] = \sum\limits_{i=1}^{n} \Delta_i^2$，$[\quad]$ 为取和的符号，Δ 可以是同一个量的同精度独立观测值的真误差，也可以是不同量的同精度观测值的真误差；n 为 Δ 的个数。

方差的算术平方根称为中误差，用 σ 表示，在测量中也用 m 表示，即

$$\sigma = \pm \sqrt{\lim_{n\to\infty} \frac{[\Delta\Delta]}{n}}$$

在计算 σ 时注意，一般取 $2\sim3$ 位有效数字，并在数值前冠以"$\pm$"号，数值后写上单位。实际上观测个数 n 总是有限的，只能得到方差和中误差的估算，即

$$\hat{\sigma}^2 = \frac{[\Delta\Delta]}{n} \quad \hat{\sigma} = \pm\sqrt{\frac{[\Delta\Delta]}{n}}$$

例如，对 A、B 两组观测值，已知其观测值真误差，试求中误差。

A：$-5''$、$-2''$、$0''$、$+4''$、$+3''$
B：$-7''$、$+4''$、$0''$、$+5''$、$-5''$
如果中误差用 m 表示中活，那么：

$$m_A = \pm\sqrt{\frac{25+4+0+16+9}{5}} = 3.3''$$

$$m_B = \pm\sqrt{\frac{7^2+4^2+0+25+25}{5}} = 4.8''$$

显然，$m_A < m_B$，故 A 组观测精度相对 B 组观测精度要高。

■ 2. 什么是相对误差？

对于某些长度元素，单靠中误差还不能完全观测结果的好坏。举个例子，用钢尺丈量 100m 及 600m 两段距离，得知两段距离的

中误差均为±0.01m，若用中误差来衡量精度，两段距离丈量的精度是相等的。但就单位长度的测量精度而言，两者并不相同，前者的丈量精度要比后者高。需要引入相对中误差（简称相对误差）这一精度指标来解释。

相对误差为观测值中误差的绝对值与观测值之比，通常化成分子为 1 的分数形式：

$$K = \frac{|\text{中误差}|}{\text{观测值}} = \frac{|m|}{L} = \frac{1}{\dfrac{L}{|m|}}$$

根据相对误差的定义，上述两段距离丈量中，相对误差分别为：

$$K_1 = \frac{1}{10000}$$

$$K_2 = \frac{1}{60000}$$

显然，600m 长度测量相对误差小于 100m 长度测量的相对误差。600m 段的丈量精度相对要高些。

3. 什么是极限误差?

极限误差是指在一定观测条件下，偶然误差的绝对值不应超过的限值，那么这个限值我们称为极限误差，或叫容许误差。当某个观测值的偶然误差超过了极限误差，就可以认为该观测值含有粗差，应舍去重测。

根据误差理论和大量的实践证明，在等精度观测某量的一组误差中，大于 2 倍中误差的偶然误差出现的机会为 4.5％，大于 3 倍中误差的偶然误差出现的机会仅为 0.3％。所以，在观测次数有限的情况下，可以认为大于 2 倍或 3 倍中误差的偶然误差出现的可能性极小，所以通常将 2 倍或 3 倍中误差作为误差的容许值，即：

$$\Delta_{\text{限}} = 2m \quad \text{或} \quad \Delta_{\text{限}} = 3m$$

在测量工作中，衡量观测值是否合格的标准是看观测误差绝对值大于极限误差还是小于极限误差。如果观测误差的绝对值大于极限误差，就认为观测值质量不合格，该观测结果就应舍去。

第三节　测量误差传播定律

1. 误差传播定律的概念是什么？

研究和表达观测值中误差和观测值函数中误差之间关系的有关定律，称为误差传播定律。

例如，某未知点 B 的高程为 H_B，是由起始已知点 A 的高程 H_A 加上从 A 点到 B 点之间进行了若干站水准测量而得来的观测高差 h_1，h_2，…，h_n 求和得到的，这时未知点 B 的高程 H_B 是独立观测值 h_1，h_2，…，h_n 的函数，那么如何根据观测值的中误差去求观测值函数的中误差呢？那么就需要用观测值中误差与观测值函数中误差之间关系的定律来解释。

2. 怎样理解线性函数误差传播定律？

设线性函数为：

$$z = k_1 x + k_2 y$$

式中，z 为观测值的函数；k_1、k_2 均为常数（无误差，下同）；x、y 均为独立直接观测值。

已知 x、y 的中误差为 m_x、m_y，现在要求函数 z 的中误差 m_z。

当观测值 x、y 中分别含有真误差 Δ_x、Δ_y 时，函数 z 产生真误差 Δz，即

$$z - \Delta z = k_1(x - \Delta x) + k_2(y - \Delta y)$$

总和上式，得

$$\Delta z = k_1 \Delta x + k_2 \Delta y$$

设对 x、y 各独立观测了 n 次，则有

$$\Delta z_1 = k_1 \Delta x_1 + k_2 \Delta y_1$$
$$\Delta z_2 = k_1 \Delta x_2 + k_2 \Delta y_2$$
$$\vdots$$

$$\Delta z_n = k_1 \Delta x_n + k_2 \Delta y_n$$

取上述各式两端平方和，并除以 n，得

$$\frac{[\Delta z^2]}{n} = \frac{k_1^2 [\Delta x^2]}{n} + \frac{k_2^2 [\Delta y^2]}{n} + 2 \frac{k_1 k_2 [\Delta x \Delta y]}{n}$$

由偶然误差的特性可知，当 $n \to \infty$ 时，$\frac{[\Delta x \Delta y]}{n}$ 趋近于零。所以上式可变为

$$\frac{[\Delta^2 z]}{n} = \frac{k_1^2 [\Delta^2 x]}{n} + \frac{k_2^2 [\Delta^2 y]}{n}$$

根据中误差的定义，得

$$m_z^2 = k_1^2 m_x^2 + k_2^2 m_y^2$$

或

$$m_z = \sqrt{k_1^2 m_x^2 + k_2^2 m_y^2}$$

当 Z 是一组观测值 x_1，x_2，$\cdots$，x_n 的线性函数时，即：

$$Z = k_1 x_1 + k_2 x_2 + \cdots + k_n x_n + k_0$$

根据上边的推导方法，可求得 z 的方差为：

$$m_z^2 = k_1^2 m_1^2 + k_2^2 m_2^2 + \cdots + k_n^2 m_n^2$$

那么观测值函数的中误差为

$$m_z = \pm \sqrt{m_x^2 + m_y^2}$$

当 z 是一组观测值 x_1，x_2，$\cdots$，x_n 的代数和时，即

$$z = x_1 + x_2 + \cdots + x_n$$

类似上边的推导方法，可求得 z 的方差为

$$m_z = \pm \sqrt{m_1^2 + m_2^2 + \cdots + m_n^2}$$

如果 $m_1 = m_2 = \cdots = m_n = m$，则

$$m_z = \pm \sqrt{nm}$$

对于观测值倍乘函数 $z = kx$，有

$$m_z = km_x$$

【例 3-1】 当在 1∶1000 的地形图上，量得某线段的平距为

d_{AB}(45.8±0.2)mm，求 AB 的实地平距 D_{AB} 及其中误差 m_D。

解 函数关系式为：

$$D_{AB} = 1000 \times d_{AB} = 45800 \quad (\text{mm})$$

代入误差传播公式得

$$m_D^2 = 1000^2 \times m_d^2 = 40000$$

$$m_D = \pm 200 \text{mm}$$

最后得 $\qquad D_{AB} = (45.8 \pm 0.2) \text{m}$

3. 怎样理解非线性函数误差传播定律？

设有观测值 X 的非线性函数为 $Z = f(X)$ 或表示为 $Z = f(X_1, X_2, \cdots, X_n)$。已知 X_1，X_2，$\cdots$，X_n 为独立直接观测值，中误差分别为 m_1，m_2，$\cdots$，m_n，试求 Z 的方差 m_Z^2。

当 X_1，X_2，$\cdots$，X_n 包含有真误差 ΔX_1，ΔX_2，$\cdots$，ΔX_n，则函数 Z 也产生真误差 Δ_Z。

现在假定观测值 X 有近似值：$X^0 = [X_1^0, X_2^0, \cdots, X_n^0]^T$，将函数式 $Z = f(X_1, X_2, \cdots, X_n)$ 按泰勒级数在点 X_1^0，X_2^0，$\cdots$，X_n^0 处展开为：

$$Z = f(X_1^0, X_2^0, \cdots, X_n^0) + \left(\frac{\partial f}{\partial X_1}\right)_0 (X_1 - X_1^0) +$$

$$\left(\frac{\partial f}{\partial X_2}\right)_0 (X_2 - X_2^0) + \cdots - \left(\frac{\partial f}{\partial X_n}\right)_0 (X_n - X_n^0) + (\text{二次以上项})$$

式中 $\left(\dfrac{\partial f}{\partial X_i}\right)$ 是函数对各个变量所取的偏导数，并以近似值 X^0 代入所算得的数值，它们都是常数，当 X^0 与 X 非常接近时，上式中二次以上各项都微小，可以略去，将上式写为：

$$Z = \left(\frac{\partial f}{\partial X_1}\right)_0 X_1 + \left(\frac{\partial f}{\partial X_2}\right)_0 X_2 + \cdots + \left(\frac{\partial f}{\partial X_n}\right)_0 X_n +$$

$$f(X_1^0, X_2^0, \cdots, X_n^0) - \sum_{i=1}^{n} \left(\frac{\partial f}{\partial X_i}\right)_0 X_i^0$$

如果令

$$
\left.
\begin{aligned}
&\mathrm{d}X_i = X_i - X_i^0 \quad (i=1,2,\cdots,n) \\
&\mathrm{d}X = (\mathrm{d}X_1,\mathrm{d}X_2,\cdots,\mathrm{d}X_n)^{\mathrm{T}} \\
&\mathrm{d}Z = Z - Z^0 = Z - f(X_1^0,X_2^0,\cdots,X_n^0)
\end{aligned}
\right\}
$$

则上式可写为：

$$
\mathrm{d}Z = \left(\frac{\partial f}{\partial X_1}\right)_0 \mathrm{d}X_1 + \left(\frac{\partial f}{\partial X_2}\right)_0 \mathrm{d}X_2 + \cdots + \left(\frac{\partial f}{\partial X_n}\right)_0 \mathrm{d}X_n
$$

这个式子是非线性函数式的全微分。这样，就将非线性函数式化成了线性函数式，然后用线性函数的误差传播律计算方差，非线性函数的中误差为：

$$
m_Z = \pm \sqrt{\left(\frac{\partial f}{\partial X_1}\right)_0^2 m_1^2 + \left(\frac{\partial f}{\partial X_2}\right)_0^2 m_2^2 + \cdots + \left(\frac{\partial f}{\partial X_n}\right)_0^2 m_n^2}
$$

【例 3-2】 设地面上有一长方形 $ABCD$，长 AB 为 $(56.25 \pm 0.02)\mathrm{m}$，宽 BC 为 $(38.41 \pm 0.01)\mathrm{m}$，试求此长方形面积及其中误差 m_S。

解：设长为 a，宽为 b，$m_a = \pm 0.02\mathrm{m}$，$m_b = 0.01\mathrm{m}$

则面积为：$S = ab = 56.25 \times 38.41 = 2160.56$（$\mathrm{m}^2$）

对上面函数式求偏导数得：

$$
\frac{\partial S}{\partial a} = b \qquad \frac{\partial S}{\partial b} = a
$$

由非线性函数的误差传播律，得面积的中误差为：

$$
\begin{aligned}
m_S &= \pm\sqrt{b^2 m_a^2 + a^2 m_b^2} \\
&= \pm\sqrt{38.41^2 \times (\pm 0.02)^2 + 56.25^2 \times (\pm 0.01)^2} \\
&= \pm 0.95 (\mathrm{m}^2)
\end{aligned}
$$

所以，此长方形面积为 $S = (2160.56 \pm 0.95)\mathrm{m}^2$

4. 应用误差传播定律计算观测值函数中误差的步骤是什么?

首先，依题意列出具体的函数关系式：$z = f(x_1,x_2,\cdots,x_n)$。

其次，若函数为非线性的，对函数式求全微分，得出函数真误差与观测值真误差之间的关系式：

$$\Delta z = \frac{\partial f}{\partial x_1}\Delta x_1 + \frac{\partial f}{\partial x_2}\Delta x_2 + \cdots + \frac{\partial f}{\partial x_n}\Delta x_n$$

列出函数中误差与观测值中误差的关系式：

$$m_z = \pm\sqrt{\left(\frac{\partial f}{\partial x_1}\right)^2 m_{x_1}^2 + \left(\frac{\partial f}{\partial x_2}\right)^2 m_{x_2}^2 + \cdots + \left(\frac{\partial f}{\partial x_n}\right)^2 m_{x_n}^2}$$

最后，代入已知数据，计算出相应的数值的中误差。

5. GPS 测量的误差分析有哪些内容？

当前 GPS 定位技术的发展及其应用的普及，特别是在大地测量、工程测量、工程变形监测、地理信息数据采集和更新等测绘学科的应用广泛，这里介绍了 GPS 测量误差的来源及其减弱误差的方法。

（1）概述

GPS 通过地面接收测量是设备接收卫星传送来的信息，计算同一时刻地面接收设备到多颗卫星之间的伪距离，采用空间距离后方交会方法，来确定地面点的三维坐标。因此，对于 GPS 卫星、卫星信号传播过程和地面接收设备都会对 GPS 测量产生误差。

GPS 测量误差按其性质可分为系统误差和偶然误差两类。系统误差主要包括卫星星历误差、卫星钟误差、接收机钟误差以及大气折射误差等；偶然误差主要包括信号的多路径效应、接收机的位置误差、天线相位中心位置误差等。其中系统误差无论从误差的大小还是对定位误差的危害性来讲都比偶然误差要大得多，它是 GPS 测量的主要误差来源。同时系统误差也有规律可循，可采取一定的措施加以消除，偶然误差则可以通过改善测量环境来降低误差。

（2）系统误差及减弱误差的措施折射

① 与大气有关的误差

卫星发出信号与地面接收机收到信号要经过大气层，信号在大气层的传输过程中受到大气层的减弱和延迟。

a. 电离层的折射误差及减弱措施。所谓电离层，指地球上空距地面高度在 $5\sim1000km$ 之间的大气层。电离层中的气体分子由于受到太阳等天体各种射线辐射，产生强烈的电离形成大量的自由电子和正离子。当 GPS 信号通过电离层时，其如同磁波一样，信号的路径会发生弯曲，传播速度也会发生变化。所以用信号的传播时间乘以真空中光速而得到的距离就不会等于卫星至接收机间的几何距离，这种偏差叫电离层折射误差。减弱电离层折射误差的措施有以下几方面。

利用双频观测：电磁波通过电离层所产生的折射改正数与电磁波频率 f 的平方成反比。

如果分别用两个频率 f 和 f_1 来发射卫星信号，这两个不同频率的信号就会沿同一路径到达接收机。由于用调制在两个载波上的 P 码测距时，初电离层折射不同外，其余误差都相同，所以就可以用 P1 和 P2 码测的伪距之差计算出电离层折射改正量。最后将地面接收机观测结果加上计算出的折射改正量得到改正后的地面点精确坐标。

● 利用电离层改正模型加以修改：采用双频技术，可以有效地减弱电离层折射的影响，但在电子含量很高，卫星的角度角又小时求得电离层延迟更改中的误差可能达几厘米。为了满足更高精度的 GPS 测量的需要，提出了电离层计延迟更正模型。该模型考虑了折射率 n 及地磁场的影响，并且是沿着信号传播的路径来进行积分。计算结果表明，无论在何种情况下改进模型的精度均优于 $2mm$。

● 利用同步观测值求差：用两台接收机在基线的两端进行同步观测并取其观测量之差，可以减少电离层折射的影响。这是因为当两观测站相距不太远时，由于卫星至两观测站电磁波传播路程上的大气状况基本相似，因此大气状况的系统影响便可以通过同步观测量的求差而减弱。这种方法对于短基线（小于 $20km$）的效果尤为明显，这时经电离层折射改正后的基线长度的残差一般为 ppm·D。不过随着基线的长度增加，其精度随之明显下降。

　　b. 对流层折射误差及减弱措施。对流层的高度为 40km 以下的大气层，其密度比电离层更大，大气状态也更复杂。对流层与地面接触并从地面得到辐射热能，使其温度随高度的上升而降低，信号通过对流层时，也使传播路 GPS 径发生弯曲，从而使距离产生偏差，这种现象叫做对流层折射误差。对流层折射误差与地面气候、大气压力、温度和湿度变化密切相关，这使得对流层折射比电离层折射更复杂。对流层的折射与信号高度角有关，当在天顶方向（高度角 90°，其影响达 2.3m）；当在地面方向（高度角为 10°，其影响可达 20m）弱对流层折射误差的主要措施有以下几方面。

　　• 利用对流层更正模型加以修改：由于对流层折射对 GPS 信号传播的影响比较复杂，一般采用更正模型进行削弱。常用的各种更正模型是利用气象参数进行计算更正。其气象参数在测站点直接测定。

　　• 利用同步观测求差：当观测站相距不太远时（小于 20km），由于信号通过对流层的路径相似，所以对同一卫星的观测值求差，可以明显减弱对流层的影响。但是随着同步观测站之间距离增大，求差方法的有效性也将随之降低。当距离大于 100km 时，对流层的折射影响就制约 GPS 精度的提高。

　　• 利用水气辐射计直接测定信号传播的影响。

　　② 与卫星有关的误差

　　a. 卫星星历误差及减弱措施。由星历所给出的卫星在空间位置与实际位置之差称为卫星星历误差。由于卫星在运动中受到多种摄动力的复杂影响，而通过地面监测站又难以充分可靠地测定这些作用力并掌握它们的作用规律，因此在星历预报时会产生较大的误差。在一个观测时间段内星历误差属于系统误差特性，是一种起算数据误差。严重影响单点定位的精度，也是精度相对定位中的重要误差源。解决星历误差的方法有以下几种措施。

　　• 建立自己的卫星跟踪网独立轨道：建立 GPS 卫星跟踪网，进行独立定轨。这不仅使我国用户摆脱美国政府使用 "SA" 和 "AS" 有意降低调制在 CA/码上的卫星星历精度的影响，且使提供的卫星星历进一步提高。这将为提高精密定位的精度起显著影响；也可以为实时定位提供预报星历。

• 同步观测值求差：利用两个或多个观测站上，一卫星的同对同步观测值求差，以减弱卫星星历误差的影响。由于同一卫星的位置误差对不同的观测站同步观测量的影响具有系统性质，所以通过同步观测值求差方法，可以把两站共同误差消除。

b. 卫星钟的钟误差及减弱措施。卫星钟的钟差包括钟差、频偏、频漂等产生的误差，也包含钟的随机误差。卫星钟的这种偏差，可以通过卫星的地面控制系统根据前一段时间的跟踪资料和 GPS 标准时推算的数据加以改正，并通过卫星的导航电文提供给用户。这样各卫星之间的钟差可以保持在 20ns 以内，由此引起的等效距离误差不会超过 6m，卫星钟差和经过改正过的残余误差，则需要采用在接收机间求一次差等方法来进一步消除。

③ 与接收机有关的误差

a. 接收机的钟差及减弱措施。GPS 接收机一般采用高精度的石英钟，其稳定度很高。若接收机钟与卫星钟间的同步差为 $1\mu s$，则由此引起的等效距离误差约为 300m，减弱接收机钟差的方法如下。

• 把每个观测时刻的接收机钟差当作一个独立的未知数，在数据处理中与观测站的位置参数一并求解。

• 认为各观测时刻的接收机钟差间是相关的，像卫星钟那样，建立接收机的钟差数学模型，并在观测量的平差计算中求解模型的系数。这种方法的成功与否的关键在于模型的有效程度。

• 通过在卫星间求一次差来消除接收机的钟差。

b. 接收机天线相位中心位置的偏差。在 GPS 测量中，观测都是以接收机天线的相位中心的位置为准的，而其天线的相位中心和其几何中心，在理论上应保持一致。可是实际上天线的相位中心随着信号输入的强度和方向不同而有所变化，即观测时相位的瞬时位置（一般称相位中心）与理论上的相位中心有所不同，这种差别叫天线相位中心的位置偏差。如何减少相位中心的偏移是天线设计的一个问题。

（3）偶然误差及减弱措施

①接收机的位置误差及减弱措施

接收机天线相位中心相对测站标石中心位置的误差，叫接收机位置误差。这里包括天线的置平和对中误差，量取天线高误差。如当天线高度为 1.6m 时，置平误差为 0°时，可能会产生对中误差 3mm。因此，对于减弱这种误差的有效措施，是在精密定位时，必须仔细操作，尽量减少这种误差的影响。

②多路径误差

在 GPS 测量中，如果测站周围的反射物所反射的卫星信号（反射波）进入接收机天线，就将和直接来自卫星的信号（直接波）产生干涉，从而使观测值偏离真值产生所谓的"多路径误差"。这种由于多路径的信号传播所引起的干涉时延效应被称为多路径效应。多路径效应是 GPS 测量中一种重要的误差源，将严重损害 GPS 测量的精度，严重时还将引起信号的失锁。在实际工作能够应用以下几种措施减弱多路径误差。

a. 选择合适的站址。多路径误差不仅与卫星信号方向有关、与反射系数有关，并且与反射物离测站远近有关，可采用以下措施来减弱：①测站应远离大面积平静的水面。灌木丛、草和其他地面植被能较好地吸收微波信号的能量，是较理想的设站地址。翻耕后的土地和其他粗糙不平的地面反射能力也较差，也可选站。②测站不宜选择在山坡、山谷和盆地中。以避免反射信号从天线抑径板上反进入天线，产生多路径误差。③测站应离开高层建筑物。观测时，汽车也不要停放得离测站过近。

b. 对接收机天线的要求。

● 在天线中设置抑径板，通过抑径板来阻止被地面反射的卫星信号，来避免读路径误差的产生，改进接收天线。

● 接收天线对于极化特性不同的反射信号应该有较强的抑制作用。

　　c. 在静态定位时，经过长时间的观测，多路径误差的影响可大大减弱。

　　（4）小结

　　通过对 GPS 测量的误差分析，可以发现系统误差（卫星星历误差、卫星钟差、接收机钟差以及大气折射误差）的减弱，主要靠通过改进接收机的性能和增强卫星技术的发展；而偶然误差（信号的多路径效应、接收机的位置误差、天线相位中心位置误差）的减弱，可以通过测量人员的工作态度和工作热情，以及经验的丰富来减弱。

6.　如何进行测量误差分析？

　　（以钢筋混凝土桥结构现况应力测量和误差分析为例。）

　　桥梁的荷载可分为永久荷载、可变荷载和偶然荷载。结构重力、预加应力是永久荷载的最主要组成部分。在钢筋混凝土桥和预应力钢筋混凝土桥的建造过程中，结构重力和预加应力是逐渐累加到桥梁结构上的，随桥梁结构体系的形成而"储存"于桥梁结构中。

　　目前国内大多数桥梁并不具备由传感器和检测仪表、记录设备所构成的桥梁健康监测系统。所以经过多年使用，在地基沉降、气候变化、长期荷载、预应力松弛和混凝土徐变等诸多因素综合作用下，正在运营的桥梁各部分内力的"现况应力实有值"无法由理论计算求得，只能靠现场实验方法确定。

　　采用常规试验方法在桥梁的某些重要控制截面布设传感器，对现况桥梁进行荷载试验，可以测得相应截面的内力值。但是这些数值仅能代表活荷载所引起的桥梁结构内力的变化，而不能反映正在运营的桥梁各部位由永久荷载或预加应力所引起的"现况应力实有值"。相比之下，在很多情况下，后者的意义更为重要。首先，对于钢筋混凝土桥梁，一般情况下活荷载只占总荷载的 $1/4 \sim 1/3$。桥梁结构内力所包含的由永久荷载所引起的"现况应力实有值"在判断桥梁"剩余承载力"的过程中占有绝对重要的份额。其次，对于预应力钢筋混凝土桥梁结构，按照设计要求在不同部位所施加的预应力是保证该结构正常工作（全预应力、部分预应力）状态所必需的。混凝土的徐变、钢绞线的松弛或锚具的变形都会使所施加的预应力值发生变化，造成结构预应力度的改变。在这种情况下"现况应力实有值"是检验预应力度的重要指标，也是判断桥梁结构能否正常工作的直接标志。因而在钢筋混凝土桥梁或预应力钢筋混凝土桥梁检测评估的过程中，如何采用实验方法准确地测得运营桥梁关键部位的"现况应力实有值"是桥梁工程技术人员所关心的重要问题。

（1）现有测试方法分析。工程检测人员在测试结构的"现况应力实有值"时，曾采用"钻盲孔法"进行。这种方法基于弹性力学矩性薄板（或长柱）圆孔孔边应力集中的原理（见图 3-3）。

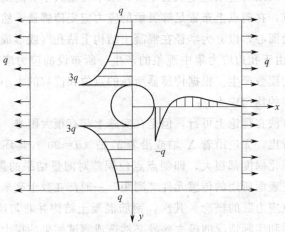

图 3-3　圆孔孔边应力集中

设有矩形薄板（或长柱），在离开边界较远处有半径为 a 的小圆孔，矩性薄板在左、右两边受均布拉力（集度为）q，按弹性力学原理，孔边会产生应力集中现象，根据切尔西的典型解，沿孔边 $r=a$，其环向正应力是：

$$\sigma_\theta = q(1 - 2\cos2\theta)$$

表 3-2 列出了它的几个重要数值。

表 3-2　矩性薄板孔边的环向应力

$\theta/(°)$	0	30	45	60	90
σ_θ	$-q$	0	q	$2q$	$3q$

而沿着 Y 轴，$\theta=90°$时环向正应力是：

$$\sigma_\theta=q[1+(1/2)(a^2/r^2)+(3/2)(a^4/r^4)]$$

表 3-3 列出了它的几个重要数值。

表 3-3　矩性薄板孔边的 Y 向正应力

R	a	$2a$	$3a$	$4a$
σ_θ	$3q$	$1.22q$	$1.07q$	$1.04q$

如果把混凝土结构的某一部分作为承受均匀应力的长柱或薄板来看待，以结构上某选定点为中心，取半径略大于 r 的周围几个位置作测点，在测点上布置足够灵敏的应力应变传感器，然后以选定的中点为圆心，以 r 为半径在混凝土结构上钻孔（或形成足够深的盲孔），由于孔边应力集中现象的产生，所布设的应力应变传感器会有新的读数产生。根据传感器所在的点位和读数的大小，可分析出该部位的均匀应力 q。

该方法在理论上可行，但是在实施上却有很大困难。首先，由解析式看出，无论沿着 X 轴或沿着 Y 轴（$\theta=90°$）其环向正应力随距离变化梯度都很大，即测点点位误差对测量结果的影响很大，而混凝土表面所用的传感元件"测距"一般都在数十毫米，根本不符合"点应力"的概念；其次，钢筋混凝土结构并非匀质弹性体。理论条件和实际情况的极大差异必然造成测试结果的很大误差。正是由于以上原因，"钻盲孔法"除了演示意义之外，在工程上很少有实用价值。

几年前，我国台湾的学者改进了"钻盲孔法"，提出了"环状钻孔混凝土应力释放法"。这种方法的操作要点是：

① 在桥梁结构上选定要测定内力的点位；

② 对以该点位为中心的混凝土结构表面进行打磨处理；

③ 以该点位为中心在混凝土表面粘贴长标距应变片；

④ 电测得到应变片的初始读数 ε_0；

⑤ 注意保护应变片的引线，采用混凝土钻芯机在粘贴有应变片的混凝土部位钻直径 100mm 的环状孔，孔深不小于 35mm；

⑥ 环状钻孔完成后，电测得到应变片的后期读数 ε_1；

⑦ 应变片的后期读数 ε_1 与初始读数 ε_0 之差乘以混凝土材料弹性模量就是该部位的混凝土"现况应力储存值"或"现况应力实有值"。

该方法的原理正确，操作比"盲孔法"有所改进，但也存在着一些需要探讨的技术问题。

① 由于长期暴露在自然环境中，旧混凝土结构表面多有明显的碳化现象，而且靠近模板边缘的混凝土材料其净浆成分往往高于结构内部材料，骨料比率往往低于结构内部混凝土。因此就材质而言，结构表面层的混凝土不具有充分的代表性。

② 在大偏心或弯曲状态下，混凝土结构表面很可能处在拉应力状态下。在这种情况下，混凝土表面分布有可见或不可见的微裂纹，裂缝的开闭都会造成应变读数的突变，跨裂缝贴片的应变难以反映混凝土结构真实应变情况。

③ 混凝土并非完全弹性体，在长期荷载状态下已有塑性形变发生，即使环状钻孔完成后长时间静置，充分完成"应力释放"，也只能恢复混凝土的弹性变形部分，而不能重现混凝土的非弹性变形部分。

④ 环向孔钻进过程中需要加水，而潮气、震动都是电阻应变测量的"大忌"，应变测试的误差会加大。

根据我国台湾学者的研究资料，采用这种实验方法操作，由于环状钻孔深度不同、应力释放程度不同所造成的理论和实操误差大约在 10% 以内；由于温度、活载等引起的重复实验的操作误差大约在 $\pm 10\mu\varepsilon$ 范围以内。

考虑到在预应力混凝土桥梁结构中，张拉完成后结构内的压应力储备一般不会超过 $2\sim 3$MPa，与此对应的混凝土应变不超过 $100\mu\varepsilon$，由此可推断上述方法理论和实操的中误差 $m_1 = \pm 10\mu\varepsilon$；重

复实验的操作误差 $m_2 = \pm 10\mu\varepsilon$；根据理论，混凝土徐变和塑性的影响约为 $5\% \sim 10\%$，可折算为 $m_3 = 10\mu\varepsilon$。应变测试技术的研究表明，在不利环境下，专业测量人员的应变片操作误差大约是实测值的 20% 左右，折算为 $m_4 = \pm 20\mu\varepsilon$；二次仪表的显示误差是 5%，$m_5 = \pm 5\mu\varepsilon$。综合考虑上述各因素，合成后的总误差为：

$$m = \sqrt{m_1^2 + m_2^2 + m_3^2 + m_4^2 + m_5^2} = \pm 26.9\mu\varepsilon$$

折合成相对误差大约为 27%。对于桥梁剩余承载能力的评估，这个误差已经很大了。在对桥梁结构现有预应力的估算过程中，如果结构现况预应力小于 0.5MPa（压力），那么测试结果的相对误差甚至会超过 60%。微小的拉、压应力很可能无法区分，对于结构评估，特别是对于预应力度的判断，这是不允许出现的根本性错误。这也正是该方法并未在实际工程中得到广泛应用的最主要原因。

（2）钢筋应力释放法及其工程应用实例。在长期的桥梁检测过程中，北京市市政工程研究院的工程技术人员提出了一种新的"现况应力实有值"测试方法，可以称为"钢筋应力释放法"。在"环状钻孔混凝土应力释放法"操作过程中，应尽量避开结构中的钢筋。而在"钢筋应力释放法"中，却需要有意识地寻找混凝土结构中的浅层钢筋。通过释放混凝土结构中浅层钢筋的"储存应力"，测得混凝土结构中的"现况应力实有值"。其操作要点如下。

① 采用钢筋探测仪在混凝土结构待测定的点位选定保护层下的 1 根钢筋。

② 轻轻凿开该钢筋外层的混凝土保护层，形成宽约 $3 \sim 5d$，长约 $15 \sim 20d$ 的窄槽（d 为该钢筋直径），槽深以能露出钢筋约 $120°$ 的上表面为度。

③ 修磨已露出的钢筋上表面，在钢筋上表面顺轴线方向粘贴短标距应变片。

④ 焊接引线，电测得到应变片的初始读数 ε_0。

⑤ 将窄槽的前、后两端略为凿宽，采用无齿锯将钢筋两端切断。

⑥ 轻轻凿松钢筋下部的混凝土，取出该段钢筋。

⑦ 静置该段钢筋，待读数稳定后电测得到应变片的后期读数 ε_1。

⑧ 应变片的后期读数 ε_1 与初始读数 ε_0 之差就是该部位的"现况应变储存值"或"现况应变实有值"。考虑到结构的混凝土和钢筋是握裹在一起共同工作的，把所求得的应变值和混凝土的弹性模量相乘，就得到混凝土结构的"现况应力实有值"。

对比"环状钻孔混凝土应力释放法"，本方法可称为"钢筋应力释放法"，其主要优点是：

① 由于钢筋材质均匀性比混凝土要好得多，所以可以最大限度地降低由于混凝土材质不均匀而引入的测量误差；

② 在钢筋混凝土结构中，钢筋绝大部分是工作在弹性状态的，因此切开后，其应力释放比较完全，不会因为塑性变形而产生额外的误差；

③ 不必采用注水钻机钻孔，无潮湿，对提高电测精度有利；

④ 无论混凝土结构受拉或受压，都可以用此法测量，而且不会直接受到混凝土结构表面裂纹的影响。

该方法最初在广东省某大桥的检测过程中得到成功应用。广东省某三跨预应力钢筋混凝土变截面连续刚构跨江公路桥，跨度为 $66m + 120m + 66m$，断面形式为单室箱梁。该主桥上部结构按三向预应力混凝土设计，主桥箱梁采用挂篮法施工。箱梁底板宽 11m，悬臂外伸 5m。运营 4 年后，发现该桥主跨跨中向下凹陷达到 $20\sim30cm$。检测发现主桥中跨箱梁靠近支点的区域内，两侧腹板内壁均出现大量的斜剪裂缝（与水平方向约成 $30°\sim45°$ 角），裂缝宽度已超过 0.4mm，最大斜剪裂缝宽度达 1.15mm，深度超过 30cm，严重威胁到桥体安全。为对该桥进行加固设计，急需测定箱梁跨中底板现况应力和箱梁腹板裂缝集中区的现况应力。测试人员采用了"钢筋应力释放法"进行操作：在跨中箱梁底板 1/2、1/4、3/4 宽度处各凿窄槽，然后在露出的纵向钢筋上表面贴片。在深夜无车辆活荷载时测得初读数；而后切断钢筋，充分静置后再测得终读数，测试结果见表 3-4。

表 3-4　主跨中箱梁底板钢筋应力释放法测试记录

部位	主跨跨中 中轴线处		主跨跨中 1/4 底板宽度		主跨跨中 3/4 底板宽度	
应变读数	东侧	西侧	东侧	西侧	东侧	西侧
初始读数 ε_0	−311	−262.5	−211	−247	−66	
终测读数 ε_1	−209	−175	−171	−205	−132	
差值($\varepsilon_1-\varepsilon_0$)	102	87.5	40	42	−66	
释放应变平均值	41.1					
折算底板混凝土现况应力/MPa	1.29 （拉应力）					

　　该主桥设计为全预应力结构，中跨箱梁在各种荷载组合作用下，下缘混凝土应力的理论计算结果见表 3-5。

表 3-5　各种组合下混凝土下缘应力核算值

组合状态	箱梁下缘应力/MPa
组合 1(恒载＋汽车＋人群)	＋1.72(压应力)
组合 2(恒载＋温度 1)	＋1.33(压应力)
组合 3(恒载＋温度 2)	＋1.58(压应力)

　　由设计核算结果可知，该主桥跨中下缘混凝土应为压应力储备（不小于 1.3MPa）。但从恒载作用下的现况应力实测结果看出，该主桥中跨跨中梁体下缘混凝土却出现了平均值约为 1.3MPa 左右的拉应力，据此结果推算，该主桥主跨纵向预应力索的应力损失约为 20%。该桥中跨预应力施加不足，是导致跨中下凹的重要原因。

　　测试人员在主桥中跨箱梁靠近支点两侧腹板内壁出现大量的斜剪裂缝的区域作了 2 道凿口，采用"钢筋应力释放法"测得了箱梁腹板的现况应力（见表 3-6）。

表 3-6　主跨箱梁腹板钢筋应力释放法测试记录

应变读数	腹板测点 1	腹板测点 2
初始读数 ε_0	−1844	−2932
终测读数 ε_1	−1677	−3047
差值($\varepsilon_1-\varepsilon_0$)	167	−115
腹板竖向钢筋现况应力/MPa	35.1(拉应力)	−24.2(压应力)

　　由表 3-6 看出，箱梁腹板内侧竖向钢筋测点 1 的应力为拉应力

35.1MPa（此测点跨越一条宽为 0.65mm 的斜向裂缝）；箱梁腹板内侧竖向钢筋测点 2 的应力为压应力－24.2MPa（此测点未跨越裂缝）。

该桥采用三向预应力体系设计，箱梁腹板竖向预应力采用精轧螺纹钢筋来施加。这种预应力钢筋一般长度较短，锚固后即使发生微小变形也会导致预应力明显减小。研究表明，在缺乏专门的设备和严格的施工控制的情况下，施工完成后的实际有效预应力可能仅为理论值的 3/4 或 2/3。对箱梁腹板的现况应力测量结果恰恰证实了这一推断——在竖向螺纹钢筋预加应力作用下本应呈现竖向压应力的腹板现况应力却为拉应力，这说明竖向螺纹钢筋预加应力不足，或是在长期运营过程中，车辆荷载对桥面的不断冲击，导致精轧螺纹钢筋螺母逐渐松动，竖向预应力因锚固变形而减少，使该桥的抗剪能力下降，以致箱梁两侧腹板出现了大量的斜剪裂缝。

工程实践表明，采用"钢筋应力释放法"测量桥梁结构的现况应力，所需要暴露和切断的浅层钢筋仅是很少的 1～2 根，可以是结构配筋，也可以是构造钢筋或防裂分布钢筋。在原有钢筋取出后，可将混凝土表面的凿口略延长，置入相同直径的新钢筋，并按施工规程（单面焊预留接头长度）搭接焊牢，而后用普通混凝土或掺入环氧树脂的混凝土封固，这样处理以后，对桥梁结构的耐久性并不会造成任何影响。如果采用和原有钢筋强度相同的钢筋应变计代替新钢筋，置入并搭接焊牢，那么在桥梁加固的过程中（体外索张拉、结构厚度变动），该传感器就成为新的应力监测点。该点"钢筋应力释放法"所得数据和新传感器的记录组合，就是这座桥关键部位应力变化全过程的宝贵档案。从这个角度来说，"钢筋应力释放法"具有一举两得的良好效果。

（3）钢筋应力释放法的测试误差分析。为了讨论钢筋应力释放法的测试误差，首先应当从理论上分析这种特殊的测试方法凿浅槽、贴片、测试等环节可能引入了多大的测试误差。特别应当关注以下两个问题。

① 对于具有不同保护层厚度的钢筋混凝土结构，开凿窄槽暴露浅层钢筋上表面的过程对钢筋现况固有应力的"真值"有什么样的影响？

② 对于具有不同直径的钢筋混凝土结构，开凿窄槽暴露浅层钢筋上表面的过程对钢筋现况固有应力的"真值"有什么样的影响？

为进行理论分析，建立了三维钢筋混凝土梁的计算模型，应用ANSYS 程序进行了计算分析。图 3-4 是研究中采用的简单应力——应变关系，图 3-5 标注了计算模型的尺寸，图 3-6 是计算模型的细部尺寸。

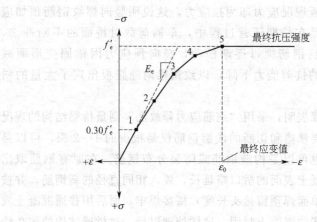

图 3-4　混凝土应力——应变关系

计算中所用的主要参数为：

混凝土 C30　$f_{ck} = 20.1 \text{N/mm}^2$

钢筋 HPB 235

荷载条件：$F = 40000 \text{N}$

采用 solid 65 单元模拟混凝土，beam 188 模拟钢筋。采用生死单元法模拟分层打开混凝土的过程，计算时未计混凝土自重，跨中部分为纯弯构件。步骤 1 为轻轻凿开该钢筋外层的混凝土保护层，形成宽约 3～5d，长约 15～20d 的窄槽（d 为钢筋直径）；步骤 2 为采用无齿锯将钢筋两端切断，轻轻凿开钢筋下部的混凝土。

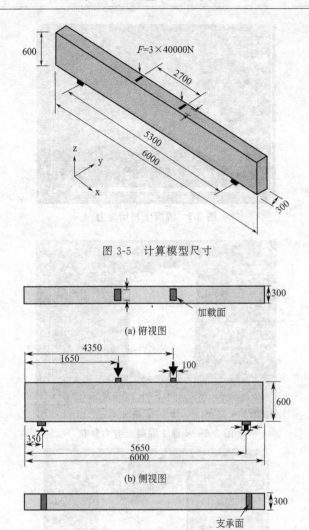

图 3-5　计算模型尺寸

(a) 俯视图

(b) 侧视图

(c) 底视图

图 3-6　计算模型细部尺寸

图 3-7、图 3-8、图 3-9 分别为混凝土初始应力状态，凿开该钢筋外保护层以及将钢筋两端切断并剥离后的混凝土应力分布情况。

由图 3-7、图 3-8、图 3-9 可以看出"钢筋应力释放法"测试过

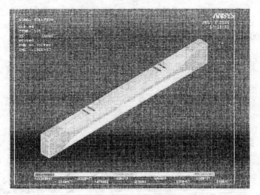

图 3-7 混凝土初始应力

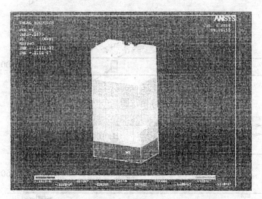

图 3-8 步骤 1 混凝土应力分布

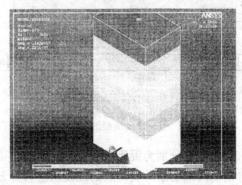

图 3-9 步骤 2 混凝土应力分布

程中除开凿窄槽部分应力有小部分集中外，对于其他部分混凝土几乎没有影响。

① 钢筋保护层厚度的影响：钢筋直径为 25mm 定值，分别取保护层厚度为 20mm、30mm、40mm，计算结果见表 3-7。

表 3-7　钢筋保护层厚度的影响　　　　　　　　　N/m^2

分析步骤	保护层厚度		
	20mm	30mm	40mm
初始值	0.83×10^8	0.81×10^8	0.808×10^8
步骤一	0.96×10^8	0.977×10^8	0.971×10^8
步骤二	0.108×10^9	0.108×10^9	0.108×10^9

由图 3-10 可以看出当保护层不同时，凿开保护层暴露外层钢筋后，所引起的钢筋应力变化约占总钢筋初始应力的 15%～20%。

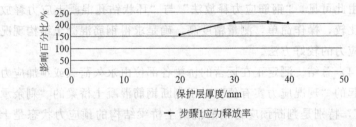

图 3-10　保护层厚度对测试值的影响

② 钢筋直径的影响：改变计算模型中钢筋的直径（从 22～32mm），可以得到钢筋直径对测试结果的影响（见表 3-8）。

表 3-8　钢筋直径对应力变化的影响　　　　　　　　　N/m^2

分析步骤	钢筋直径		
	22mm	25mm	32mm
初始值	0.949×10^8	0.808×10^8	0.788×10^8
步骤一	0.108×10^9	0.971×10^8	0.871×10^8
步骤二	0.118×10^9	0.108×10^9	0.938×10^8

由表 3-8 可以看出当钢筋混凝土结构中的钢筋直径有所变动时，凿开混凝土保护层后所引起最外层钢筋应力释放值一般不会超过钢筋初始应力的 10%～15%。

根据上述计算，仿照上述"环状钻孔混凝土应力释放法"的误差分析方法，可得出对钢筋应力释放法的测量误差分析（在混凝土应变不超过 $100\mu\varepsilon$ 的条件下）：理论分析和实际操作所引入的误差（取钢筋保护层厚度变化所造成的误差和钢筋直径不同所造成的误差中的最大者）$m_1 = \pm15\mu\varepsilon$；在较好的操作环境下，专业测试人员的应变片操作误差大约是实测值的 10% 左右，折算为 $m_2 = \pm10\mu\varepsilon$；二次仪表的显示误差是 5%，$m_3 = \pm5\mu\varepsilon$。综合考虑上述各因素，合成后的总误差为：

$$m = \sqrt{m_1^2 + m_2^2 + m_3^2}$$
$$\approx \pm18.7\mu\varepsilon$$

折合成相对误差约为 19%，仅为"环状钻孔混凝土应力释放法"相对误差的 70%。

由此可见，"钢筋应力释放法"与"环状钻孔混凝土应力释放法"比较，操作简单，测量精度高，确是求得钢筋混凝土结构现况固有应力的较好方法。

（4）总结。测定正在运营的桥梁各部位由永久荷载或预加应力所引起的"现况应力实有值"对于判断钢筋混凝土桥梁的"剩余承载力"，特别是判断预应力钢筋混凝土桥梁结构的预应力状态是十分重要的。常规的试验方法仅能测得活荷载所引起的桥梁结构内力的变化，不能反映正在运营的桥梁各部位由永久荷载或预加应力所引起的"现况应力实有值"。对"现况应力实有值"的实测一般基于桥梁结构的结构应力释放原理。以往的"钻盲孔法"可操作性较差；我国台湾学者提出的"环状钻孔混凝土应力释放法"误差较大；北京市市政工程研究院的工程技术人员提出的"钢筋应力释放法"可操作性强。经过理论分析和工程检测验证，这种试验方法的测量精度可控制在 20% 以内，是检测钢筋混凝土桥梁结构现况固有应力较好的试验方法。

第四章 控制测量简述

第一节 平面控制测量

1. 平面控制测量的常用方法有哪几种？

平面控制测量常用的方法，通常有三角测量、导线测量、交会法定点测量，随着 GPS 全球定位系统技术的推广，利用 GPS 技术进行控制测量也已广泛应用。

2. 什么是控制网？

在测量区域内选择若干有控制意义的控制点，这些点按一定的规律和要求构成的网状几何图形，称为测量控制网。

3. 什么是国家平面控制网？

在全国范围内建立的控制网，称为国家控制网。它是全国各种比例尺测图的基本控制，并为确定地球的形状和大小提供研究资料。国家控制网是用精密测量仪器和方法依照施测精度按一等、二等、三等、四等四个等级建立的，它的低级点受高级点逐级控制。

4. 怎样用三角控制网来进行测量？

首先，在地面上选定一系列点位 1，2，…使互相观测的两点通视，把它们按三角形的形式连接起来即构成三角网。如果测区较小，可以把测区所在的一部分椭球面近似看做平面，则该三角网即为平面上的三角网（图 4-1）。三角网中的观测量是网中的全部（或大部分）方向值，图 4-1 中每条实线表示对向观测的两个方向。根据方向值即可算出任意两个方向之间的

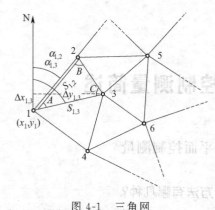

图 4-1　三角网

夹角。

若已知点 1 的平面坐标 (x_1, y_1)，点 1 至点 2 的平面边长 $S_{1,2}$，坐标方位有 $\alpha_{1,2}$，便可用正弦定理依次推算出所有三角网的边长、各边的坐标方位角和各点的平面坐标。

以图 4-1 为例，待定点 3 的坐标可按下式确定：

$$S_{1,3} = S_{1,2} \frac{\sin B}{\sin C}$$

$$\alpha_{1,3} = \alpha_{1,2} + A$$

$$\left. \begin{array}{l} \Delta x_{1,3} = S_{1,3} \cos \alpha_{1,3} \\ \Delta y_{1,3} = S_{1,3} \sin \alpha_{1,3} \end{array} \right\}$$

$$\left. \begin{array}{l} x_3 = x_1 + \Delta x_{1,3} \\ y_3 = y_1 + \Delta y_{1,3} \end{array} \right\}$$

即由已知的 $S_{1,2}$、$\alpha_{1,2}$、x_1、y_1 和各角观测值的平均值 A、B、C 可推算求得 x_3、y_3，同理可依次求得三角网中其他各点的坐标。

通常，三角网的起算数据包括一个点的坐标、一条边的长度和一条边的方位角，或与此等价的两个点的坐标。

当三角网中没有或仅有含有必要的一套起算数据，称为独立网，如图 4-2 所示。

图 4-2 为相邻两三角形中插入两点的典型图形。A、B、C 和 D 都是高级三角点，其坐标、两点间的边长和坐标方位角都是已知的，P、Q 为待测定点。

当三角网中具有多于必要的一套起算数据，称为非独立网，也称附合网。如图 4-3 所示。

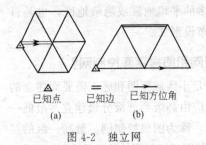

已知点　　　　已知边　　　　已知方位角
　(a)　　　　　　(b)

图 4-2　独立网

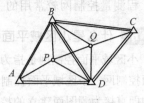

图 4-3　附合网

5. 怎样用导线控制网测量?

导线测量法建立国家平面控制网。导线网是在地面上选择一系列控制点,将相邻点连成直线而构成折线并扩展成网状,扩展成的网状叫导线网,如图 4-4 所示。

在导线网的控制点上,用精密仪器依次测定所有折线的边长和转折角,根据解析几何知识解算出各点的坐标,用导线测量法确定的平

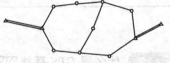

图 4-4　导线网

面控制点,称为导线点。在全国范围内建立三角网时,在某些局部地区采用三角测量法有困难的情况下,亦可采用同等级的导线测量法来建立。

导线测量也分为四个等级,即一等、二等、三等、四等。其中一等、二等导线,又称为精密导线测量。

导线网中的观测值是角度(或方向)和边长。独立导线网的起算数据是一个起算点的坐标(x、y)和一个方向的方位角。

导线网的优点有:

(1)导线网中的边长都是直接测定的,因此边长的精度较均匀。

(2)导线网中各点上的方向数较少,除结点外只有两个方向,受通视要求的限制较小,易于选点和降低觇标高度。

(3)导线网的图形非常灵活,选点时可根据具体情况随时改变。

导线网的缺点主要是:导线网中的多余观测数较同样规模的三角网要少,有时不易发现观测值中的粗差,因而可靠性不高。

导线网特别适合于障碍物较多的平坦地区或隐蔽地区，也是目前工程测量控制网较常用的一种布设形式。

6. 什么是小区域平面控制网和图根平面控制网？

小区域平面控制网是指为了满足小区域测图和施工需要而建立的平面控制网，小区域平面控制网亦应由高级到低级分级建立。最低一级的即直接为测图而建立的控制网，称为图根控制网。最高一级的控制网称为首级控制网。首级控制网与图根控制网的关系见表 4-1。

表 4-1　首级控制网与图根控制网的关系

测区面积/km²	首级控制网	图根控制
2~15	一级小三角或一级导线	两级图根
0.5~2	二级小三角或二级导线	两级图根
0.5 以上	图根控制	

7. 什么是 GPS 基线网？

随着 GPS 定位技术在我国的引进，许多大中城市勘测院及工程测量单位开始用 GPS 布设控制网。目前，GPS 相对定位精度，在几十千米的范围内可达 1/500000~2/1000000，可以满足对城市二、三、四等网的精度要求。

当采用 GPS 进行相对定位时，网形的设计在很大程度上取决于接收机的数量和作业方式。如果只用两台接收机同步观测，一次只能测定一条基线向量。如果能由三四台接收机同步观测，GPS 网则可布设由三角形和四边形组成的网形。

如图 4-5 所示 GPS 基线网。图 4-5(a)、(b) 为点连接，表示在两个基本图形

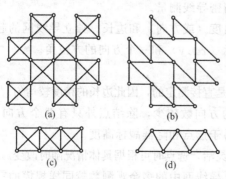

(a)　　　　(b)

(c)　　(d)

图 4-5　GPS 基线网

之间有一个点是公共点，在该点上有重复观测；图 4-5(c)、(d) 为边连接，表示每个基本图形中，有一条边是与相邻图形重复的。

使用 GPS 网测设时，可以在网的周围设立两个以上的基准点。在观测过程中，这些基准点上始终没有接收机进行观测。取逐日观测结果的平均值作为测设结果，可提高这些基线的精度，并以此作为固定边来处理全网的成果，提高全网的精度。

第二节　高程控制测量

1. 什么是高程控制测量？

高程控制测量就是在测区布设一批高程控制点，即水准点，用精确的方法测定它们的高程，从而构成高程控制网，再根据高程控制网确定地面点的高程。

测量高程同样要遵循"从整体到局部"的测量原则。

2. 什么是国家高程控制测量？

国家高程控制测量是指用精密水准测量方法建立起国家高程控制网（也称国家水准网），再根据国家高程控制网确定地面的高程。

3. 国家高程控制网等级有哪些？

国家高程控制网分为一等、二等、三等、四等 4 个等级。

其中，一等国家高程控制网是沿平缓的交通路线布设成周长约 1500km 的环形路线。一等水准网是精度最高的高程控制网，它是国家高程控制的骨干，同时也是地学科研工作的主要依据。

二等国家高程控制网是布设在一等水准环线内，形成周长为 500～750km 的环线。它是国家高程控制网的全面基础。

三等、四等级国家高程控制网直接为地形测图或工程建设提供高程控制点。三等水准一般布置成附合在高级点间的附合水准路线，长度不超过 200km。四等水准均为附合在高级点间的附合水准路线，长度不超过 80km。

4. 什么是图根高程控制测量?

图根高程测量是指测量图根平面控制点高程的工作。它是在国家高程控制网或地区首级高程控制网的基础上,采用图根水准测量或图根三角高程测量来进行的。

图根国家高程控制测量常采用一般水准测量方法。水准路线沿图根点布设,并起闭于高级水准点上,形成附合水准路线或闭合水准路线。测量时所有图根点应作为水准路线上的转点,以保证图根点高程得到检核。

5. 控制测量仪器及技术发展方向是什么?

(1) 仪器。由于电子技术和激光技术的高度发展,出现了电子经纬仪、光电测距仪,进而与微电脑相结合,组成了反映当代测绘仪器水平的全能检测仪器——全站仪。它除能自动测距和测角(包括水平角和垂直角)外,还能快速完成一个测站所需完成的工作,包括平距、高差、高程、坐标以及放样等方面功能的计算。

GPS 定位技术逐渐渗透到我国经济建设和科学技术的许多领域。在测量方面,它引出一种全新的测量技术,使传统的测量方法面临一场意义深远的变更。

与传统的测量方法相比,GPS 有着观测站之间无须通视、定位精度高、观测时间短、可提供三维坐标、操作简便、全天候作业等优点,在大地测量、工程控制测量、航空摄影测量以及地形测量等各个方面正在发挥巨大的作用。

(2) 技术。现如今,电子计算机技术也广泛应用于控制测量的计算工作中。过去在平差中解算线性方程式稍多即感到十分繁重,现在用电子计算机解算,无论线性方程式数目多少,都轻而易举。过去控制网的精度估算的方案比较,只能采取粗略的办法,否则会耗费大量人力,现在应用电子计算机技术,可对不同的设计方案进行比较,以选择最优的设计方案,既省事,又能收到最好的技术经济效果。

第五章　测量放线基本方法

第一节　测量距离

1. 什么是距离丈量？

距离丈量是距离测量的最基本方法，传统的丈量工具有钢尺和皮尺，钢尺量距工具简单，经济实惠，其测距的精度可达到 $1/4000\sim1/1000$，精密测距的精度可以达到 $1/40000\sim1/10000$，适合于平坦地区的距离测量。

2. 钢尺量距的常用工具有哪些？

钢尺是丈量距离的主要工具之一，此外还需要测钎、标杆、弹簧秤、垂球、温度计等其他辅助工具。其中，测钎主要用于标定尺段和作为定线的标志。标杆主要用于直线定线和在倾斜尺段上进行水平丈量时标定尺段点位。弹簧秤用于对钢尺施加标准的拉力，因为对钢尺施加的拉力不同，尺子会不一样长。量距时就必须用弹簧秤施加检定时的标准拉力，以保证尺长的稳定性。垂球在斜坡上量距时用来投点。温度计用于测定量距时的温度，以便对钢尺丈量的距离进行温度改正。

3. 什么是直线定向？直线定向方法有哪几种？

水平距离测量时，当地面两点间距离超过一整尺长而无法完成丈量工作时，应进行分段丈量。分段丈量首先做的是将所有分段点标定在待测直线上，这一工作称为直线定线。按精度的要求不同，直线定线有目估定线和经纬仪定线两种方法。

4. 怎样用目估法进行直线定向？

如图 5-1 所示，A、B 两点为地面上互相通视的两点，欲在 A、B

两点间的直线上定出 C、D 等分段点。定线工作可由甲、乙两人进行。

图 5-1　目估定线

(1) 定线时，先在 A、B 两点上竖立标杆，甲立于 A 点测杆后面约 1～2m 处，用眼睛自 A 点标杆后面瞄准 B 点标杆。

(2) 乙持另一标杆沿 BA 方向走到离 B 点大约一尺段长的 C 点附近，按照甲指挥手势左右移动标杆，直到标杆位于 AB 直线上为止，插下标杆（或测钎），定出 C 点。

(3) 乙又带着标杆走到 D 点处，同法在 AB 直线上竖立标杆（或测钎），定出 D 点，依此类推。这种从直线远端 B 走向近端 A 的定线方法，称为走近定线。直线定线一般应采用走近定线。

当两个地面点之间的距离较长或地势起伏较大时，为使量距工作方便起见，可分成几段进行丈量。

5. 怎样用经纬仪法进行直线定向？

如图 5-2 所示，将经纬仪定置于 A 点，照准 B 点，固定照准部，沿 AB 方向在稍短于一尺段的位置，由甲指挥乙打下木桩。桩顶高出地面 10～20cm，再用经纬仪精确定出 AB 方向线，在桩顶上画十字线，使其中一条线在 AB 直线上，将十字线的交点作为丈量时的标志。

6. 什么是钢尺精密量距？

当要求量距的相对误差要低于 1/3000 时，就要求用精密方法

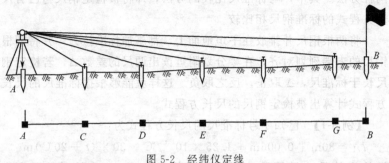

图 5-2　经纬仪定线

进行丈量。为了防止由于尺子本身以及量距时的外界环境不同引起
丈量结果的变化，钢尺精密量距前，要对钢尺进行检定，以便得到
实际的尺长方程式，求出精确的丈量结果。

7. 什么是钢尺长方程式？公式是什么？

钢尺由于材料原因、刻划误差、长期使用的变形及丈量时的温
度和拉力不同的影响，其实际长度往往不等于尺上所标注的长度即
名义长度。量距前应对钢尺进行检定，计算出钢尺在标准温度和标
准拉力下的实际长度，并给出检定后的长度，以便对丈量结果进行改
正。尺长方程式所表示的含义是：钢尺在标准拉力（30m 钢尺 100N，
50m 钢尺 150N）的实际长度随温度而变化的函数式，公式如下：

$$l_i = l_0 + \Delta l + \alpha(t - t_0)l_0$$

式中　l_i——钢尺在温度 t 时的长度，m；

l_0——钢尺的名义长度，m；

Δl——尺长改正数，即钢尺在温度 t_0 时的全长改正数，m；

α——钢尺的线膨胀系数，即温度每变化 1℃时钢尺单位长
度的变化值，一般为 $1.25 \times 10^{-5}/℃$；

t——钢尺量距时的温度，℃；

t_0——钢尺检定时的温度，℃。

8. 如何进行钢尺检定？

钢尺检定有在两固定标志的检定场地进行检定和与标准尺比较

两种方法。其中，与标准尺比较的方法，即将被检定钢尺与已有尺长方程式的标准钢尺相比较。

将两根钢尺并排放在平坦地面上，都施加标准拉力，并将两根钢尺的末端刻划对齐，在零分划附近读出两尺的差数 Δ，若检定钢尺长于标准尺，Δ 取正，反之取负。这样就能够根据标准尺的尺长方程式计算出被检定钢尺的尺长方程式。

【例 5-1】 已知 1 号标准尺的尺长方程式为：

$$l_{t1}=30\mathrm{m}+0.006\mathrm{m}+1.25\times10^{-5}/{}^{\circ}\!C\times30\times(t-20{}^{\circ}\!C)\mathrm{m}$$

被检定的是 2 号钢尺，其名义长度也是 30m。比较时的温度为 23℃，当两把尺子的末端刻划对齐并施加标准拉力后，2 号钢尺对准 1 号标准尺的 0.004m 分划处，试确定 2 号钢尺的尺长方程式。

解　依据上述比较结果得出 $\Delta=-0.004\mathrm{m}$，那么

$$\begin{aligned}l_{t2}&=l_{t1}-0.004\mathrm{m}\\&=30\mathrm{m}+0.006\mathrm{m}+1.25\times10^{-5}/{}^{\circ}\!C\times(23{}^{\circ}\!C-20{}^{\circ}\!C)\times\\&\quad30\mathrm{m}-0.004\mathrm{m}\\&=30\mathrm{m}+0.003\mathrm{m}+1.25\times10^{-5}\times90\mathrm{m}\\&=30\mathrm{m}+0.003\mathrm{m}+112.5\times10^{-5}\mathrm{m}\end{aligned}$$

则被检定的 2 号钢尺的尺长方程式为：

$$l_{t2}=30\mathrm{m}+0.003\mathrm{m}+1.25\times10^{-5}/{}^{\circ}\!C\times(t-20{}^{\circ}\!C)\times30\mathrm{m}$$

9.　怎样用钢尺进行一般距离测量（平坦地面）？

丈量前，首先将待测距离的两个端点用木桩（桩顶钉一小钉）标志出来，清除直线上的障碍物后，一般由两人在两点间边定线边丈量，具体操作如下：

（1）如图 5-3 所示，量距时，先在 A、B 两点上竖立测杆（或测钎），标定直线方向，然后，后尺手持钢尺的零端位于 A 点，前尺手持尺的末端并携带一束测钎，沿 AB 方向前进，至一尺段长处停下，同时操作者都蹲下。

（2）后尺手以手势指挥前尺手将钢尺拉在 AB 直线方向上；后

图 5-3 平坦地面的距离丈量

尺手以尺的零点对准 A 点，两人同时将钢尺拉紧、拉平、拉稳。

（3）前尺手喊"预备"，后尺手将钢尺零点准确对准 A 点，并喊"好"，前尺手随即将测钎对准钢尺末端刻划竖直插入地面（在坚硬地面处，可用铅笔在地面划线作标记），得 1 点，完成了第一尺段 $A1$ 的丈量工作。

（4）接着后尺手与前尺手共同举起尺子向前走，当后尺手走到 1 点时，立即喊"停"。同时后尺手拔起 1 点上的测钎，用同样的方法再丈量第二尺段。

按上述量法继续下去，直到最后量出不足一整尺的余长 q。

A、B 两点水平距离计算公式为：

$$D_{AB} = nl + q$$

式中，n 为整尺段数（即在 A、B 两点之间所拔测钎数）；l 为钢尺长度，m；q 为不足一整尺的余长，m。

为了提高精度和防止丈量错误，还应由 B 点量至 A 点进行返测，返测时应重新进行定线。计算时取往、返测距离的平均值作为直线 AB 最终的水平距离。

$$D_{av} = \frac{1}{2}(D_f + D_b)$$

式中，D_{av} 为往、返测距离的平均值，m；D_f 为往测的距离，m；D_b 为返测的距离，m。

量距精度通常用相对误差 K 来衡量，相对误差 K 化为分子为 1 的分数形式，即

$$K = \frac{|D_f - D_b|}{D_{av}} = \frac{1}{\dfrac{D_{av}}{|D_f - D_b|}}$$

【例 5-2】 用全长为 30m 的钢尺丈量 A、B 两点间的距离，丈量结果分别为：往测 5 个整尺段，余长为 15.423m；返测 5 个整尺段，余长为 15.455m。求 AB 的距离 D 及相对误差 K。

解 $D_{AB} = nl + q = 5 \times 30\text{m} + 15.423\text{m} = 165.423(\text{m})$

$D_{BA} = nl + q = 5 \times 30\text{m} + 15.455\text{m} = 165.455(\text{m})$

$D = (165.423 + 165.455)/2 = 165.439(\text{m})$

$$K = \frac{|165.423 - 165.455|}{165.439} = \frac{0.032}{165.439} \approx \frac{1}{5170}$$

在平坦地区，钢尺量距一般方法的相对误差一般不应大于 1/3000；在量距较困难的地区，其相对误差也不应大于 1/1000。

10. 怎样用钢尺进行倾斜地面上的一般测量？

（1）平量法。平量法用于地势起伏不大时，操作步骤与方法如下：

如图 5-4 所示，丈量时，由 A 点向 B 点进行，后尺手手持钢尺零端，将零刻度线对准起点 A 点。

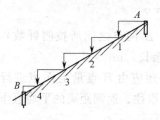

图 5-4 平量法图示

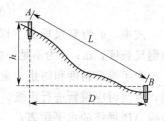

图 5-5 斜量法图示

前尺手进行定线后，将尺拉在 AB 方向上并使尺子抬高，用目估法使尺子水平，并用垂球将整尺段的分划线投影到地面上，再插上测钎。

用同样的方法丈量其他的尺段，将各分段距离相加即得到两点间的水平距离。返测时由于从坡脚向坡顶丈量困难较大，仍然可以由高到低再次测量，最后取两次平均值作为丈量的结果。

（2）斜量法。斜量用于地面坡度倾斜且均匀时，如图 5-5 所示，沿着斜坡丈量出 AB 的斜距 L，测出地面倾斜角 α 或两端点的高差 h，然后按下式计算 AB 的水平距离 D，即：

$$D = L\cos\alpha = \sqrt{L^2 - h^2}$$

11.　怎样用钢尺进行精密测量距离?

（1）清理场地。在打算丈量的两点直线方向上清除障碍物，适当整平场地，使钢尺在第一尺段中不因障碍物或地面起伏而产生挠曲。

（2）直线定向。通常用经纬仪，如前面所述，这里不再重复。

（3）测量桩顶间的高差。用水准仪将沿桩顶丈量的倾斜距离化为水平距离，用双面尺法或往、返测法测出各相邻桩顶间高差。所测相邻桩顶间高差之差，一般不超过 ± 10mm，在限差内取其平均值作为相邻桩顶间的高差。

（4）钢尺精密量距的操作步骤：用检定过的钢尺进行测量，由两人拉尺，两人读数，一人测温度兼记录。

如图 5-6 所示，丈量时，后尺手挂弹簧秤于钢尺的零端，前尺手持钢尺的末端，两人同时拉紧钢尺，把钢尺有刻划的一侧贴于木桩顶丁字线的交点位置，待达到标准拉力时，前、后读尺员同时读取读数，估读至 0.5mm，并计算尺段长度。

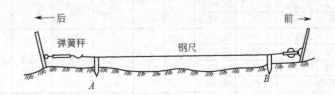

图 5-6　钢尺精密量距丈量方法

前、后移动钢尺 2~3cm，同法再次丈量。每一尺段测三次，读三组读数，由三组读数算得的长度之差要求不超过 2mm，否则应重测。

如在限差之内，取三次结果的平均值，作为该尺段的观测结果。同时，每一尺段测量应记录温度一次，估读至 0.5℃。

如此继续丈量至终点，即完成往测工作。完成往测后，应立即进行返测。

钢尺精密量距记录表参见表 5-1。

表 5-1　钢尺精密量距记录表

钢尺号码：NO16　　　　　　　　　钢尺膨胀系数：$1.25 \times 10^{-5}/℃$

钢尺检定时温度 t_0：20℃

钢尺名义长度 l_0：30m

钢尺检定时拉力：100N　　　　　　钢尺检定长度 l'：30.005m

尺段编号	实测次	前尺读数/m	后尺读数/m	尺段长度/m	温度/℃	高差/m	温度改正数/mm	倾斜改正数/mm	尺长改正数/mm	改正后尺段长/m
A—1	1	29.4350	0.0410	29.3940	+25.5	+0.36	+2.0	−2.2	+4.9	29.3977
	2	29.4510	0.0580	29.3930						
	3	29.4025	0.0105	29.3920						
	平均			29.393						
1—2	1	29.9360	0.0700	29.8660	+26.0	+0.25	+2.2	−1.0	5.0	29.8714
	2	29.9400	0.0755	29.8645						
	3	29.9500	0.0850	29.8650						
	平均			29.8652						
2—3	1	29.9230	0.0175	29.9055	+26.5	0.66	+2.4	−7.3	+5.0	29.9058
	2	29.9300	0.0250	29.9050						
	3	29.9380	0.0315	29.9065						
	平均			29.9057						
3—4	1	29.9235	0.0360	29.9050	+27.0	−0.54	+2.5	−4.9	+5.0	29.9083
	2	29.9305	0.0255	29.9055						
	3	29.9380	0.0310	29.9070						
	平均			29.9057						
4—B	1	15.9755	0.0765	15.8990	+27.0	+0.42	+1.4	−5.5	+2.6	15.8975
	2	15.9540	0.0555	15.8985						
	3	15.9805	0.0810	15.8995						
	平均			15.8990						
平均汇总				134.9686			+10.3	−20.9	+22.5	134.9807

(5) 测量结果计算。将每一尺段丈量结果经过尺长改正、温度改正和倾斜改正改算成水平距离，并求总和，得到直线往、返测的全长。往、返测较差符合精度要求后，取往、返结果的平均值作为最后成果。计算时取位到 0.1mm。

设钢尺在标准温度、标准拉力下的实际长度为 l'，钢尺的名义长度为 l_0，则 $\Delta l = l' - l_0$ 为一整尺段的尺长改正数。

尺长改正

$$\Delta l_d = \frac{\Delta l}{l_0} l$$

温度改正

$$\Delta l_t = \alpha (t - t_0) l$$

倾斜改正

$$\Delta l_h = -\frac{h^2}{2l}$$

尺段改正后的水平距离

$$D = l + \Delta l_d + \Delta l_t + \Delta l_h$$

式中，Δl_d 为每尺段的尺长改正数，mm；Δl_t 为每尺段的温度改正数，mm；Δl_h 为每尺段的倾斜改正数，mm；h 为每尺段两端点的高差，m；l 为每尺段的观测结果，m；D 为每尺段改正后的水平距离，m。

以 A—1 尺段为例计算尺段改正后的水平距离。

如表 5-1 所示，已知钢尺的名义长度 l_0 为 30m，实际长度 l' 为 30.005m，检定钢尺时温度 t_0 为 20℃，钢尺的膨胀系数 α 为 $1.25 \times 10^{-5}/℃$。对于 A—1 尺段，l 为 29.3930m，t 为 25.5℃，h_{A1} 为 +0.36m，计算尺段改正后的水平距离。

$$\Delta l = l' - l_0 = 30.005 - 30 = +0.005 (\text{m})$$

$$\Delta l_d = \frac{\Delta l}{l_0} l = \frac{+0.005}{30} \times 29.3930 = +0.0049 (\text{m}) = +4.9 (\text{mm})$$

$$\Delta l_t = \alpha (t - t_0) l = 1.25 \times 10^{-5} \times (25.5 - 20) \times 29.3930$$
$$= +0.0020 (\text{m}) = +2.0 (\text{mm})$$

$$\Delta l_h = -\frac{h_{A1}^2}{2l} = -\frac{(+0.36)^2}{2 \times 29.3930} = -0.0022 = -2.2\,(\text{mm})$$

$$D_{A1} = l + \Delta l_d + \Delta l_t + \Delta l_h = 29.3930 + 0.0049 + 0.0020 - 0.0022$$
$$= 29.3977\,(\text{m})$$

如果将各尺段改正后的水平距离相加，便得直线 AB 的往测水平距离。

当此实例中往测的水平距离 D_f 为：$D_f = 134.9807\text{m}$；返测的水平距离 D_b 为：$D_b = 134.9869\text{m}$，取平均值作为直线 AB 的水平距离 D_{AB}，则 $D_{AB} = 134.9838\text{m}$。

其相对误差为

$$K = \frac{|D_f - D_b|}{D_{av}} = \frac{|134.9807 - 134.9868|}{134.9838} \approx \frac{1}{22000}$$

若相对误差满足精度要求，则取其平均值作为最后成果。若相对误差超限，需返工重测。

12. 钢尺量距的误差主要有哪些？如何消减？

钢尺量距误差原因分析及消减见表 5-2。

表 5-2　钢尺量距误差原因分析及消减

类　别	误差分析内容及消减
定线引起误差	丈量时钢尺偏离定线方向，将使测线成为一折线，导致丈量结果偏大，这种误差称为定线误差。当待测距离较长或精度要求较高时，应用经纬仪定线
尺长引起误差	钢尺的名义长度和实际长度不符，产生尺长误差。尺长误差是积累性的，它与所量距离成正比。新购置的钢尺必须经过检定，以便进行尺长改正
拉力引起误差	钢尺有弹性，受拉会伸长，钢尺在丈量时所受拉应与检定时拉力相同。如果拉力变化 $\pm 26\text{N}\,(2.6\text{kgf})$，尺长将改变 1mm。一般量距时，只要保持拉力均匀即可，精密量距时，必须使用弹簧秤
钢尺垂曲引起误差	钢尺悬空丈量时中间下垂，称为垂曲，由此产生的误差为钢尺垂曲误差。垂曲误差会使量得的长度大于实际长度，故在钢尺检定时，亦可按悬空情况检定，得出相应的尺长方程式。在成果整理时，按此尺长方程式进行尺长改正

续表

类　　别	误差分析内容及消减
钢尺不水平引起误差	用平量法丈量时,钢尺不水平,会使所量距离增大。对于30m的钢尺,如果目估尺子水平误差为0.5m(倾角约1°),由此产生的量距误差为4mm。用平量法丈量时应尽可能使钢尺水平。精密量距时,测出尺段两端点的高差,进行倾斜改正,可消除钢尺不水平的影响
丈量引起误差	钢尺端点对不准、测钎插不准、尺子读数不准等引起的误差都属于丈量误差。这种误差对丈量结果的影响可正可负,大小不定。在量距时应尽量认真操作,以减小丈量误差
温度变化引起误差	钢尺的长度随温度而变化,当丈量时的温度与钢尺检定时的标准温度不一致时,将产生温度误差。故精密距离丈量时要加温度改正,并尽可能使温度计所测温度接近钢尺的温度

13.　用钢尺量距应注意哪些事项?

（1）丈量前应检查钢尺,看清钢尺的零点位置。

（2）量距时要准确定线,尺子要水平,拉力要均匀,读数时要细心、精确。

（3）精度要求不高时可用目估定线,要求较高时要用经纬仪定线。

（4）丈量时,钢尺末端的持尺员应该用尺夹夹住钢尺,后手握紧尺夹加力,没有尺夹时,可以用布或者纱手套包住钢尺代替尺夹,切不可手握尺盘或尺架加力,以免将钢尺拖出。

（5）不可将钢尺沿地面拖拉,以免磨损尺面分划。

（6）收卷钢尺时,应按顺时针方向转动钢尺摇柄,切不可逆转,以免折断钢尺。

14.　什么是视距测量?

视距测量是一种使用经纬仪和标尺间接测定地面上两点间距离和高差的方法,与钢尺量距相比较,它具有观测速度快、操作方便、受地形条件限制少等优点,但精度较低（一般为 1/300～1/200）,测定高差的精度低于水准测量和三角高程测量。被距测量广泛用于地形测量的碎部测量中。

15.　视准轴水平时的视距测量原理是什么?

　　如图 5-7 所示，AB 为待测距离，在 A 点安置经纬仪，B 点竖立视距尺，使望远镜视线水平，瞄准 B 点的视距尺，使视距尺成像清晰。

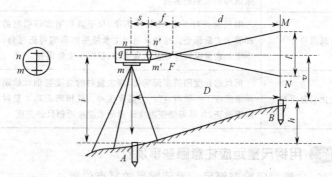

图 5-7　视线水平时的视距测量

　　设 q（设 $q=nm$）为望远镜上、下视距丝的间距，f 为望远镜物镜焦距，s 为物镜中心到仪器中心的距离，d 为物镜焦点到视距尺的距离。

　　根据透镜成像原理，从视距丝 m、n 发出的平行于望远镜视准轴的光线，经物镜后产生折射且通过焦点 F 而交于视距尺上 M、N 两点。M、N 两点的读数差称为视距间隔，用 l 表示。因 $\Delta Fm'n'$ 与 ΔFMN 相似，从而可得

$$\frac{d}{f}=\frac{l}{q}$$

那么：

$$d=\frac{fl}{q}$$

　　由图 5-7 可知：

$$D=d+f+s=\frac{fl}{q}+f+s$$

令 $k=f/q$，$C=f+s$，则有：

$$D = Kl + C$$

式中，K、C 分别为视距乘常数、视距加常数。

如今设计制造的仪器常使 $K = 100$，C 接近于零，所以，视准轴水平时的视距计算公式可写为：

$$D = Kl = 100l$$

如果再在望远镜中读出中丝读数 v，用小钢尺量出仪器高 i，则 A、B 两点的高差为：

$$h = i - v$$

如果已知测站点的高程 H_A，则立尺点 B 点的高程为：

$$H_B = H_A + h = H_A + i - v$$

16. 视准轴倾斜时的视距测量原理是什么？

如图 5-8 所示，当地面坡度较大时，观测时视准轴倾斜，由于视线不垂直于视距尺，所以不能直接用视线水平时的公式计算视距和高差。

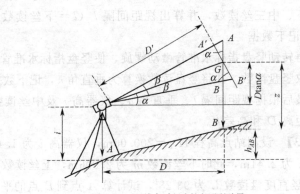

图 5-8 视线倾斜时的视距测量

设仪器视准轴倾斜 α 角，若将标尺倾斜 α 角使其与视准轴垂直，这时就可用式 $D = Kl$ 计算倾斜视距 D'。由于 β 角很小，约为 $17'$，故可近似地将 $\angle BB'G$ 和 $\angle AA'G$ 看成直角，因此有：

$$\angle AGA' = \angle BGB' = \alpha'，并有：$$

$$l' = l\cos\alpha$$

那么，望远镜旋转中心与视距尺旋转中心 O 的视距为：

$$D' = Kl' = Kl\cos\alpha$$

因此求得 A、B 两点间的水平距离为：

$$D = D'\cos\alpha = Kl\cos\alpha$$

设 A、B 的高差为 h_{AB}，由图 5-8 列出方程：

$$h_{AB} + z = D\tan\alpha + i$$

整理后得：

$$h_{AB} = D\tan\alpha + i - z$$

由已知高程点推算出待求高程点的高程。计算公式为：

$$H_B = H_A + h_{AB} = H_A + D\tan\alpha + i - z$$

17. 视距测量的主要步骤有哪些?

(1) 如图 5-8 所示，在 A 点安置经纬仪，量取仪高 i，在 B 点竖立视距尺。

(2) 盘左（盘右）位置，转动照准部瞄准 B 点视距尺，分别读取上、下、中三丝读数，并算出视距间隔 l（$l =$ 下丝读数 - 上丝读数），记下数据。

(3) 再转动竖盘指标水准管微动螺旋，使竖盘指标水准管气泡居中，读取竖盘读数，并将竖盘读数换算为垂直角 α，记下数据。

(4) 最后根据视距间隔 l、垂直角 α、仪器高 i 及中丝读数 v，计算水平距离 D 和高差 h。

【例 5-3】 设测站点高程 $H_A = 200.00\text{m}$，仪器高 i 为 1.42m，中丝读数 z 为 2.41m，此时下丝读数 m 为 2.806m，上丝读数 n 为 2.046m，竖直度盘读数 L 为 $93°28'$，试计算 A 点到 B 点的平距 D 及 B 点的高程 H_B。

解 $\qquad \alpha = 90° - 93°28' = -3°28'$

$$l = 2.806 - 2.046 = 0.76(\text{m})$$

$$D = Kl\cos^2\alpha = 100 \times 0.76 \times \cos^2(-3°28') = 75.7(\text{m})$$

$$h_{AB} = D\tan\alpha + i - z = 75.7 \times \tan(-3°28') + 1.42 - 2.41$$

$$= -5.60(\mathrm{m})$$
$$H_B = H_A + h_{AB} = 200.00 + (-5.60) = 194.40(\mathrm{m})$$

18. 视距测量的误差产生原因主要有哪些？如何消减？

被距测量误差产生原因及消减见表 5-3。

表 5-3　视距测量误差产生原因及消减

类　别	误差分析内容及消减
标尺扶立不直引起误差	如果标尺扶立不直，尤其前后倾斜将给视距测量带来较大误差，其影响随着尺子倾斜度和地面坡度的增加而增加 标尺必须严格扶直，特别是在山区作业时更应注意扶直
视距尺分划引起误差	视距测量时所用的标尺刻划不够均匀、不够准确，给视距带来误差，这种误差无法得到消除 要对视距测量所用的视距尺进行检验
竖直角观测引起误差	由视距测量原理可知，竖直角误差对水平距离影响不大，而对高差影响较大，故用视距测量方法测定高差时应注意准确测定竖直角，读取竖盘读数时，应令竖盘指标水准管气泡严格居中 对于竖盘指标差的影响，可采用盘左、盘右观测取竖直平均值的方法来消除
用视距丝读取尺间隔引起误差	从视距测量计算公式可知，当尺间隔的读数有误差，则结果误差将扩大 100 倍，对水平距离和高差的影响都较大，读取视距间隔的误差是视距测量误差的主要来源 视距测量时，读数应认真仔细，同时应尽可能缩短视距长度，因为测量的距离越长，标尺上 1cm 刻划的长度在望远镜内的成像就越小，读数误差就会越大
视距乘常数引起误差	由于仪器本身的误差，K 值不一定恰好等于 100，而 $D = K/\cos^2\alpha$，所以 K 值的误差对视距的影响较大 使用一架新仪器之前，就对 K 值进行检定
外界条件影响引起误差	外界条件引起视距误差的因素有：大气折光使视线产生弯曲；空气对流使视距尺成像不稳；大风天气使尺子抖动

19. 什么是电磁波测距?

电磁波测距（Electro-Magnetic Distance measuring，EMD）是用电磁波（光波、微波）作为载波的测距仪器来测量两点距离的一种方法，具有测距速度快、精度高、不受地形条件影响等优点，已逐渐代替常规距离测量。

电磁波测距的基本计算公式为：

$$D = \frac{1}{2} c \Delta t$$

式中，c 为电磁波在大气中的传播速度；Δt 为电磁波在所测距离间的往、返传播时间。

20. 电磁波测距的方法有哪几种? 原理是什么?

（1）脉冲法测距。用红外测距仪测定两点间的距离，在待测距离的一端安置仪器，另一端安置反光镜，当测距仪发出光脉冲，经反光镜反射，回到测距仪。测距公式为：

$$D = c \Delta t / 2$$

式中，c 为电磁波在大气中的传播速度，m/s；Δt 为电磁波在所测距离间的往、返传播时间，s。

（2）相位法测距。通过测定相位差来测定距离，叫相位法测距。

调制波在被测距离上往、返传播的相位移为 δ，则测距的公式为：

$$t = \delta / \omega = \delta / (2\pi f)$$

$$\delta = N 2\pi + \Delta\delta = 2\pi (N + \Delta N)$$

式中，ω、f 分别为调制波的角频率和线频率；N、ΔN 分别为丈量的整尺段数和不足一整尺段的尾数部分。

所以，两点间的距离为：

$$D = c (N + \Delta N) / (2f)$$

21. 电磁波测距的步骤是什么?

（1）安置仪器。先在测站上安置好经纬仪，对中、整平后，将测距仪主机安装在经纬仪支架上，用连接器固定螺钉锁紧，在目标点安置反射棱镜，对中、整平，并使镜面朝向主机。

（2）观测垂直角、气温和气压。用经纬仪十字横丝照准觇板中心，如图 5-9 所示，测出垂直角 α。同时，观测和记录温度和气压计上的读数。

（3）测距准备。按电源开关键"PWR"开机，主机自检并显示原设定的温度、气压和棱镜常数值，自检通过后将显示"good"。

如果修正原设定值，可按"TPC"键后输入温度、气压值或棱镜常数（一般通过"ENT"键）和数字键逐个输入。

（4）距离测量。调节主机照准轴水平调整手轮和主机俯仰微动螺旋，使测距仪望远镜准确瞄准棱镜中心，如图 5-10 所示。

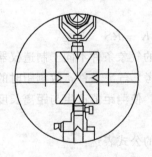 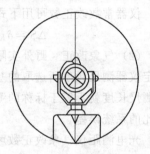

图 5-9　经纬仪十字横丝　　　图 5-10　测距仪望远镜精
　　　　照准觇板中心　　　　　　　　　确瞄准棱镜中心

精确瞄准后，按"MSR"键，主机将测定并显示经温度、气压和棱镜常数改正后的斜距。在测量中，若光束受挡或大气抖动等，测量将暂被中断，待光强正常后继续自动测量；若光束中断30s，须光强恢复后，再按"MSR"键重测。

斜距到平距的改算，通常在现场用测距仪进行，操作方法是：按"V/H"键后输入垂直角值，再按"SHV"键显示水平距离。

连接按"SHV"键可依次显示斜距、平距和高差。

22. **如何对电磁波测距的测量结果进行修正？**

在测距仪测得初始斜距值后，还需加上仪器常数改正、气象改正和倾斜改正等，最后求得水平距离。

（1）仪器常数改正。仪器修正常数有加常数 K 和乘常数 R 两个。

仪器常数是指由于仪器的发射中心、接收中心与仪器旋转竖轴不一致而引起的测距偏差值，称为仪器加常数。

实际上，仪器加常数还包括由于反射棱镜的制造偏心或棱镜等效反射面与棱镜安置中心不一致引起的测距偏差，称为棱镜加常数。仪器的加常数改正值 δ_K 与距离无关，并可预置于机内做自动改正。仪器乘常数主要是由于测距频率偏移而产生的。乘常数改正值 δ_R 与所测距离成正比。在有些测距仪中可预置乘常数做自动改正。

仪器常数改正数可用下式表达：

$$\Delta S = \delta_K + \delta_R = K + RS$$

（2）气象改正。野外实际测距时的气象条件不同于制造仪器时确定仪器测尺频率所选取的基准（参考）气象条件，故测距时的实际测尺长度就不等于标称的测尺长度，使测距值产生与距离长度成正比的系统误差。

光电测距仪气象改正数可用下面的公式表达：

$$\Delta S = \left(283.37 - \frac{106.2833p}{273.15 + t}\right)S$$

式中，p 为气压；t 为温度；S 为距离测量值。

23. **电磁波测距的误差产生原因主要有哪些？如何消减？**

仪器误差主要有快速测定误差、频率误差、测相误差、周期误差、仪器常数误差、照准误差等。

其中，观测误差主要是仪器和棱镜对中误差。

外界环境因素影响主要是大气温度、气压和湿度的变化引起的大气折射率误差。其中光速测定误差、大气折射率误差、频率误差与测量的距离成比例，为比例误差；而对中误差、仪器常数误差、照准误差、测相误差与测量的距离无关，属于固定误差；周期误差既有固定误差的成分也有比例误差的成分。

消减电磁波测距误差的方法：

测量时测线应尽量离开地面障碍物 1.3m 以上，以免通过发热体和较宽水面的上空，且应避开强电磁场干扰的地方，例如变压器等。

镜站的后面不应有反光镜和其他强光源等背景的干扰。

气象条件对光电测距影响较大，微风的阴天是观测的良好时机。视场内只能有反光棱镜，应避免测线两侧及镜站后方有其他光源和反光物体，并应尽量避免逆光观测。

24. 什么是 GPS 基线距离测量？

GPS 是授时、测距导航系统/全球定位系统的简称，是采用测距交会原理进行定位的，也是新一代导航系统。

(1) GPS 用单程测距方式，接收机接收到的测距信号不再返回卫星，接收机直接解算传播时间 Δt，要求卫星和接收机时钟严格同步。

(2) 卫星和接收机同步时距离 $D = c\Delta t$（c 为光速）。

(3) 卫星和接收机不同步时距离 $D = c\Delta t + c(V_T - V_t)$，其中，$V_T$ 为接收机钟差，V_t 为卫星钟差。

(4) 距离测定原理是：距离＝传播时间×光速。

第二节 测 量 高 程

1. 高程测量的方法有哪几种？

为了确定地面点的空间位置，需要测定地面点的高程。测量地面点高程的工作，称为高程测量。高程测量按所用的仪器和施测方法的不同，可分为水准测量、三角高程测量和 GPS 高程测量。

　什么是水准测量？

水准测量是利用水准仪提供的水平视线，借助水准尺来测定地面两点之间的高差，从而根据已知高程推算未知点高程。它是最常用的测量高程的方法。

　水准测量的原理是什么？

如图 5-11 所示，A、B 为地面上两点，设已知 A 点的高程为 H_A，现要测 B 点的高程 H_B。设所测方向是从 A 到 B，A 点称为后视，B 点为前视。高差总是后视读数减去前视读数，所以 A、B 点间的高差为

$$h_{AB} = a - b$$

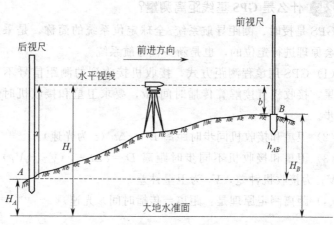

图 5-11　水准测量

高差法计算未知高程。高差法是直接利用高差计算未知点 B 高程的，即：

$$H_B = H_A + h_{AB}$$

视线高法计算未知高程（适用于一般施工水准测量，放样点测量）。视线高法即利用仪器视线高程 H_i 计算未知点 B 高

程，即：

$$H_i = H_A + a \qquad H_B = H_i - b$$

式中，H_i 为水准仪的视线高程。

两点相距较远或高差较大时常采用连续水准测量，则

$$H_B = H_A + h_{AB} = H_A + \sum H_i$$

式中，$\sum H_i$ 为两点间各段高差之和。

4. 水准测量用仪器和工具有哪些？

（1）DS₃ 型水准仪。D 是大地测量仪器的代号，S 是水准仪的代号，角码 3 是指水准仪的精度。水准仪由望远镜、水准器及基座三部分组成。

（2）水准尺。长 2～5m，是进行水准测量时与水准仪配合使用的标尺。常用的水准尺有塔尺和双面尺两种。

（3）尺垫。用于转点处，是由生铁铸成的三角形板座。

5. 水准测量高程时，水准点如何选择？

水准点是指为了统一全国的高程系统，测绘部门在全国各地埋设和用水准测量的方法测定的许多的高程点，常用 BM 表示。

按等级与保留时间不同，水准点分为永久性水准点和临时性水准点两种。

（1）永久性水准点。永久性水准点一般为混凝土和石料制成，如图 5-12(a) 所示，标石中间均嵌有水准标志。在城镇、厂矿区也

(a) 国家等级水准点　　(b) 城镇、厂矿区水准点　　(c) 建筑工程水准点

图 5-12　永久性水准点示意图

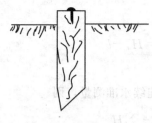

图 5-13　临时性水准点

可将水准点标志凿埋在坚固稳定的建筑物墙脚适当高度处，如图 5-12（b）所示，建筑工地上的永久性水准点，通常由混凝土制成，顶部嵌入半球形金属作标志，如图 5-12（c）所示。

（2）临时性水准点。临时性的水准点可用地面上突出的坚硬岩石或用大木桩打入地下，桩顶钉以半球状铁钉，作为水准点的标志，如图 5-13所示。

为方便使用时寻找，水准点应在埋石之后立即绘制点之记，图5-14 为一水准点的点之记示例。点之记应作为水准测量成果妥善保管。

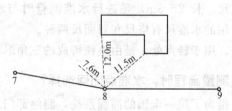

图 5-14　水准点点之记

6. 水准测量高程的操作方法和步骤是什么？

当待测高程点距已知水准点较远或坡度较大时，不可能安置一次仪器测定两点间的高差。这时，必须在两点间加设若干个立尺点作为传递高程的过渡点，称转点（TP）。这些转点将测量路线分成若干段，依次测出各分段间的高差进而求出所需高差，计算待定点的高程。如图 5-15 所示，设 A 点为已知高程点，$H_A = 123.446$m，欲测量 B 点高程。

测量步骤：

（1）安置仪器距已知 A 点适当距离处（一般不超过100m，根据水准测量等级而定），水准仪粗平后，瞄准后视点 A 的水准尺，精平、读数为 2.142m，记入手簿后视栏读数内。

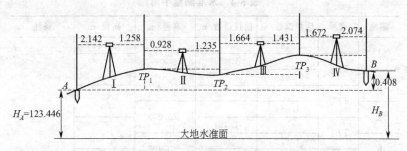

图 5-15　水准测量施测（单位：m）

（2）在路线前进方向且与后视等距离处，选择转点 TP_1 立尺，转动水准仪瞄准前视点 TP_1 的水准尺，精平、读数为 1.258m，记入手簿前视读数栏内，此为一测站工作。

（3）将后视读数减前视读数即为 A、TP_1 两点间的高差 $h_1 =$ 0.884m，填入表 5-4 中相应位置。

（4）第一站测完后，转点 TP_1 的水准尺不动，将 A 点水准尺移至 TP_2 点，安置仪器于 TP_1、TP_2 两点间等距离处，按第一站观测顺序进行观测与计算，依此类推，测至终于 B。

可以看出，每安置一次仪器，便测得一个高差，根据高差计算可得

$$h_1 = a_1 - b_1$$
$$h_2 = a_2 - b_2$$
$$\vdots$$
$$h_n = a_n - b_n$$

将各式相加可得

$$h_{AB} = \sum h = \sum a - \sum b$$

B 点的高程为

$$H_B = H_A + h_{AB}$$

表 5-4 是水准测量的记录手簿和有关计算，通过计算可得 B 点的高程为：$H_B = H_A + h_{AB} = (123.446 + 0.408)$ m。

表 5-4 水准测量手簿

测站	点号	后视读数/m	前视读数/m	高差/m	高程/m	备注
Ⅰ	A	2.142		+0.884	123.446	
	TP₁		1.258			
Ⅱ		0.928		−0.307		
	TP₂		1.235			
Ⅲ		1.664		+0.233		
	TP₃		1.431			
Ⅳ		1.672		−0.402		
	B		2.074		123.854	
计算校核	∑	6.406	5.998	0.408	0.408	
		0.408				

7. 如何进行水准测量时的测站检核?

水准测量测站检核方法如图 5-16 所示。

检核时在每个测站上测出两点间高差后,重新安置仪器(两次仪器高差值大于 10cm)再测一次。两次测得的高差不符值应在允许范围内,这个允许值对不同等级的水准测量有不同的要求,等外水准测量两次高差不符值的绝对值应小于 5mm,否则要重测 ← 变动仪器高差法

测站检核

检核时采用一对双面标尺(双面标尺通常是成对使用),该标尺红面和黑面相差一个常数(现多为 4687mm 和 4787mm),即黑面的刻度方式与一般标尺是一样的,两根标尺的红面刻度分别为 4687mm 和 4787mm,在一个测站上对同一根标尺读取黑面和红面两个读数,据此检查红面、黑面读数之差以及由红面、黑面所测的高差之差是否在允许范围内 ← 双面尺法

这种方法的优点在于安置一次仪器就可以完成检验,从而节约了观测的时间,提高了工作效率

图 5-16 测站检核

8. 如何进行水准测量时的计算检核?

计算检核是对记录表中每一页高差和高程计算进行的检核。计算检核的条件应满足以下等式

$$\sum a - \sum b = \sum h = H_B - H_A$$

否则，说明计算有误。

若等式条件成立，说明高差和高程计算正确。

9. 如何对水准测量成果进行检核?

(1) 附合水准路线成果检核。如图 5-17(b) 所示，BM_A 和 BM_B 为已知高程的水准点，1、2、3 为待定高程点。从水准点 BM_A 出发，沿各个待定高程点进行水准测量，最后附合到另一水准点 BM_B，这种水准路线称为附合水准路线。

理论上，附合水准路线中各待定高程点间高差的代数和应等于始、终两个已知水准点的高程之差，即

$$\sum h_{理} = H_{终} - H_{始}$$

如果不相等，两者之差称为高差闭合差，用 f_n 表示

$$f_h = h_{测} - (H_{终} - H_{始})$$

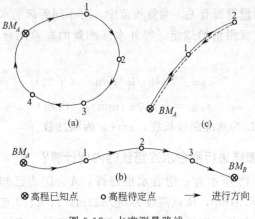

(a)

(c)

(b)

⊗高程已知点　○高程待定点　→进行方向

图 5-17　水准测量路线

(2) 闭合水准路线的成果检核。如图 5-17(a) 所示，当测区附近只有一个水准点 BM_A 时，欲求 1、2、3 点的高程，可以从 BM_A 点起实施水准测量，经过 1、2、3 点后，再重新闭合到 BM_A 点上，称为一个闭合水准路线。显然，理论上闭合水准路线的高差总和应等于零，即

$$\sum h_{理} = 0$$

但实际上总会有误差，致使高差闭合差不等于零，则高差闭合差为

$$\sum f_h = h_{测}$$

(3) 支水准路线的成果检核。如图 5-17(c) 所示，由已知水准点 BM_A 出发，沿各待定点进行水准测量，既不附合到其他水准点上，也不自行闭合，这种水准路线称为支水准路线。支水准路线要进行往、返观测，往测高差值与返测高差值的代数和理论上应为零，并以此作为支水准路线测量正确性与否的检验条件。如不等于零，则高差闭合差为

$$f_h = \sum f_{往} + \sum h_{返}$$

各种路线形式的水准测量，其高差闭合差均不应该超过规定的极限值，否则即认为水准测量结果不符合要求。高差闭合差容许值的大小与测量等级有关。测量规范中，对不同等级的水准测量作了高差闭合差极限值的规定。等外水准测量的高差闭合差极限值规定为

$$f_{h容} = \pm 40 \sqrt{L} \, (\text{mm}) \quad (\text{平地})$$

$$f_{h容} = +12 \sqrt{n} \, (\text{mm}) \quad (\text{山地})$$

式中，L 为水准路线长度，km；n 为测站数。

10. 怎样进行附合水准路线的内业计算？

如图 5-18 所示为一附合水准路线，A、B 为已知水准点，A 点高程为 65.376m，B 点高程为 68.622m；1、2、3 点为待测水准点，各测段高差、测站数、距离如图 5-18 所示。现以此为例，介绍附合水准路线的内业计算步骤（参见表 5-5）。

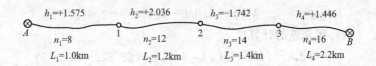

图 5-18　附合水准路线及其实测

表 5-5　附合水准测量成果计算

测段	点名	距离 L /km	测站数	实测高差 /m	改正数 /m	改正后的 高差/m	高程 /m	说明
1	2	3	4	5	6	7	8	9
1	A	1.0	8	+1.575	-0.012	+1.563	65.376	
	1						66.939	
2		1.2	12	+2.036	-0.014	+2.022		
	2						68.961	
3		1.4	14	-1.741	-0.016	-1.759		
	3						67.203	
4		2.2	16	+1.446	-0.026	+1.420		
	B						68.622	
$\sum$		5.8	50	+3.316	-0.068	+3.246		

辅助
计算
$f_A = +68\text{mm}$　　　　　　　　　　　　　　　$L = 5.8\text{km}$

$f_{h容} = \pm 40 \times (5.8)^{1/2} \text{mm} = \pm 96\text{mm}$　　　$-f_h/L = 12\text{mm}$

以第 1 测段和第 2 测段为例，测段改正数为

$$V_1 = -\frac{f_h}{\sum L} \times L_1 = -(0.068/5.8) \times 1.0 = -0.012 \text{（m）}$$

$$V_2 = -\frac{f_h}{\sum L} \times L_2 = -(0.068/5.8) \times 1.2 = -0.014 \text{（m）}$$

校核：$\sum V = -f_h = -0.068\text{m}$

第 1 测段和第 2 测段改正后的高差为

$$h_{1改}=h_{1测}+V_1=+1.575-0.012=+1.563\ (m)$$
$$h_{2改}=h_{2测}+V_2=+2.036-0.014=+2.022\ (m)$$

（1）闭合差的计算。

$$f_h=\sum h-(H_B-H_A)=3.316-(68.622-65.376)$$
$$=+0.07\ (m)$$

因是平地，所以闭合差极限值为

$$f_{h容}=\pm40\sqrt{L}=\pm40\times\sqrt{5.8}\ mm=\pm96\ (mm)$$

$|f_h|<|f_{h极限}|$，故其精度符合要求。

（2）闭合差的调整。对同一条水准路线，假设观测条件是相同的，则可认为每个测站产生误差的机会是相等的。因此，闭合差调整的原则和方法是：按与测段距离（或测站数）成正比例，并反其符号改正到各相应的高差上，得改正后高差，即

按距离

$$V_i=\frac{f_h}{\sum L}\times L_i$$

按测站数

$$V_i=-\frac{f_h}{\sum n}\times n_i$$

改正后高差

$$h_{i改}=h_{i测}+V_i$$

式中，v_i、$h_{i改}$ 分别为第 i 测段的高差改正数、改正后高差；$\sum n$、$\sum L$ 分别为路线总测站数、总长度；

n_i、L_i 分别为第 i 测段的测站数、长度。

以第 1 测段和第 2 测段为例，测段改正数为

$$V_i=\frac{f_h}{\sum L}\times L_i$$

检核 $V=-0.068m$

第 1 测段第 2 测段改正后高差为

$$h_{1改}+h_{1测}+V_1=+1.575-0.012=+1.563\ (m)$$
$$h_{2改}+h_{2测}+V_2=+2.036-0.014=+2.022\ (m)$$

检核 $\qquad h_i = H_B - H_A = +3.246\text{m}$

各测段改正后的高差列入表 5-5 中的第 7 栏。

（3）高程的计算。根据检核过的改正后高差，由 A 点开始，逐点推算出各点的高程，如

$$H_1 = H_A + h_{1改} = 65.376 + 1.563 = 66.939 \text{（m）}$$
$$H_2 = H_1 + h_{2改} = 66.939 + 2.022 = 68.961 \text{（m）}$$

各点高程列入表 5-5 第 8 栏中。

逐步计算后，算得 B 点高程应与已知高程 H_B 相等，即

$$H_{B(算)} = H_{B(已知)} = 68.623\text{m}$$

说明高程计算正确。

11. **怎样进行闭合水准路线及支水准路线成果计算？**

（1）闭合水准路线成果计算。闭合水准路线各测段高差的代数和应等于零。如果不等于零，其代数和即为闭合水准路线的闭合差 f_h，即 $f_h = h_{测}$。当 $f_h < f_{h极限}$ 时，可进行闭合水准路线的计算调整，其步骤与附合水准路线相同。

（2）支水准路线成果计算。对于支水准路线取其往、返测高差的平均值作为成果，高差的符号应以往测为准，最后推算出待测点的高程，这里不再详述。

12. **水准高程测量误差产生的原因有哪些？如何消减？**

水准测量误差来源主要有仪器误差、观测误差及外界条件影响误差等，详见表 5-6。

表 5-6 水准测量误差原因分析及消减

类 别		误差分析内容及消减
仪器误差	水准管轴与视准轴不平行引起误差	水准管轴与视准轴不平行，虽然经过校正，仍然可存在少量的残余误差 这种误差的影响与距离成正比，只要观测时注意使前、后视距离相等，便可消除此项误差对测量结果的影响

类　　别		误差分析内容及消减
仪器误差	调焦引起误差	调焦时,调焦透镜光心移动的轨迹和望远镜光轴不重合,则改变调焦就会引起视准轴的改变,从而改变了视准轴与水准管轴的关系 如果在测量中保持前视后视距离相等,就可在前视和后视读数过程中不改变调焦,避免因调焦而引起的误差
	水准尺本身引起误差	由于水准尺刻划不准确、尺长变化、弯曲等原因,会影响水准测量的精度。因此,水准尺要经过检核才能使用。如果测量时,测站数设为偶数站,也可消除此误差
观测误差	水准管气泡居中误差	水准测量时,视线的水平是根据水准管气泡居中来实现的。由气泡居中存在误差,致使视线偏离水平位置,从而带来读数误差。为减小此误差的影响,每次读数时,都要使水准管气泡严格居中
	估读误差	水准尺估读毫米数的误差大小与望远镜的放大倍率以及视线长度有关。在测量作业中,应遵循不同等级的水准测量对望远镜放大倍率和最大视线长度的规定,以保证估读精度 另外,由于十字丝平面与水准尺影像不重合,只要眼睛的位置不同,便读出不同的读数,而产生读数误差。因此,观测时要仔细调焦,严格消除误差
	水准尺安装倾斜产生的误差	水准尺无论向哪一侧倾斜都使读数增大。这种误差随尺的倾斜角和读数的增大而增大。例如,水准尺有 3° 的倾斜,读数为 1.5m 时,可产生 2mm 的误差。水准尺上可以装有水准器,以用来检查是否扶直
外界条件影响误差	仪器下沉引起误差	在读取后视读数和前视读数之间若仪器下沉了 Δ,由于前视读数减少了 Δ,从而使高差增大了 Δ。在松软的土地上,每一测站都可能产生这种误差。当采用双面尺或两次仪器高时,第二次观测可先读前视点 B,然后读后视点 A,则可使所得高差偏小,两次高差的平均值可消除一部分仪器下沉的误差
	尺垫下沉引起误差	水准尺垫下沉的误差是指仪器从一个测站迁到下一个测站的过程中,转点下沉,使下一测站的后视读数偏大,高差增大。在同样情况下返测,可使高差的绝对值减小。所以取往返测的平均高差,可以减小此误差影响

续表

类　别	误差分析内容及消减
外界条件影响误差	（1）地球曲率引起的误差。理论上水准测量应根据水准面来求出两点的高差，如图 5-19 所示。但视准轴是一条直线，因此使读数中含有由地球曲率引起的误差 p： 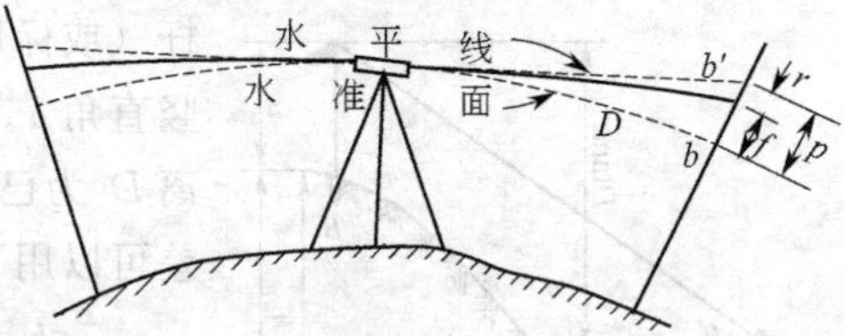 图 5-19　地球曲率与大气折光对测量的影响图 $$p=\frac{D^2}{2R}$$ 式中，D 为视准长；R 为地球的半径。 （2）大气折光引起的误差。水平视线经过密度不同的空气层被折射，一般情况下形成一条向下弯曲的曲线，它与理论上水平线所得读数之差，就是由大气折光引起的误差。由实验得出：大气折光误差比地球曲率误差要小，是地球曲率误差的 K 倍，在通常大气情况下，$K=\frac{1}{7}$，所以： $$r=K\frac{D^2}{2R}=\frac{D^2}{14R}$$ 因此水平视线在水准尺上的实际读数位于 b'，它与按水准面得出的读数 b 之差，就是地球曲率和大气折光总的影响值 f： $$f=p-r=0.43\frac{D^2}{R}$$
气候引起误差	风吹、日晒、温度的变化及地面水分的蒸发等均对观测产生影响，为了防止此类影响，水准仪应打伞保护，或选无风又阴天的时间测量最好

13.　什么是三角高程测量？

　　三角高程测量是在测站点上安置经纬仪，观测点上竖立标尺，已知两点之间的水平距离，根据经纬仪所测得的竖直角及量取的仪器高和目标高，再应用平面三角的原理算出测站点和观测点之间的高差，推求待定点高程。

　　三角高程测量比水准测量方法更灵活、方便，但测量精度较低，常用于山区的高程控制和平面控制点的高程测定。

14. **三角高程控制测量的原理是什么?**

　　设在图 5-20 已知高程的点 A 上安置经纬仪，在 B 点上竖立标

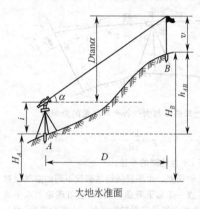

杆（或标尺），照准杆顶，测出竖直角 α。设 AB 之间的水平距离 D 为已知，则 AB 之间的高差可以用下面的公式计算：

$$h = D\tan\alpha + i - v$$

　　式中，i 为经纬仪的仪器高度；v 为标杆的高度（中丝读数）；$D\tan\alpha$ 为高差主值。

　　若 A 点的高程为 H_A，那么 B 点的高程为：

图 5-20　三角高程测量原理

$$H_B = H_A + h = H_a + D\tan\alpha + i - v$$

　　三角高程测量又可分为经纬仪三角高程测量和电磁波测距三角高程测量。电磁波测距三角高程测量常常与电磁波测距导线合并进行，形成所谓的"三维导线"。其原理是按测距仪测定两点间距 S 来计算高差，计算公式为：

$$h = S\sin\alpha + i - v$$

电磁波测距三角高程测量的精度较高，速度较快，目前应用广泛。

15. **什么是三角高程控制测量中的球气差? 如何进行改正?**

　　由于三角高程测量的计算公式是假定水准面为水平面，视线是直线，而在实际观测时，并非如此。地球曲率和大气折光对三角高程测量产生的误差。前者为地球曲率差，简称球差，后者为大气垂直折光差，简称气差。

　　设两差（球气差）的改正数为 f：

$$f=p-r=\frac{D^2}{2R}-\frac{D^2}{14R}\approx0.43\frac{D^2}{R}$$

式中，D 为两点的水平距离；R 为地球半径，其值为 6371km。球气差改正数可参见表 5-7。

表 5-7　球气差改正值表

D/m	100	200	300	400	500	600	700	800	900	1000
f/cm	0.1	0.3	0.6	1.1	1.7	2.4	3.3	4.3	5.5	6.8

所以，加入球气差改正后的三角高程测量的计算公式为：

经纬仪三角高程测量：

$$h=D\tan\alpha+i-v+f$$

电磁波测距三角高程测量：

$$h=S\sin\alpha+i-v+f$$

16. 三角高程控制测量外业施测的操作步骤是什么？

(1) 如图 5-19 所示，将经纬仪安置在测站 A 上，用钢尺量仪器高 i 和觇标高 v，分别量两次，精确至 0.5cm，两次的结果之差不大于 1cm，取其平均值记入表 5-8。

表 5-8　三角高程测量计算表

所求点	B	
起算点	A	
觇法	直	反
平距 D/m	286.36	286.36
垂直角 α	+10°32′26″	−9°58′41″
Dtanα/m	+53.28	−50.36
仪器高 i/m	+1.52	+1.48
觇标高 v/m	−2.76	−3.20
高差 h/m	+52.04	−52.10
对向观测的高差较差/m	−0.06	
高差较差允许值/m	0.11	
平均高差/m	+50.07	
起算点高程/m	105.72	
所求点高程/m	155.79	

（2）用十字丝的中丝瞄准 B 点觇标顶端，盘左、盘右观测，读取竖直度盘读数 L 和 R，并计算出垂直角 α，记入表 5-8。

（3）再将经纬仪搬到 B 点，用同样的方法对 A 点进行观测，记入算出的垂直角值。

17. 怎样进行三角高程控制测量内业计算？

等外业观测结束后，检查外业成果有无错误，观测精度是否符合要求，各项数据是否齐全，无误后计算高差和所求点高程。

在三角高程测量中，如果 A、B 两点间的水平距离是用钢尺测定的，称为经纬仪三角高程，其精度一般只能满足图根高程的精度要求；在三角高程测量中，如果 A、B 两点间的水平距离（或斜距）是用测距仪或全站仪测定的，称为光电测距三角高程，采取一定措施后，其精度可达到四等水准测量的精度要求。

三角高程测量时，应用对向观测所得高差平均值计算闭合或附合路线的高差闭合差的允许值为：

$$W_{hp}\ (\mathrm{m})=\pm 0.5\sqrt{[D^2]}$$

式中，D 为各边的水平距离，km。

当 W_h 不超过 W_{hp} 时，按与边长成正比的原则，将 W_h 反符号分配到各高差之中，然后用改正后的高差从起算点推算各点高程。

18. 怎样用 GPS 进行高程测量？

GPS 高程测量是由 GPS 相对定位得到的基线向量，通过 GPS 网平差，可以得到高精度的大地高差。若网中有一点或多点具有精确的 WGS-84 大地坐标系的大地高程，则在 GPS 网平差后，可求得各 GPS 点的 WGS-84 大地坐标系的大地高程 H_{84}。

高程异常样即似大地水准面至椭球面间的高差，用 ξ 表示。

地面点的正常高即地面点沿铅垂线至似大地水准面的距离，用 H_r 表示。

若 ξ 已知，则 $H_r=H_{84}-\xi$；反之，$\xi=H_{84}-H_r$。

第三节　四等水准测量

1. 三、四等水准测量的技术要求有哪些?

　　三、四等水准测量是建立测区首级高程控制最常用的方法,观测方法基本相同,在一些技术要求上完全一样。通常用 DS_3 型水准仪和双面水准尺进行,各项技术要求见表 5-9。

表 5-9　水准测量主要技术要求

等级	水准仪	水准尺	附合路线长度/km	视线长度/m	视线高/m	前后视距差/m	视距累计差/m	观测顺序	黑红读数差/mm	黑红面高差之差/mm	观测次数		往返较差符合或环形闭合差	
											与已知点联测	闭合或环形	平地/mm	山地/mm
三	DS_1	因瓦	45	≤80	三丝能读数	≤2	≤5	后前前后	1.0	1.5	往返各一次	往返各一次	$\pm12\sqrt{L}$	$\pm4\sqrt{n}$
	DS_3	双面							2.0	3				
四	DS_1	因瓦	15	≤100	三丝能读数	≤3	≤10	后后前前	往返各一次	往返各一次	往返各一次	往一次	$\pm20\sqrt{L}$	$\pm6\sqrt{n}$
	DS_3	双面												
图根	DS_{10}	单面	8	≤100							往返各一次	往一次	$\pm40\sqrt{L}$	$\pm12\sqrt{n}$

2. 怎样进行四等水准测量外业施测?

　　(1) 首先在两测点中间安置仪器,使前后视距大致相等,其差以不超过 3m 为准。

　　(2) 用圆水准器整平仪器照准后视尺黑面,转动微倾螺旋使水准管气泡严格居中,分别读取下、上、中三丝读数①、②、③。

　　(3) 照准后视尺红面,符合气泡居中后读中丝读数④。

　　(4) 照准前视尺黑面,符合气泡居中后分别读下、上、中三丝读数⑤、⑥、⑦。

（5）照准前视尺红面，符合气泡居中后读中丝读数⑧。

上述①、②、…、⑧表示观测与记录次序，一定要边观测边记录，按顺序记入记录表的相应栏中。

这样的观测顺序被称为"后—后—前—前"，即"黑—红—黑—红"步骤。如果在土质松软地区施测，则需要采用三等水准测量的"后—前—前—后"，即"黑—黑—红—红"观测步骤。

3. 怎样进行四等水准测量测站的计算和校核？

四等水准测量的每一站都必须计算和校核，其结果符合限差要求后方可迁站，我们以范表 5-10 为例讨论一下四等水准测量的校核。

（1）计算和校核视距。后视距离为：⑨＝①－②；前视距离为：⑩＝⑤－⑥。

前、后视距填记录表时均以 m 为单位，即（下丝－上丝）×100。视距长应不大于 100m。

前后视距差：⑪＝⑨－⑩，其值不得超过 3m。

前后视距累积差：⑫＝本站的⑪＋上站的⑫，其值不超过 10m。

（2）计算和校核高差。同一水准尺红、黑面读数差为，一对水准尺的常数 K 分别为 4.687 和 4.787。对于四等水准测量，红、黑面读数不得超过 3mm。

黑面读数和红面读数所得的高差分别为：⑮＝③－⑦；⑯＝④－⑧。

黑面和红面所得高差之差⑰可按下式计算，可用⑬－⑭来检查：⑰＝⑮－⑯±100＝⑬－⑭。

上式中的±100 为两水准尺常数 K 之差。对于四等水准测量，黑、红面高差之差不得超过 5mm。

平均高差：$⑱＝\dfrac{1}{2}[⑮＋⑯±100]$

（3）计算和检核每一测段。

表 5-10　四等国家高程控制测量记录

测站编号	测点编号	后尺 下丝/上丝，后视距，视距差 d	前视 下丝/上丝，前视距，Σd	方向及尺号	黑面	红面	K+黑-红/mm	高差中数/m	说明
		① ② ⑨ ⑪	⑤ ⑥ ⑩ ⑫	后 前 后一前	③ ⑦ ⑮	④ ⑧ ⑯	⑬ ⑭ ⑰	⑱	
1	BM_1-Z_1	1.891 1.525 36.6 -0.2	0.758 0.390 36.8 -0.2	后1 前2 后一前	1.708 0.574 +1.134	6.395 5.361 +1.034	0 0 0	+1.1340	
2	Z_1-Z_2	2.746 2.313 43.3 -0.9	0.867 0.425 44.2 -1.1	后2 前1 后一前	2.530 0.646 +1.884	7.319 5.333 +1.986	-2 0 -2	+1.8850	$K_1=4.687$ $K_2=4.787$
3	Z_2-Z_3	2.043 1.502 54.1 +1.0	0.849 0.318 53.1 -0.1	后1 前2 后一前	1.773 0.584 +1.189	6.459 5.372 +1.087	+1 +2 +2	+1.1880	
4	Z_3-BM_2	1.167 0.655 51.2 -1.0	1.677 1.155 52.2 -1.1	后2 前1 后一前	0.911 1.416 -0.505	5.696 6.102 -0.406	+2 +1 +1	-0.5055	
校核		$\Sigma⑨=185.2$ $\quad \dfrac{1}{2}[\Sigma⑮+\Sigma⑯]=3.7015 \quad$ 总高差$=\Sigma⑱=+3.7015$ $-\Sigma⑩=186.3$ $\qquad -1.1$ $\qquad \Sigma[③+④]=32.791$ $\qquad -\Sigma[⑦+⑧]=25.388$ 末站$⑫=-1.1$ 总视距$=\Sigma⑨+\Sigma⑩=371.5 \qquad +7.403×\dfrac{1}{2}=+3.7015$							

计算和检核视距：末站的 $⑫=\Sigma⑨-\Sigma⑩$，总视距 $=\Sigma⑨+\Sigma⑩$

计算和检核高差：当测站数为奇数时，总高差 $=\sum ⑱=\dfrac{1}{2}$ [$\sum$

$⑮+\sum⑯\pm100$]；当测站数为偶数时，总高差 $=\sum⑱=\dfrac{1}{2}$ [$\sum⑮+$

$\sum⑯$] $=\dfrac{1}{2}$ {$\sum$ [③$+$④] $-\sum$ [⑦$+$⑧]}

4. 四等国家高程控制网测量内业计算步骤是什么？

（1）当一条水准路线的测量工作完成以后，首先对计算表格中的记录、计算进行详细的检查，并计算高差闭合差是否超限。

（2）确定无误后，才能进行高差闭合差的调整与高程计算，否则要局部返工，甚至要全部返工。

（3）闭合差的调整和高程计算详见前面水准测量相关内容。

第四节 方 向 测 量

1. 什么叫做方向测量？

确定地面上两点之间的相对位置，除需测定两点间的不平距离和高差外，还需确定两点所连直线的方向，而这条直线的方向，是根据某一标准方向来确定的。所以，确定直线与标准方向之间的关系（即测定直线与标准方向之间所夹的水平角）的工作，就叫方向测量，也称为直线定向。

2. 什么叫标准方向？

在我国，通用的标准方向有真子午线方向、磁子午线方向和坐标纵轴方向，简称真北方向、磁北方向和轴北方向，即三北方向，如图 5-21 所示。

3. 什么是真子午线？

过地球上某点及地球的北极

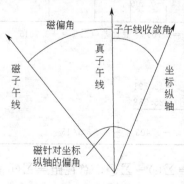

图 5-21 标准方向

和南极的半个大圆称为该点的真子午线。真子午线方向指出地面上某点的真北和真南方向。真子午线方向要用天文观测方法、陀螺经纬仪和 GPS 来测定。

由于地球上各点的真子午线都向两级收敛而会集于两极，所以，虽然各点的真子午线方向都是指向真北和真南，然而在经度不同的点上，真子午线方向互不平行。

4. 什么是磁子午线方向？

过地球上某点及地球南北磁极的半个大圆称为该点的磁子午线。所以自由旋转的磁针静止下来所指的方向，就是磁子午线方向。磁子午线方向可用罗盘来确定。

由于地球磁极位置不断地在变动，以及磁针受局部吸引等影响，因此磁子午线方向不宜作为精确方向的基本方向，由于使用磁子午线定向方法简便，在独立的小区域测量工作中仍可采用。

5. 什么是坐标纵轴方向？

在高斯平面直角坐标系中，其每一投影带中央子午线的投影为坐标纵轴方向，即轴北方向。如果采用假定坐标系则坐标纵轴方向为标准方向。坐标纵轴方向是测量工作中常用的标准方向。

6. 用哪几种方法可以表示直线定向？

（1）方位角。测量工作中，常用方位角来表示直线的方向。直线的方位角是从标准方向线的北端顺时针旋转至某直线所夹的水平角，一般用 α 表示，某角值范围为 $0°\sim360°$。

根据所选的标准方向不同，方位角又分为真方位角、磁方位角和坐标方位角三种。

真方位角。从真子午线的北端顺时针旋转到某直线所成的水平角称为该直线的真方位角，用 $A_真$ 表示。

磁方位角。从磁子午线的北端顺时针旋转到某直线所成的水平角称为该直线的磁方位角，用 $A_磁$ 表示。

坐标方位角。从坐标纵轴的北端顺时针旋转到某直线所成的水平角称为该直线的坐标方位角,一般用 α 表示。

在工程测量中,通常采用坐标方位角来表示直线的方向。

各个方位角之间的关系见表 5-11。

表 5-11　各个方位角之间的关系

类　别	内　容
真方位角与磁方位角的关系	由于地磁的两极与地球的两极并不重合,故同一点的磁北方向与真北方向一般是不一致的,它们之间的夹角称为磁偏角,以 δ 表示。真方位角与磁方位角之间的关系如图 5-22 所示,其换算关系式为: $$A_{真}=A_{磁}+\delta$$ 当磁针北端偏向真北方向以东称为东偏,磁偏角为正;当磁针北端偏向真北方向以西称西偏,磁偏角为负。我国的磁偏角的变化范围大约在 $+6°\sim-10°$
真方位角与坐标方位角的关系	赤道上各点的真子午线方向是相互平行的,地面上其他各点的真子午线都收敛于地球两极,是不平行的。地面上各点的真子午线北方向与坐标纵线北方向之间的夹角,称为子午线收敛角,通常用 r 表示 真方位角与坐标方位角的关系如图 5-23 所示,换算关系为: $$A_{真}=\alpha+r$$ 在中央子午线以东地区,各点的坐标纵线北方向偏在真子午线的东边,r 为正值,在中央子午线以西地区,r 为负值
坐标方位角与磁方位角的关系	如果已知某点的子午线收敛角 r 和磁偏角 δ,则坐标方位角与磁方位角之间的关系为: $$\alpha=A_{磁}+\delta-r$$

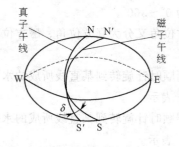

图 5-22　真方位角与磁方位角关系

（2）象限角。在测量工作中,有时也用象限角表示直线的方向,象限角是从标准方向线的南端或北端旋转至直线所成的锐角,一般用 R 表示,其角值范围是 $0°\sim90°$。由于可以从标准方向线的南端开始旋转,也可以从标准方向线的北端开始旋转，象限角是有方向性的。表示象限角时不但要表示角度的大小，而且要注明该直线在第几象限。象限角分别用北东（第Ⅰ象限）、南东（第Ⅱ象限）、南西（第Ⅲ象限）和北西（第Ⅳ象限）表示，如图 5-24 所示。

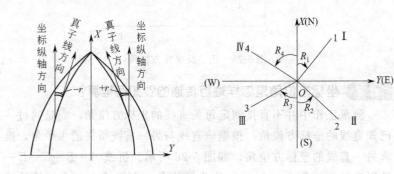

图 5-23　真方位角与坐标方位角关系　　　　图 5-24　象限角

7. 坐标方位角与象限角之间有何关系？

坐标方位角与象限角之间的关系见表 5-12。

表 5-12　坐标方位角与象限角之间的关系

象限	坐标方位角与象限角之间的关系
第Ⅰ象限	$\alpha = R$
第Ⅱ象限	$\alpha = 180° - R$
第Ⅲ象限	$\alpha = R + 180°$
第Ⅳ象限	$\alpha = 360° - R$

8. 什么是正、反坐标方位角？

在测量工作中直线是有方向的，一条直线存在正、反两个方向。如图 5-25 所示，就直线 AB 而言，通过 A 点的坐标纵轴北方向与直线 AB 所夹的水平角 α_{AB} 称为直线 AB 的正坐标方位角。过 B 点的坐标纵轴北方向与直线 BA 所夹的水平角 α_{BA} 称为直线 AB 的反坐标方位角。正、反坐标方位角互差 180°，即 $\alpha_{BA} = \alpha_{AB} \pm 180°$。

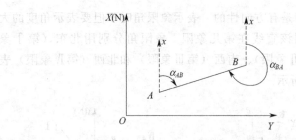

图 5-25　正、反坐标方位角

9. 坐标方位角是怎样进行传递的？如何推算？

测量工作中并不直接测定每条直线的坐标方位角，而是通过一已知直线的坐标方位角，根据该直线与另一直线所夹的水平角，推算另一直线的坐标方位角，如图 5-26 所示。折线 $A—B—C—D—E$ 所夹的水平角 β_1、β_2、β_3 称为转折角，在推算方向左侧的转折角称为左角，在推算方右侧的转折称为右角。

(1) 相邻两条边坐标方位角的推算。设 α_{AB} 为已知方位角，各转折角为左角。

$$\alpha_{BC} = \alpha_{AB} + \beta_1 - 180°$$

同理有

$$\alpha_{CD} = \alpha_{BC} + \beta_2 - 180°$$

$$\alpha_{DE} = \alpha_{CD} + \beta_3 - 180°$$

因此，可以得出按左角推算相邻坐标方位角的计算公式为：

$$\alpha_{前} = \alpha_{后} + \beta_{左} - 180°$$

根据左右角间的关系，将 $\beta_{左} = 360° - \beta_{右}$ 代入上式，则有：

$$\alpha_{前} = \alpha_{后} - \beta + 180°$$

综合上式可得出相邻两条边坐标方位角的计算公式为：

$$\alpha_{前} = \alpha_{后} \pm \beta \mp 180°$$

(2) 任意边坐标方位角的推算。综合上述关系式，可以得到坐标方位角的计算公式通式为：

$$\alpha_{终} = \alpha_{始} \pm \sum \beta \pm n \times 180°$$

此式中的 β 前的"±"取法：当 β 为右角时取"+"，当 β 为左角时取"-"。

实际计算时，可根据坐标方位角的范围在 $0°\sim360°$ 这一特征，$n\times180°$ 前的"±"可以任意取"+"或"-"，坐标方位角可能出现大于 $360°$ 或负值，则可通过 $\pm360°\times n$ 使最后结果的坐标方位角取值在 $0°\sim360°$ 范围内，而使计算简便。

【**例 5-4**】　如果在图 5-26 中，$\alpha_{AB}=120°$，$\beta_1=130°$，$\beta_2=240°$，$\beta_3=100°$，试计算 DE 直线的方位角 α_{DE}。

解：依据任意边坐标方位角计算通式，DE 直线的方位角 α_{DE} 的值为：

$$\alpha_{DE}=120°+130°+240°+100°+3\times180°=1130°$$

由于 $1130°>360°$，化为 $0°\sim360°$ 为：$50°$。

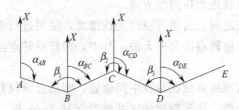

图 5-26　坐标方位角的传递

10.　**怎样测定磁方位角?**

将罗盘仪安置在直线的起点，对中，整平（罗盘盒内一般均设有水准器，指示仪器是否水平）。

旋松螺旋P，放下磁针，然后转动仪器，通过瞄准设备去瞄准直线另一端的标杆。

待磁针静止后，读出磁针北端所指的读数，即为该直线的磁方位角。

11.　**怎样测定真方位角?**

（1）首先使陀螺经纬仪在测线起点，对中、整平，在盘左位置装上陀螺仪，并使经纬仪和陀螺仪的目镜同侧，接通电源。

（2）粗定向。有两逆转点法、1/4周期法和罗盘法，其中，两逆转点法的操作方法如下：

启动电动机，旋转陀螺仪操作手轮，放下灵敏部，松开经纬仪水平制动螺旋。

由观测目镜中观察光标线游动的方向和速度，用手扶住照准部进行跟踪，使光标线随时与分划板零刻划线重合。

当光标线游动速度减慢时，表明已接近逆转点。在光标线快要停下来的时候，旋紧水平制动螺旋，用水平微动螺旋继续跟踪，当光标出现短暂停顿到达逆转点时，马上读出水平度盘读数 u_1'；随后光标反向移动，同法继续反向跟踪，当到达第二个逆转点时读取 u_2'。托起灵敏部制动陀螺，取两次读数的平均值，即得近似北方向左度盘上的读数。将照准部安置在此平均读数的位置上，这时，望远镜视准轴就近似指向北方向。

（3）精密定向。当望远镜已接近指北，便可进行精密定向。精密定向有跟踪逆转点法和中天法，其中，跟踪逆转点法的操作方法如下：

将水平微动螺旋放在行程中间位置，制动经纬仪照准部。

启动电动机，达到额定转速并继续运转 3min 后，缓慢地放下陀螺灵敏部，并进行限幅（摆幅 3~7 为宜），使摆幅不要超过水平微动螺旋行程范围。

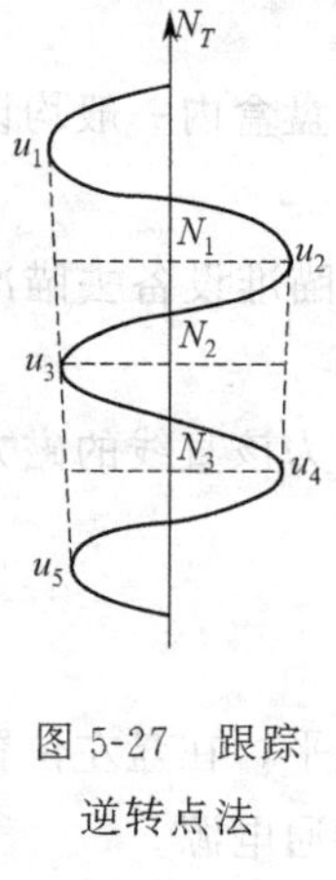

用微动螺旋跟踪，跟踪要平稳和连续，不要触动仪器各部位。

当到达一个逆转点时，在水平度盘上读数，然后朝相反的方向继续跟踪和读数，如此连续读取 5 个逆转点读数 u_1、u_2、u_3、u_4、u_5。结束观测，托起灵敏部，关闭电源，收测。

陀螺在子午面上左右摆动，其轨迹符合正弦规律，但摆幅会略有衰减，如图 5-27 所示。两次取 5 个逆转点读数的平均值，就得到陀螺北方向的读数 N_T。

图 5-27 跟踪逆转点法

12.　什么是坐标正算?

坐标正算是根据直线起点的坐标、直线的水平距离及其坐标方位角来计算直线终点的坐标。

如图 5-28 所示,已知直线 AB 的起点 A 的坐标 (x_A,y_A)、AB 两点间的水平距离 D_{AB} 和 AB 边的坐标方位角 α_{AB},那么终点 B 的坐标 (x_B,y_B) 的计算步骤如下:

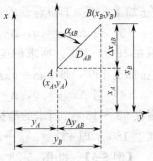

图 5-28　坐标正、反算

设 $\Delta x_{AB}=x_B-x_A$,Δx_{AB} 称为 A 点至 B 点的纵坐标增量,$\Delta y_{AB}=y_B-y_A$,Δy_{AB} 称为 A 点至 B 点的横坐标增量。

用数学公式可以得出:

$$\left.\begin{array}{c}\Delta x_{AB}=D_{AB}\cos\alpha_{AB}\\\Delta y_{AB}=D_{AB}\sin\alpha_{AB}\end{array}\right\}$$

那么,B 点的坐标计算公式为:

$$\left.\begin{array}{c}x_B=x_A+\Delta x_{AB}=x_A+D_{AB}\cos\alpha_{AB}\\y_B=y_A+\Delta y_{AB}=y_A+D_{AB}\sin\alpha_{AB}\end{array}\right\}$$

13.　什么是坐标反算?

坐标反算是根据直线始点和终点的坐标,计算直线的水平距离和该直线的坐标方位角,称为坐标反算。

如图 5-28 所示,A、B 两点的水平距离及坐标方位角可以按下面的公式来计算:

$$D_{AB}=\sqrt{\Delta x_{AB}^2+\Delta y_{AB}^2}=\sqrt{(x_B-x_A)^2+(y_B-y_A)^2}$$

$$\alpha'_{AB}=\arctan\left|\frac{\Delta y_{AB}}{\Delta x_{AB}}\right|=\arctan\left|\frac{y_B-y_A}{x_B-x_A}\right|$$

用上式公式所得的角值,要进行象限判别。

(1) 当 $\Delta x_{AB}>0$,$\Delta y_{AB}>0$ 时,α_{AB} 是第 I 象限的角,其范围在 $0°\sim90°$。所求的坐标方位角 α_{AB} 就等于计算的角值 α'_{AB},即

$\alpha_{AB} = \alpha'_{AB}$。

（2）当 $\Delta x_{AB} > 0$，$\Delta y_{AB} < 0$ 时，α_{AB} 是第Ⅳ象限的角，其范围在 $270° \sim 360°$。所求的坐标方位角 α_{AB} 等于计算所得的负角值 α'_{AB} 加上 $360°$，即 $\alpha_{AB} = \alpha'_{AB} + 360°$。

（3）当 $\Delta x_{AB} < 0$，$\Delta y_{AB} < 0$ 时，α_{AB} 是第Ⅲ象限的角，其范围在 $180° \sim 270°$。所求的坐标方位角 α_{AB} 等于计算所得的正角值 α'_{AB} 加上 $180°$，即 $\alpha_{AB} = \alpha'_{AB} + 180°$。

（4）当 $\Delta x_{AB} < 0$，$\Delta y_{AB} > 0$ 时，α_{AB} 是第Ⅱ象限的角，其范围在 $90° \sim 180°$。所求的坐标方位角 α_{AB} 等于计算所得的负角值 α'_{AB} 加上 $180°$，即 $\alpha_{AB} = \alpha'_{AB} + 180°$。

【例 5-5】 如图 5-28 所示，已知 A 点的坐标（556.22，758.68），AB 边的边长为 95.25m，AB 边的坐标方位角 $\alpha_{AB} = 60°30'$，求 B 点坐标。

解 $x_B = 556.22 + 95.25\cos 60°30' = 603.12$

$y_B = 758.68 + 95.25\sin 60°30' = 841.58$

【例 5-6】 如图 5-28 所示，若已知 A、B 两点的坐标 A（500.00，835.55），B（455.38，950.30），试计算 AB 边的边长及 AB 边的坐标方位角。

解 $D_{AB} = \sqrt{(455.38 - 500.00)^2 + (950.30 - 835.55)^2} = 123.12$（m）

$$\alpha'_{AB} = \arctan\left|\frac{950.30 - 835.55}{455.38 - 500.00}\right| = 68°45'06''$$

因为 $\Delta x_{AB} < 0$，$\Delta y_{AB} > 0$，因此 α_{AB} 是第Ⅱ象限的角，依据坐标方位角的判别方法

$$\alpha_{AB} = 180° - 68°45'06'' = 111°14'54''$$

第五节　角　度　测　量

1. 什么是角度测量？

角度测量则是为了确定地面点方向之间的相互位置关系，包括水

平角测量和垂直角测量。水平角测量用于确定地面点位的平面位置，垂直角测量用于测定地面点的高程或将倾斜距离换算成水平距离。

2. 测量水平角的原理是什么？

如图 5-29 所示，A、B、C 为地面上任意三点，将三点沿铅垂线方向投影到水平面 H 上，得到相应的 A_1、B_1、C_1 点，则水平线 B_1A_1 与 B_1C_1 的夹角 β，即为地面 BA 与 BC 两方向线间的水平角。由此可见，地面上任意两直线间的水平角度，为通过该两直线所作铅垂面间的两面角。

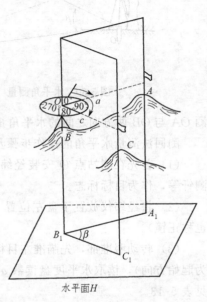

为了测定水平角值，可在角顶的铅垂线上安置一架经纬仪，仪器必须有一个能水平放置的刻度圆盘——水平度盘，度盘上有顺时针方向的 $0°\sim 360°$ 的刻度，度盘的中心放在 B 点的铅垂线上，另外，经纬仪还必须有一个能够瞄准远方

图 5-29　水平角测量原理

目标的望远镜，望远镜不但可以在水平面内转动，而且还能在铅垂面内旋转。通过望远镜分别瞄准高低不同的目标 A 和 C，其在水平度盘上相应读数为 a 和 c，则水平角 β 即为两个读数的差值。

3. 观测水平角的方法有哪几种？

水平角的观测方法有多种，常用的有测回法和全圆测回法的测角法。

4. 怎样用测回法观测水平角？

如图 5-30，设 O 为测站点，A、B 为观测目标，用测回法观

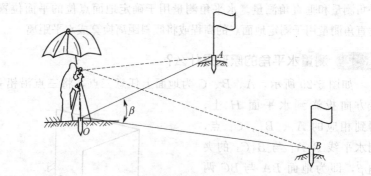

图 5-30　水平角测量（测回法）示意图

测 OA 与 OB 两方向之间的水平角 β。

测回法测量水平角的操作步骤及方法如下：

（1）首先在测站点 O 安装经纬仪，在 A、B 两点竖立测杆或测钎等，作为目标标志。

（2）将经纬仪放置于盘左位置（竖直度盘位于望远镜的左侧，也称正镜）。

（3）转动照准部，先瞄准左目标 A（此时 A 为起始目标，OA 为起始方向），读取水平度盘读数 a_L，将记录填入观测手簿表内，见表 5-13。

（4）松开照准部制动螺旋，顺时针转动照准部，瞄准右目标 B，读取水平度盘读数 b_L，并同样将记录填入表内。此时完成上半测回。

（5）松开照准部制动螺旋，倒转望远镜成盘右位置（竖直度盘位于望远镜的右侧，也称倒镜），先瞄准右目标 B，读取水平度盘读数 b_R。

（6）松开照准部制动螺旋，逆时针转动照准部，瞄准左目标 A，读取水平度盘读数 a_R，此时完成下半测回。

上半测回和下半测回构成一个测回。

（7）对于 DJ_6 型光学经纬仪，如果上、下两半测回角值之差不大于 $\pm 40''$，即 $|\beta_L - \beta_R| \leqslant 40''$，认为观测合格。此时，可取上、

表 5-13　测回法观测手簿

测站	测回	紧盘位置	目标	水平度盘读数 (°)	(′)	(″)	半测回读数 (°)	(′)	(″)	一测回角值 (°)	(′)	(″)	各测回角值 (°)	(′)	(″)	说明
O	1	左	A	0	00	06	243	02	12							
			B	243	02	18				243	02	18	243	02	14	
		右	A	180	00	54	243	02	24							
			B	63	03	18										
	2	左	A	90	01	00	243	02	06							
			B	333	03	06				243	02	09				
		右	A	270	00	48	243	02	12							
			B	153	03	00										

下两半测回角值的平均值作为一测回角值 β，计算公式为：

$$\beta = \frac{1}{2}(\beta_L + \beta_R)$$

（8）由于水平度盘是顺时针刻划和注记的，所以在计算水平角时，总是用右目标的读数减去左目标的读数，如果不够减，则应在右目标的读数上加上 360°，再减去左目标的读数，绝不可以倒过来减。

（9）当测角精度要求较高时，需对一个角度观测多个测回，为了减弱度盘分划误差的影响，各测回在盘左位置观测起始方向时，应根据测回数 n，以 $180°/n$ 的差值安置水平度盘读数。

（10）安置水平度盘读数时，首先转动照准部瞄准起始目标，再按下度盘变换手轮下的保险手柄，将手轮推压进去，同时转动手轮，直至从读数窗看到所需读数。

注意事项：因水平度盘是顺时针刻划，所以在计算水平角时，是右目标读数减左目标读数，如果不够减，则应在右目标的读数上加 360°，再减去左目标读数，不可倒过来减。如果一个角度需多个测回，为了减小度盘分划误差，各测回在盘左位置观测起始方向时，应根据测回数 n，按 $180°/n$ 变换水平度盘位置。半测回和一测回的角值误差不应超过±40″。具体参见表 5-13。

5. 怎样用全圆方向法测定水平角?

全圆方向法测定水平角法也称方向观测法，它是以某个目标作

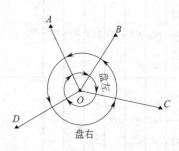

为起始方向，依次观测出其余各个目标相对于起始方向的方向值，再根据方向值计算水平角，它适用于三个及以上方向之间的夹角测量。

如图 5-31 所示，先在测站 O 上安置仪器，对中、整平后，选择 A 目标作为零方向，观测 B、C、D 三个方向的方向值，然后计算相邻

图 5-31　方向观测法观测水平角

两方向的方向值之差获得水平角，当方向超过三个时，需在每个半测回末尾端再观测一次方向（称为归零），两次观测零方向的读数应相等或差值不超过规范要求，其差值称"归零差"。如果半测回归零差超限，应立即查明原因并且重新测量。

方向观测法测量水平角的操作步骤及方法如下。

(1) 首先将仪器安置于测站 O 上，对中、整平。

(2) 选与 O 点相对较远、成像清晰的目标 A 作为起始方向。

(3) 盘左位置，照准目标 A，配置水平度盘的起始读数，读取该数并记入观测手簿中，见范表 5-14。

(4) 顺时针方向转动照准部，依次瞄准目标 B、C、D 和 A，读取相应的水平度盘读数并记入观测手簿中。

以上（3）、（4）步为上半测回，观测顺序为 A、B、C、D、A。

(5) 倒转望远镜使仪器成盘右位置，照准起始方向 A，读取水平度盘读数并记入观测手簿中。

(6) 逆时针方向转动照准部，依次照准目标 D、C、B，再次瞄准目标 A，读取相应的水平度盘读数并记入观测手簿中。

表 5-14　全圆方向法观测记录手簿

测站	测回	目标	水平度盘读数 盘左 (°)	(′)	(″)	盘右 (°)	(′)	(″)	2C (″)	平均读数 (°)	(′)	(″)	一测回零方向值 (°)	(′)	(″)	各测回归零平均方向值 (°)	(′)	(″)	水平角值 (°)	(′)	(″)
O	第一测回	A	0	00	30	180	00	54	−24	(0	00	36) 0　00　42	0	00	00	0	00	00			
		B	42	26	30	222	26	36	−6	42	26	33	42	25	57	42	26	04	42	26	04
		C	96	43	30	2?6	43	36	−6	96	43	33	96	42	57	96	43	02	54	16	58
		D	179	50	54	359	50	54	0	179	50	54	179	50	18	179	50	17	83	07	15
		A	0	00	30	130	00	00	0	0	00	30									
	第二测回	A	90	00	36	270	00	42	−6	(90	00	41) 90　00　39	0	00	00						
		B	132	26	54	312	26	48	+6	132	26	51	42	26	10						
		C	186	43	42	6	43	54	−12	186	43	48	96	43	07						
		D	269	50	54	89	51	00	−6	269	50	57	179	50	16						
		A	0	90	00	42	270	00	42	0	90	42									

以上（5）、（6）步称为下半测回，观测顺序为 A、D、C、B、A。

上、下半测回合起来称为一个测回。方向观测法测量水平角相关计算及规定如图 5-32 所示。

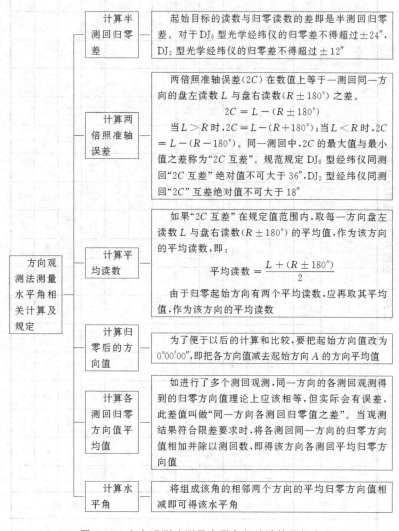

	计算半测回归零差	起始目标的读数与归零读数的差即是半测回归零差。对于 DJ$_6$ 型光学经纬仪的归零差不得超过 ±24″，DJ$_2$ 型光学经纬仪的归零差不得超过 ±12″
方向观测法测量水平角相关计算及规定	计算两倍照准轴误差	两倍照准轴误差（2C）在数值上等于一测回同一方向的盘左读数 L 与盘右读数（R±180°）之差。$$2C = L - (R \pm 180°)$$ 当 L>R 时，2C=L-(R+180°)；当 L<R 时，2C=L-(R-180°)。同一测回中，2C 的最大值与最小值之差称为"2C 互差"。规范规定 DJ$_6$ 型经纬仪同测回"2C 互差"绝对值不可大于 36″，DJ$_2$ 型经纬仪同测回"2C"互差绝对值不可大于 18″
	计算平均读数	如果"2C 互差"在规定值范围内，取每一方向盘左读数 L 与盘右读数（R±180°）的平均值，作为该方向的平均读数，即：$$平均读数 = \frac{L + (R \pm 180°)}{2}$$ 由于归零起始方向有两个平均读数，应再取其平均值，作为该方向的平均读数
	计算归零后的方向值	为了便于以后的计算和比较，要把起始方向值改为 0°00′00″，即把各方向值减去起始方向 A 的方向平均值
	计算各测回归零方向值平均值	如进行了多个测回观测，同一方向的各测回观测得到的归零方向值理论上应该相等，但实际会有误差，此差值叫做"同一方向各测回归零值之差"。当观测结果符合限差要求时，将各测回同一方向的归零方向值相加并除以测回数，即得该方向各测回平均归零方向值
	计算水平角	将组成该角的相邻两个方向的平均归零方向值相减即可得该水平角

图 5-32 方向观测法测量水平角相关计算及规定

6. 什么是垂直角?

垂直角是指在同一铅垂面内，观测视线与水平线之间的夹角，又称竖直角或高度角。角值范围为 $0°\sim90°$。

仰角。视线在水平线的上方（垂直角 $>0°$），如图 5-33 所示。

俯角。视线在水平线的下方（垂直角 $<0°$）。

垂直角的用途：可将倾斜距离换算为水平距离或计算三角高程。

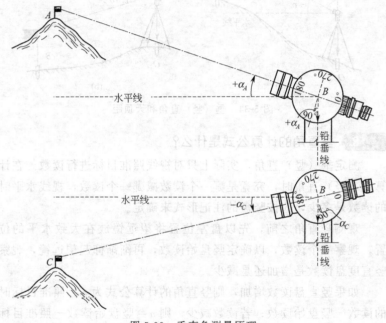

图 5-33 垂直角测量原理

7. 垂直角的测量原理是什么?

如图 5-34 所示，垂（竖）直角是测站点至观测目标的方向线与水平线在同一铅垂面内所夹的角，通常用 α 表示。竖直角的范围在 $-90°$ 和 $+90°$ 之间。当方向线位于水平线上方时，竖直角为正值，称为仰角；当方向线位于水平线下方时，竖直角为负值，称为俯角。

竖直角测量是利用望远镜照准目标的方向线在竖直度盘的读数

减去水平线在竖直度盘的读数，计算出竖直角，这就是竖直角的测量原理。

天顶距是测站点铅垂线的天顶方向到测站点至观测目标的方向线在同一铅垂面内所夹的角，通常用 Z 表示。由图可知，$\alpha+Z=90°$。

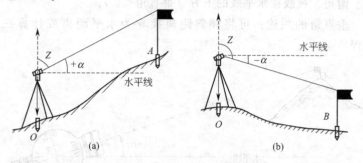

图 5-34　垂（竖）直角和天顶距

8.　垂直角的计算公式是什么？

测定垂（竖）直角，实际上只对视线照准目标进行读数。在计算垂（竖）直角时，究竟是哪一个读数减哪一个读数，视线水平时的读数是多少，应按竖盘的注记形式来确定。

观测竖直角之前，先以盘左位置将望远镜放在大致水平的位置，观察一个读数，以确定竖盘始读数，再渐渐仰起望远镜，观察竖直度盘读数是增加还是减少。

如果竖直盘读数增加，则竖直角的计算公式为 $\alpha=$ 照准目标时的读数－竖盘始读数；若读数减少，则 $\alpha=$ 竖盘始读数－照准目标时的读数。

图 5-35（a）、图 5-35（b）及图 5-35（c）为 DJ$_6$ 型经纬仪在盘左时的三种情况，若指标位置正确，那么视准轴水平、指标水准管气泡居中时，指标所指的竖直度盘读数为 90°（用 $L_{水平}$ 表示），抬高望远镜时，测得仰角读数 $L_{水平}$（$L_{水平}=90°$）小；当降低望远镜时，读数比 $L_{水平}$（$L_{水平}=90°$）大。

所以，盘左时竖直角的计算公式应为：

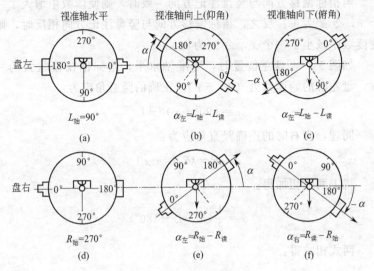

图 5-35　竖直角计算原理图示

$$\alpha_{左}=90°-L_{读}$$

即 $\alpha_{左}>0°$ 为仰角；$\alpha_{左}<0°$ 为俯角。

图 5-35(d)、图 5-35(e) 及图 5-35(f) 为盘右时的三种情况，竖直盘读数为 270°（用 $R_{水平}$ 表示），与盘左相反，俯角时读数比 $R_{水平}$（$R_{水平}=270°$）大，俯角时比 $R_{水平}$ 小。因此，盘右时竖直角的计算公式应为：

$$\alpha_{右}=R_{读}-270°$$

以上为竖直度盘顺时针注记时的竖直角计算公式，当竖直度盘为逆时针注记时，同理很容易得出竖直角的计算公式：

$$\alpha_{左}=L_{读}-90°$$

$$\alpha_{右}=270°-R_{读}$$

9.　什么是竖盘指标差？

竖盘指标差是指竖盘读数指标差的实际位置与正确位置的差值，即当指标水准管气泡居中时，指标从正确位置偏移了一个值。这个差值以 x 来表示。

当指标偏移方向与竖盘注记方向一致时，则使读数中增大了一个 x，令 x 为正；反之，指标偏移方向与竖盘注记方向相反时，则使读数中减小了一个 x，令 x 为负。

如图 5-36，盘左位置时，照准轴水平，指标偏在读数大的一方，盘左时的始读数为（$90°+x$），正确的竖直角应为：

$$\alpha = (90° + x) - L$$

同理，盘右时的正确竖直角应为：

$$\alpha = R - (270° + x)$$

将上两式相加得：

$$\alpha = \frac{1}{2}(R - L - 180°)$$

两式相减得：

$$x = \frac{1}{2}(L + R - 360°)$$

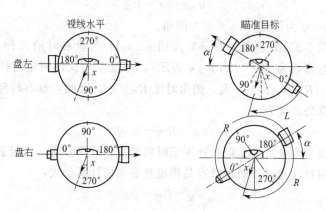

图 5-36　竖盘指标差

利用盘左、盘右观测竖直角并取平均值可以消除竖盘指标差的影响，即 α 与 x 的大小无关，也就是说指标差本身对求得的竖直角没有影响，只是指标差过大时心算不太方便，应予以纠正。另外 α 与 x 均有正、负之分，计算时应注意。

10. 怎样用中丝法测量垂直角?

（1）首先在测站点安置仪器，在目标点竖立观测标志。

（2）盘左：瞄准待测目标——转动竖盘指标水准管微动螺旋，使水准管气泡居中——读取竖盘读数 L。

（3）盘右：瞄准待测目标——转动竖盘指标水准管微动螺旋，使水准气泡居中——读取竖盘读数 R。把盘左、盘右观测的数据记入表 5-15 内。

应注意每次读数前必须使竖盘指标水准管气泡居中。

表 5-15　垂直角观测手簿

测站	目标	竖盘位置	竖盘读数 / (°′″)	半测回垂直角 / (°′″)	指标差 / (″)	一测回垂直角 / (°′″)
B	A	左	95 22 00	−5 22 00	−36	−5 22 36
		右	264 36 48	−5 23 12		
	C	左	81 12 36	+8 47 24	−45	+8 46 39
		右	278 45 54	+8 45 54		

11. 怎样用三丝法测量垂直角?

（1）首先在测站点安置仪器，整置仪器水平、居中。

（2）盘左。用上、中、下三根水平丝依次照准同一目标各一次，并分别读取竖直度盘读数，得盘左读数。

（3）盘右。在盘右位置用上、中、下三根水平丝照准同一目标各一次，并分别读取竖直度盘读数，得盘右读数。

应注意盘左、盘右每次读数前应调平竖直度盘的指标水准器。三丝法记录顺序是：盘左由上至下记录，盘右由下往上记录。

12. 如何用顺时针法计算垂直角?

垂直角计算可参见表 5-14 所示。

盘左垂直角

$$\alpha_L = 90° - L$$

盘右垂直角

$$\alpha_R = R - 270°$$

指标差

$$x=\frac{\alpha_R-\alpha_L}{2}=\frac{L+R-360°}{2}$$

指标差互差的限差，DJ$_2$ 型仪器不超过 ±15″，DJ$_6$ 型仪器不超过 ±25″。

一测回垂直角

$$\alpha=\frac{\alpha_R+\alpha_L}{2}$$

当竖盘逆时针注记时有

$$\alpha_L=L-90°\quad\alpha_R=270°-R$$

应注意在观测垂直角前，将望远镜大致放置水平，观察竖盘读数，先确定视线水平时的读数，然后再上仰望远镜。

当读数增加，则垂直角=瞄准目标时竖盘读数－视线水平时竖盘读数；如读数减小，则反过来减。

13. 角度测量误差产生的原因有哪些？如何消减？

角度测量误差来源同水准测量误差来源宏观方向相同，但又有细节的区别，具体分析见表 5-16。

表 5-16　水准测量误差原因分析及消减

类　　别		误差分析内容及消减
仪器误差	视准轴引起误差	由视准轴不垂直横轴引起的水平方向读数误差称为视准轴误差 由于盘左、盘右观测时该误差的大小相等，符号相反，因此可以采用盘左、盘右观测取平均值的方法消除
	横轴引起误差	由横轴与竖轴不垂直而引起水平方向读数存在的误差称为横轴误差 由于盘左、盘右观测同一目标时的水平方向读数误差大小相等、方向相反，所以也可以采用盘左、盘右观测取平均值的方法消除
	竖轴引起误差	由水准管轴不垂直竖轴，或水准管不水平而引起的误差称为竖轴误差 这种误差不能通过盘左、盘右观测取平均值的方法消除其对水平角观测的影响，只能通过校正尽量减少残存误差

续表

类　　别		误差分析内容及消减
仪器 误差	度盘偏心 引起误差	经纬仪的照准部旋转中心与水平度盘分划中心理论上应该完全重合,实际上它们不会完全重合,使读数指标所指的读数含有误差称为度盘偏心误差
	度盘分划 不均匀引起 误差	由仪器度盘刻画不均匀引起的方向读数误差
		可以通过配置度盘各测回起始读数的方法,使读数均匀地分布在度盘各个区间而予以减小。电子经纬仪采用的不是光学度盘而是电子度盘,所以不需要配置起始度盘的读数
观测 误差	仪器对中 引起误差	仪器对中误差是指仪器经对中后,仪器中心没有位于测站点中心的铅垂线上的误差(也称测站偏心误差)。当边长较短或观测角接近180°时,更要精确做好仪器的对中
	目标偏心 引起误差	目标偏心误差是指照准点上竖立的花杆或旗杆不垂直或没有立在点位中心,使照准部位和地面标志点中心不在同一铅垂线上产生的误差
		目标偏心误差对水平方向的影响与照准点偏离目标中心的距离成正比,与边长成反比。因此进行水平角观测时应尽量瞄准标志的底部,观测标志要尽量竖直,当边长较短时,更应该注意精确照准标志,从而消减误差
	照准引起 误差	照准误差主要与望远镜放大倍率和人眼的分辨率有关,此外还与照准目标的形状、大小、颜色、清晰度、通视情况及目标影像的亮度等因素有关
		在水平角观测时应尽量选择有利的观测时间和气候条件以及大小合适的观测目标进行观测,以便有效地削弱照准误差的影响
	读数引起 误差	读数误差与仪器读数设备、观测者的经验及照明情况等因素有关。主要取决于仪器读数设备,一般以仪器最小估读数作为读数误差。对于 DJ_6 型经纬仪,其读数误差的极限为 $\pm 6''$
外界条件引起 误差		(1)大风或土质的松软会影响仪器的稳定性 (2)地面辐射热会引起空气剧烈波动,使目标影像变得模糊甚至飘移 (3)光线不足会影响照准精度 (4)视线贴近地面或通过建筑旁、冒烟的烟囱上方、接近水面的上空等还会产生不规则的折光 (5)温度变化影响仪器整平。在外业观测时要想完全避免是不可能的,所以,观测时,应选择目标成像清晰稳定的有利时间段观测,避开大风、雾天、烈日等不利天气,操作要轻稳,尽量缩短一测回的观测时间

第六节　坐　标　测　量

1. 什么叫做坐标测量？

坐标测量是用直角坐标法、极坐标法或全站仪坐标法测量空间位置的施测法。

2. 怎样用直角坐标法测量空间点坐标？

直角坐标法是根据直角坐标原理进行点位放样，如图 5-37 所示。

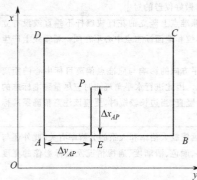

图 5-37　直角坐标法测空间点

A、B、C、D 为建筑方格网点，坐标已知，AB 和 CD 两边平行于 y 轴，AD 和 BC 两边平行于 x 轴。

求 P 点坐标。

（1）首先量取 P 点与 A 点沿 x 轴的坐标差 Δx_{AP}，得 P 点的 x 坐标。

（2）量取 P 点与 A 点沿 y 轴的坐标差 Δy_{AP}，得 P 点的 y 坐标。

$$x_P = x_A + \Delta x_{AP} \quad y_P = y_A + \Delta y_{AP}$$

式中，Δx_{AP} 为 A、P 两点的纵坐标差，m；Δy_{AP} 为 A、P 两点的横坐标差，m；x_P、y_P 为 P 点的坐标，m；x_A、y_A 为 A 点的坐标，m。

3. 如何用极坐标法测量空间点坐标？

极坐标法是根据已知水平角和测站点至放样点的距离来测设点位的。此法适用于放样点距离控制点较近，且方便量距的地方。

如图 5-38 所示，A、B 为地面两个已知点，两点坐标分别为 (x_A, y_A) 和 (x_B, y_B)。

求 P 点坐标。

（1）根据已知点 A、B 的坐标，用坐标正算公式计算直线 AB 的坐标方位角 α_{AB}，即

$$\alpha_{AB} = \arctan[(y_B - y_A)/(x_B - x_A)]$$

（2）在已知点 A 安置经纬仪，测水平角 β，得出 AP 的方位角 α_{AP}，$\alpha_{AP} = \alpha_{AB} + \beta$。

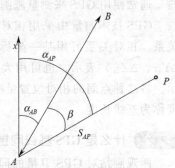

（3）以 A 点为起点，沿 AP 方向线，量取 A 到 P 的水平距离 S_{AP}，计算得到 P 的坐标 $(x_P,\ y_P)$。

图 5-38　极坐标法测设点位法

$$\left.\begin{array}{l} x_P = x_A + S_{AP}\cos\alpha_{AP} \\ y_P = y_A + S_{AP}\sin\alpha_{AP} \end{array}\right\}$$

4.　怎样用全站仪测量空间点坐标？

全站仪坐标测量是将测站点的坐标、高程、仪器高和待测点的目标高输入仪器，可直接测定未知点的坐标和高程。

坐标测量步骤为：

（1）在一个已知点安置仪器作为测站点，在目标点上架设棱镜。

（2）设定测站点的坐标，设定后视方向的水平度盘读数为其方位角。当设定后视点的坐标时，全站仪会自动计算后视方向的方位角，并设定后视方向的水平度盘读数为其方位角。

（3）照准目标点，输入目标点的棱镜高、仪器高、测站点坐标数值。

（4）按坐标测量键，全站仪开始测距并计算显示测点的三维坐标。

第七节　基　线　测　量

1.　什么叫做基线向量？

基线或基线向量是指在测量控制网中，经精确测定长度的直线

段。通常使用 GPS 来测量施测。

GPS 技术测量中采用相对定位技术，即确定点间的相对位置关系。相对关系可用某一坐标系统下的三维直角坐标差（ΔX_{ij}、ΔY_{ij}、ΔZ_{ij}）表示，也可用大地坐标差和站心坐标系内的坐标表示。将这种点间的相对位置量叫基线向量坐标，对应于两点间的长度称为基线长度。

2. 什么是 GPS 基线向量？

两观测站对 GPS 卫星的同步观测数据，经平差后，即可解算出两观测站间的基线向量及其方差与协方差。GPS 基线向量提供的尺度和定向基准属于 WGS-84 坐标系，进行三维无约束平差时，需要引入位置基准，引入的位置基准不应引起观测值的变形和改正。

在相对定位中常用双差观测值求解基线向量。

3. 什么是 GPS 基线向量网？

在同一观测时间段中，在多个观测站上同步观测 GPS 卫星，同时解算多余基线向量。将这些不同时段观测的基线向量互相联结成网，叫 GPS 基线向量网。

4. GPS 基线测量原理是什么？

GPS 测量原理是以 GPS 卫星和用户接收机天线之间的距离（或距离差）的观测量为基础，并根据已知的卫星瞬时坐标来确定用户接收机所对应的点位，即待定点的三维坐标（x，y，z）。

它测量的关键是用户接收机天线到 GPS 卫星的空间距离。如图 5-39 所示，距离观测有两种方法，即伪距测量和载波相位测量。

P 点为地面待定点，P 到卫

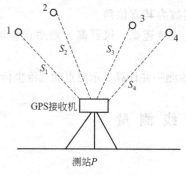

图 5-39 GPS 定位原理

星的距离 S_i $(i=1,2,3,\cdots)$，卫星坐标 $(X_i$，Y_i，$Z_i)$ $(i=1,2,3,\cdots)$，所以待测点 P 的坐标 $(X$，Y，$Z)$ 可按公式：$S=\sqrt{(X-X_i)^2+(Y-Y_i)^2+(Z-Z_i)^2}$ 求出。

第八节　导线测量

1. **什么是导线测量？**

导线测量是建立小区域平面控制网的常用方法。其布设灵活，要求通视方向少，边长可直接测定，适宜布设在视野不够开阔的地区，如城市、厂区、矿山建筑区、森林，也适用于狭长地带的控制测量，如铁路、隧道、渠道等。随着全站仪的普及，一测站可同时完成测距、测角，导线测量广泛地用于控制网的建立，特别是图根导线的建立，并成为主要测量方法。

导线测量是控制测量的其中一种方法，具有布设灵活、要求通视方向少、精度均匀、数据处理简单等优点，是建立小地区平面控制网的常用方法。

水平角用经纬仪测量，边长用电磁波测距仪或钢尺丈量，也可用全站仪测量角度和边长。

2. **导线的布设形式有哪几种？如何布设？**

（1）闭合导线的布设。如图 5-40 所示，导线 AB 从一个已知高级控制点 B 出发，经过若干个导线点 1、2、3、4，又回到原已知控制点 B 上，形成一个闭合多边形，称为闭合导线。闭合导线布设形式，适合于方圆形地区。由于它本身具有严密的几何条件，因此常用做独立测区的首级平面控制。

（2）附合导线的布设。如图 5-41 所示，导线从已知控制点 B 和已知方向 BA 出发，经过 1、2、3 点，最后附合到另一已知点 C 和已知方向 CD 上，这样的布设称为附合导线布设形式。附合导线布设形式适合于具有高级控制点的带状地区，多用于平面控制测量的加密。

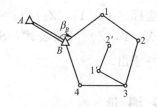 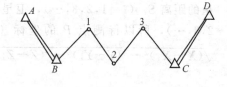

图 5-40　闭合导线　　　　　图 5-41　附合导线

（3）支导线的布设。如图 5-40 所示，从图中的 3、$1'$、$2'$，导线从一个已知点出发，经过 $1\sim2$ 个导线点，既不回到原已知点上，又不附合到另一已知点上，称为支导线。由于支导线无检核条件，导线点不宜超过 2 个。

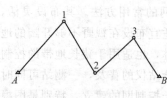

图 5-42　无定向附合导线

（4）无定向附合导线的布设。如图 5-42 所示，由一个已知点 A 出发，经过若干个导线点 1、2、3，最后附合到另一已知点 B 上，但起始边方位角不知道，且起、终两点 A、B 不通视，只能假设起始边方位角，这样的布设称为无定向附合导线布设形式，它适用于狭长地区。

3. **导线测量主要技术要求有哪些？**

导线测量主要技术要求见表 5-17，其中，n 为测角个数，M 为测图比例尺的分母。

表 5-17　导线测量的主要技术要求

等级	导线长度/m	平均边长/m	往返丈量较差相对误差	测角中误差/(°)	导线全长相对闭合差	测回数 DJ₂	测回数 DJ₆	角度闭合差/(″)
一级	4000	500	1/20000	±5	1/10000	2	4	$\pm10\sqrt{n}$
二级	2400	250	1/15000	±8	1/7000	1	3	$\pm16\sqrt{n}$
三级	1200	100	1/10000	±12	1/5000	1	2	$\pm24\sqrt{n}$
图根	$\leqslant1.0M$	$\leqslant1.5$ 测图最大视距	1/3000	±20	1/2000		1	$\pm60\sqrt{n}$

4. **利用导线测量外业测绘的步骤是什么？**

（1）踏勘选点并埋设标志。选点前，依据测图和施工的需要，在地形图上拟定导线的布设方案。

再到野外现场踏勘、核对、修改、落实点位和建立标志。如果测区没有以前的地形资料，则需要现场实地踏勘，根据实际情况，直接拟定导线的路线和形式，选定导线点的点位及建立标志。

确定导线点后，应根据需要做好标志。

导线点的标志有永久性标志和临时性标志两种。若导线点需要长期保存，就要埋设石桩或混凝土桩，桩顶嵌入刻有"十"字标志的金属，也可将标志直接嵌入水泥地面或岩石上，导线点标志构造如图 5-43 所示。

如果导线点为短期保存，只要在地面上打下一大木桩，桩顶钉一小钉作为导线点的临时标志。为了避免混乱，便于寻找和使用，导线点要统一编码，并绘制"点之记"，如图 5-44 所示。

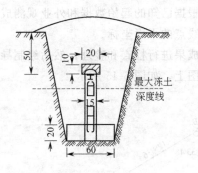

图 5-43　导线点位标志
构造（单位：cm）

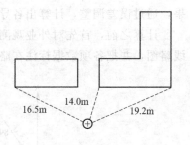

图 5-44　点之记

（2）测边。首先用导线边长可用钢尺直接丈量、用电磁波测距仪或全站仪单向施测。

如用钢尺丈量时，选用检定过的 30m 或 50m 的钢尺，导线边长应往返丈量各一次，往返丈量相对误差应满足导线测量技术的要求。

注意用光电测距仪测量时，要同时观测垂直角，供倾斜改正之用。

（3）测角。导线的转折角有左、右之分，以导线为界，按编号顺序方向前进，在前进方向左侧的角称为左角，在前进方向右侧的角称为右角。附合导线，可测其左角，也可测其右角，但全线要统一。闭合导线，可测其内角，也可测其外角，若测其内角并按逆时针方向编号，其内角均为左角，反之均为右角。角度观测采用测回法，各等级导线的测角要求，均应满足导线测量技术要求。

（4）导线定向。即在导线起、止的已知控制点上，测定连接角。这是为了确定每条导线边的方位角。

导线的定向有两种情况，一种是布设独立导线，只要用罗盘仪测定起始边的方位角，整个导线的每条边的方位角就可以确定了；另一种情况是布设成与高一级控制点相连接的导线，先要测出连接角，再根据高一级控制点的方位角，推算出各边的方位角。

5. 导线内业计算的目的是什么？

导线内业计算的目的，就是根据已知的起始数据和外业观测成果，通过误差调整，计算出各导线点的平面坐标。

计算之前，首先对外业观测成果进行检查和整理，然后绘制导线略图，并把各项数据标注在略图上，如图 5-45 所示。

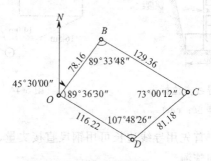

图 5-45　闭合导线测量数据显示

6. 如何用闭合导线法计算导线点的平面坐标？

（1）计算和调整角度闭合差。由平面几何原理可知，n 边形闭合导线内角和理论值为：

$$\sum \beta_{理} = (n-2) \times 180°$$

在实际观测时，由于误差的存在，使实测的 n 个内角和 $\sum \beta_{测}$ 不等于理论值 $\sum \beta_{理}$，两者之差称为闭合导线角度闭合差 f_{β}。即：

$$f_{\beta} = \sum \beta_{测} - \sum \beta_{理} = \sum \beta_{测} - (n-2) \times 180°$$

各等级导线角度闭合差的容许值 $f_{\beta允}$ 应符合导线测量技术要求。如果 $|f_{\beta}| > |f_{\beta允}|$，则说明角度闭合差超限，应分析、检查原始角度测量记录及计算，必要时应进行一定的重新观测。

当 $|f_{\beta}| \leqslant |f_{\beta允}|$，可将角度闭合差反符号平均分配到各观测角中，每个观测角的改正数应为：

$$v_{\beta} = \frac{-f_{\beta}}{n}$$

如果 f_{β} 的数值不能被导线内角整数除而有余数时，可将余数调整至短边的邻角上，使调整后的内角和等于 $\sum \beta_{理}$，那么调整后的角度为：

$$\beta_i' = \beta_i + v_{\beta}$$

（2）计算导线各边坐标方位角。依据起始边的已知坐标方位角及调整后的各内角值，按下式计算各边坐标方位角

$$\alpha_{前} = \alpha_{后} + 180° \pm \beta$$

上式中 $\pm \beta$，如果 β 是左角，则取 $+\beta$；如果 β 是右角，则取 $-\beta$。计算出来的 $\alpha_{前}$ 如大于 $360°$，应减去 $360°$；若小于 $0°$，则加上 $360°$，即保证坐标方位角 $0° \sim 360°$。

（3）计算坐标增量。依据各边边长或坐标方位角，再按坐标正算公式相邻两点间的纵、横坐标增量，计算公式为：

$$\left.\begin{array}{l} \Delta x_{i(i+1)} = D_{i(i+1)} \cos \alpha_{i(i+1)} \\ \Delta y_{i(i+1)} = D_{i(i+1)} \sin \alpha_{i(i+1)} \end{array}\right\}$$

（4）计算和调整坐标增量闭合差。依据闭合导线的定义，闭合导线纵、横坐标增量代数和的理论值应等于零，那么：

$$\left.\begin{array}{l} \sum \Delta x_{理} = 0 \\ \sum \Delta y_{理} = 0 \end{array}\right\}$$

实际测量时，测量边长的误差和角度闭合差调整后的残余误差，使纵、横坐标增量的代数和$\sum\Delta x_{测}$、$\sum\Delta y_{测}$不能等于零，因此产生纵、横坐标增量闭合差f_x、f_y，即：

$$\left.\begin{array}{l} f_x = \sum\Delta x_{测} \\ f_y = \sum\Delta y_{测} \end{array}\right\}$$

由于坐标增量闭合差的存在，使导线不能闭合，如图5-46所示，1—1$'$这段距离称为导线全长闭合差f_D。导线全长闭合差为：

$$f_D = \sqrt{f_x^2 + f_y^2}$$

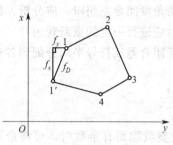

图5-46 纵横坐标增量闭
合差的表示方法

导线全长闭合差主要是由量边误差引起，一般来说导线越长，误差越大。通常用导线全长闭合差f_D与导线全长$\sum D$之比来衡量导线的精度，用导线全长相对闭合差K来表示：

$$K = \frac{f_D}{\sum D} = \frac{1}{\sum D / f_D}$$

如果K值大于容许值，说明观测成果不满足精度要求，应进行内业计算检查、外业观测检查，必要时还要进行部分或全部重新观测。如K值不大于容许值，说明观测成果满足精度要求，可进行调整。

坐标增量闭合差的调整原则是：将纵、横坐标增量闭合差反符号按与边长成正比分配到各坐标增量上，坐标增量的改正数为：

$$\left.\begin{array}{l} \upsilon_{xi(i+1)} = -\dfrac{f_x}{\sum D}\cdot D_{i(i+1)} \\ \\ \upsilon_{yi(i+1)} = -\dfrac{f_y}{\sum D}\cdot D_{i(i+1)} \end{array}\right\}$$

纵、横坐标增量的改正数之和应满足下式：

$$\left.\begin{array}{l} \sum\upsilon_x = -f_x \\ \sum\upsilon_y = -f_y \end{array}\right\}$$

改正后的坐标增量为：

$$\left.\begin{array}{l} \Delta x'_{i(i+1)} = \Delta x_{i(i+1)} + \upsilon_{xi(i+1)} \\ \Delta y'_{i(i+1)} = \Delta y_{i(i+1)} + \upsilon_{\Delta yi(i+1)} \end{array}\right\}$$

（5）计算导线点坐标。根据起始点的已知坐标和改正后的坐标增量，即可按下列公式依次计算各导线点的坐标，即：

$$\left.\begin{array}{l} x_{(i+1)} = x_i + \Delta x'_{i(i+1)} \\ y_{(i+1)} = y_i + \Delta y'_{i(i+1)} \end{array}\right\}$$

用上式最后推算出起始点的坐标，推算值应与已知值相等，以此检核整个计算过程是否有错。

7. 如何用附合导线法计算导线点平面坐标？

（1）计算角度闭合差。因为附合导线两端方向已知，通过由起始边的坐标方位角和测定的导线各转折角，便可推算出导线终边的坐标方位角。

$$\alpha'_{终} = \alpha_{始} \pm \sum \beta + n \times 180°$$

由于角度观测存在误差，致使导线终边坐标方位角的推算值 $\alpha'_{终}$ 与已知终边坐标方位角 $\alpha_{终}$ 不相等，差值即为附合导线的角度闭合差 f_β，即：

$$f_\beta = \alpha'_{终} - \alpha_{终}$$

与闭合导线计算相同，如 $|f_\beta| \leqslant |f_{\beta 允}|$，则将角度闭合差反符号平均分配给各观测角。

（2）计算坐标增量闭合差。附合导线各边坐标增量代数和的理论值，应等于终、始两已知的高级控制点的坐标之差。

$$\left.\begin{array}{l} \sum \Delta x_{理} = x_{终} - x_{始} \\ \sum \Delta y_{理} = y_{终} - y_{始} \end{array}\right\}$$

由于调整后的各转折角和实测的各导线边长均含有误差，实测坐标增量代数和与理论值若不等，其差值为坐标增量闭合差，即：

$$\left.\begin{array}{l} f_x = \sum \Delta x_{测} - (x_{终} - x_{始}) \\ f_y = \sum \Delta y_{测} - (y_{终} - y_{始}) \end{array}\right\}$$

附合导线全长闭合差、全长相对闭合差和极限相对闭合差的计算，以及坐标增量闭合差的调整，与闭合导线计算相同，附合导线的计算过程，可参见表5-18。

表 5-18　附合导线坐标计算表

点号	观测角 β (°)	(′)	(″)	改正值 (″)	改后角值 (°)	(′)	(″)	坐标方位角 (°)	(′)	(″)	边长 /m	Δx 计算值 /m	Δx 改正数 /cm	Δx 改正后值 /m	Δy 计算值 /m	Δy 改正数 /cm	Δy 改正后值 /m	纵坐标 x/m	横坐标 y/m	点号
A								45	00	00								200.00	200.00	A
B	239	29	52	-9	239	29	43	104	29	43	297.262	-74.40	-8	-74.48	+287.80	+6	+287.86	125.52	487.86	B
1	147	44	20	-9	147	44	11	72	13	54	187.815	+57.32	-5	+57.27	+178.85	+4	+178.89	182.79	666.75	M
2	214	49	52	-10	214	49	42	107	03	36	93.403	-27.40	-2	-27.42	+89.29	+2	+89.31	155.37	756.06	N
C	189	41	22	-10	189	41	12	116	44	48										C
D																				D
Σ	791	45	26	-38	791	44	48				578.480	-44.48	-15	-44.63	+555.94	+12	+556.06			

辅助计算：

$$\alpha'_{CD} = \alpha_{AB} + 4 \times 180° + \sum \beta_{测} = 116°45'26''$$

$$f_\beta = \alpha'_{CD} - \alpha_{CD} = +38''$$

$$f_{\beta容} = \pm 60''\sqrt{n} = \pm 120''$$

$$f_\beta < f_{\beta容}$$

$$f_x = \sum \Delta x_{测} - (x_C - x_B) = -44.48 - (-44.63) = +0.15 \ (\text{m})$$

$$f_y = \sum \Delta y_{测} - (y_C - y_B) = +555.94 - (+556.06) = -0.12 \ (\text{m})$$

$$f_D = \sqrt{f_x^2 + f_y^2} = 0.19$$

$$K = \frac{f_D}{\sum D} \approx \frac{1}{3000} \qquad K_容 = \frac{1}{2000}$$

$$K < K_容$$

导线略图标注：D；189°41'22"；214°49'22"；N　93.403　C；187.815；147°44'20"　M；239°29'52"　B；297.262；45°00'00"　A；Q。

8. 如何用支导线法计算导线点平面坐标？

支导线测量法既不回到起始点上，又不附合到另一个已知点上，因此在支导线计算中不会出现观测角的总和与导线几何图形的理论值不符的矛盾，也不会出现推算的坐标值与已知坐标值不符的矛盾。

支导线没有检核限制条件，也就不需要计算角度闭合差和坐标增量闭合差，只要根据已知边的坐标方位角和已知点的坐标，把外业测定的转折角和转折边长直接代入坐标方位角计算公式与坐标增量公式中，计算出各边方位角及各边坐标增量，最后推算出待定导线点的坐标。支导线只适用于图根控制补点使用。

9. 什么时候可采用交会定点测量法？交会定点测量法有哪几种？

在进行平面控制测量时，当导线点的密度不能满足测图和工程要求时，要进行控制点的加密，控制点的加密可以用交会定点法来完成。依据测角、测边的不同，交会定点测量法有前方交会、后方交会及距离交会法几种。

在选用交会法时，必须注意交会角不应小于 30° 或大于 150°，交会角是指待定点至两相邻已知点方向的夹角。

交会定点测量法的外业工作与导线测量法相同。

10. 什么是前方交会定点测量法？前方交会法的测量原理是什么？

设 A、B 为平面坐标系里的已知两点，其中，A 的坐标为 x_B、y_B，在 A、B 两点上设站，观测出 α、β，通过三角形的余切公式求出加密点 C 的坐标，这种方法称为测角前方交会法，简称前方交会。按坐标正算公式，由图 5-47 可见：

$$x_C = x_A + \Delta x_{AC} = x_A + D_{AP}\cos\alpha_{AC}$$

$$y_C = y_A + \Delta y_{AC} = y_A + D_{AP}\sin\alpha_{AC}$$

而
$$\alpha_{AC} = \alpha_{AB} - \alpha$$

$$D_{AC} = \frac{D_{AB}}{\sin[180° - (\alpha + \beta)]}\sin\beta$$

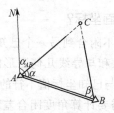

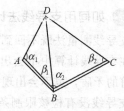

图 5-47　前方交会　　　　　　　图 5-48　前方交会实测

则有

$$\left.\begin{aligned}
x_C &= x_A + \frac{D_{AB}\sin\beta}{\sin[180° - (\alpha+\beta)]}\cos(\alpha_{AB} - \alpha) \\
y_C &= y_A + \frac{D_{AB}\sin\beta}{\sin[180° - (\alpha+\beta)]}\sin(\alpha_{AB} - \alpha)
\end{aligned}\right\}$$

$$\left.\begin{aligned}
x_C &= x_A + \frac{D_{AB}\sin\beta\cos\alpha_{AB}\cos\alpha + D_{AB}\sin\beta\sin\alpha_{AB}\sin\alpha}{\sin\alpha\cos\beta + \cos\alpha\sin\beta} \\
&= x_A + \frac{\Delta x_{AB}\cot\alpha + \Delta y_{AB}}{\cot\alpha + \cot\beta} \\
y_C &= y_A + \frac{D_{AB}\sin\beta\sin\alpha_{AB}\cos\alpha - D_{AB}\sin\beta\cos\alpha_{AB}\sin\alpha}{\sin\alpha\cos\beta + \cos\alpha\sin\beta} \\
&= y_A + \frac{\Delta y_{AB}\cot\alpha + \Delta x_{AB}}{\cot\alpha + \cot\beta}
\end{aligned}\right\}$$

整理上式得：

$$\left.\begin{aligned}
x_C &= \frac{x_A\cot\beta + x_B\cot\alpha + (y_B - y_A)}{\cot\alpha + \cot\beta} \\
y_C &= \frac{y_A\cot\beta + y_B\cot\alpha + (x_A - x_B)}{\cot\alpha + \cot\beta}
\end{aligned}\right\}$$

在利用上式进行计算坐标时，A、B、C 三点是按逆时针方向排列的。

为了校核和提高 D 点坐标的精度，通常采用三个已知点的前方交会图形。如图 5-48 所示，在三个已知点 A、B、C 上设站，测定 α_1、β_1 和 α_2、β_2，构成两组前方交会，然后按上述坐标公式分别解算两组 D 点坐标。设两组坐标分别为 x'_D、y'_D 和 x''_D、y''_D，由于测角有误差，故解算得两组 C 点坐标不可能相等，其纵、横坐标较差为：

$$f_x = x'_D - x''_D \Big\}$$
$$f_y = y'_D - y''_D \Big\}$$

而点位误差为：

$$f_D = \sqrt{f_x^2 + f_y^2}$$

如果 f_D 不大于两倍比例尺精度，取两组坐标的平均值作为 D 点最后的坐标。即

$$f_D \leqslant 2 \times 0.1 M (\mathrm{mm})$$

式中，M 为测图比例尺分母。

前方交会计算范例见表 5-19。

表 5-19　前方交会计算表

前方交会测图及公式			$$x_D = \frac{x_A \cot\beta + x_B \cos\alpha + (y_B - y_A)}{\cot\alpha + \cot\beta}$$ $$y_D = \frac{y_A \cot\beta + y_B \cos\alpha + (x_B - x_A)}{\cot\alpha + \cot\beta}$$			
已知数据	x_A	8020.40	y_A	4465.10	x_B 7885.71	y_B 4923.13
	x_B	7885.71	y_B	4923.13	x_C 7926.06	y_C 5327.21
观测值	α_1	41°36′05″	β_1	72°44′35″	α_2 85°10′00″	β_2 42°37′02″
	x_D	8233.58	y_D	4917.85	x_D 8233.65	y_D 4917.85
计算与校核	测图比例尺 $1:500, f_允 = 0.2 \times 500 = 100 (\mathrm{mm})$ $f = \sqrt{6^2 + 0} = 6 (\mathrm{mm})$　$x_D = 8233.61 (\mathrm{m})$　$y_D = 4917.85 (\mathrm{m})$					

11. **什么是后方交会点测量法？后方交会法的测量原理是什么？**

如图 5-49，设 A、B、C、D 为已知四点，在待定点 H 上设站，分别观测已知点 A、B、C，观测出 α 和 β，根据已知点的坐标计算出 H 点的坐标，这种方法称为测角后方交会，简称后交会。

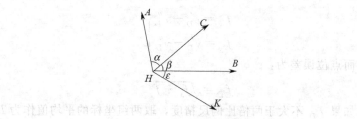

图 5-49 后方交会图

后方交会的计算公式为：

$$\tan\alpha_{CP} = \frac{N_3 - N_1}{N_2 - N_4}$$

$$\left.\begin{array}{l} \Delta x_{CH} = \dfrac{N_1 + N_2 \tan\alpha_{CH}}{1 + \tan^2\alpha_{CH}} = \dfrac{N_3 + N_4 \tan\alpha_{CH}}{1 + \tan^2\alpha_{CH}} \\[2mm] \Delta y_{CH} = \Delta x_{CH} \tan\alpha_{CH} \end{array}\right\}$$

其中
$$\left.\begin{array}{l} N_1 = (x_A - x_C) + (y_A - y_C)\cot\alpha \\ N_2 = (y_A - y_C) - (x_A - x_C)\cot\alpha \\ N_3 = (x_B - x_C) - (y_B - y_C)\cot\beta \\ N_4 = (y_B - y_C) + (x_B - x_C)\cot\beta \end{array}\right\}$$

那么待定点 P 的坐标为：

$$\left.\begin{array}{l} x_H = x_C + \Delta x_{CH} \\ y_H = y_C + \Delta y_{CH} \end{array}\right\}$$

为了保证 H 点的坐标精度，后方交会还应该用第四个已知点进行检核。如图 5-49 所示，在 H 点观测 A、B、C 点的同时，还应观测 D 点，测定检核角 $\varepsilon_{测}$，在算得 H 点坐标后，反算求出 α_{PB}、α_{PD} 与 D_{HD}，由此得 $\varepsilon_{算} = \alpha_{HD} - \alpha_{HB}$。当角度观测和计算无误时，则应有 $\varepsilon_{测} = \varepsilon_{算}$。由于观测误差的存在，使 $\varepsilon_{算} \neq \varepsilon_{测}$，两者之差为检核角较差 $\Delta\varepsilon$，即

$$\Delta\varepsilon = \varepsilon_{测} - \varepsilon_{算}$$

$\Delta\varepsilon_{容}$ 的允许值可用下式计算：

$$\Delta\varepsilon_{容} = \pm \frac{2 \times 0.1M}{D_{HD}}\rho''$$

式中，M 为测图比例尺分母。

当所选定的交会点 H 与 A、B、C 三点恰好在同一圆周上时，H 点无定解，这时的圆叫做危险圆。因此，要避免 H 点处在危险圆上或危险圆附近，要求 H 点到危险圆的距离应大于该圆半径的 $1/5$。

后方交会计算范例见表 5-20。

表 5-20 后方交会计算表

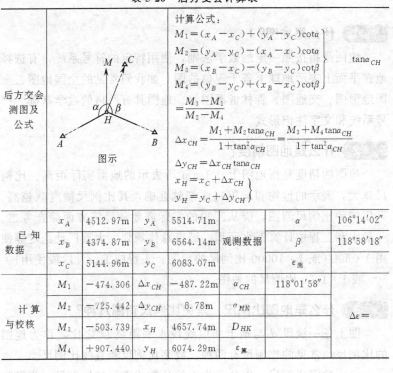

| 后方交会测图及公式 | 图示 | 计算公式：$M_1 = (x_A - x_C) + (y_A - y_C)\cot\alpha$
 $M_2 = (y_A - y_C) - (x_A - x_C)\cot\alpha$
 $M_3 = (x_B - x_C) - (y_B - y_C)\cot\beta$
 $M_4 = (y_B - y_C) + (x_B - x_C)\cot\beta$
 $\tan\alpha_{CH} = \dfrac{M_3 - M_1}{M_2 - M_4}$
 $\Delta x_{CH} = \dfrac{M_1 + M_2\tan\alpha_{CH}}{1 + \tan^2\alpha_{CH}} = \dfrac{M_3 + M_4\tan\alpha_{CH}}{1 + \tan^2\alpha_{CH}}$
 $\Delta y_{CH} = \Delta x_{CH}\tan\alpha_{CH}$
 $x_H = x_C + \Delta x_{CH}$
 $y_H = y_C + \Delta y_{CH}$ |

已知数据						
	x_A	4512.97m	y_A	5514.71m	α	106°14′02″
	x_B	4374.87m	y_B	6564.14m	观测数据 β	118°58′18″
	x_C	5144.96m	y_C	6083.07m	$\varepsilon_{测}$	

计算与校核						
	M_1	−474.306	Δx_{CH}	−487.22m	α_{CH}	118°01′58″
	M_2	−725.442	Δy_{CH}	8.78m	α_{HK}	
	M_3	−503.739	x_H	4657.74m	D_{HK}	$\Delta\varepsilon =$
	M_4	+907.440	y_H	6074.29m	$\varepsilon_{算}$	

第六章 地形图测绘及其应用

第一节 地图及地形图基本知识

1. 什么是地图?

地图是指按照一定的数学法则,使用特定的符号系统,有选择地在平面上表示地球上若干现象的图。如我们常见的全国地图、全国地形图、交通图、森林资源图等。地图具有严格的数学基础、符号系统和文字注记形式。

2. 什么是地图精度?

地图的精度是指地图上 0.1mm 所表示的地面实际距离。比例尺越大,表示的地物和地貌越详细越准确,其比例尺精度就越高。采用何种比例尺测图,应从工程的实际需要和经济方面综合考虑。一般水利工程中计算汇水面积、城市总体规划、大型厂址选定等使用 1:5000 或 1:10000 比例尺的地图;工程施工设计阶段使用1:500 或 1:1000 比例尺的地图。

3. 什么是地图比例尺,常见比例尺有哪几种?

图上任一线段 d 与地上相应线段水平距离 D 之比,称为地图的比例尺。常见的比例尺有两种:数字比例尺和直线比例尺。

(1) 数字比例尺。用分子为 1 的分数式表示的比例尺,叫做数字比例尺,即

$$d/D = 1/(D/d) = 1/M$$

式中,M 为比例尺分母。

(2) 图示比例尺。图示比例尺是指为了用图方便,以及避免由

于图纸伸缩而引起的误差，通常在图上绘制的比例尺，最常见的图示比例尺是直线比例尺（图 6-1）。

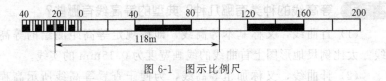

图 6-1　图示比例尺

4. 什么是地形图？

通过实地测量，将地面上各种地物和地貌沿垂直方向投影到水面上，并按一定的比例尺，用《地形图图式》统一规定的符号和注记，将其缩绘在图纸上，这种表示地物的平面位置和地貌起伏情况的图，称为地形图。在图上主要表示地物平面位置的地形图，称为平面图。

5. 地形图按地图比例尺的大小可以分为哪几类？

地形图按比例尺可分为以下几种。

（1）小比例尺地形图。1∶200000、1∶500000、1∶1000000 比例尺的地形图称为小比例尺地形图。

（2）中比例尺地形图。1∶25000、1∶50000、1∶100000 比例尺的地形图称为中比例尺地形图。

（3）大比例尺地形图。1∶500、1∶1000、1∶2000、1∶10000 比例尺的地形图称为大比例尺地形图。

6. 什么是地貌？

地貌是指地球表面上高度起伏的形态。这些形态是极其复杂、多样的，但从几何观点看，可以认为它们都是由多个不同形状、不同方向、不同倾斜角和不同大小的平面组成。相邻两倾斜面相交出的棱线称为地性线。如果将地性线上各种特征点的平面位置和高程测定下来，并将其相关的点连接起来，就构成了地貌的骨架，从而确定了地貌的基本形态。用来确定地性线的点有山顶点、鞍部最低点、盆地中心点、谷口点、坡度和方向变换点等，这些统称为地貌特征点。在地貌测绘中，立尺点就应该选在这些特征点上。

7. 等高线的种类有哪几种？典型的等高线有哪些？

（1）首曲线，又称基本等高线，即按规定等高距测绘的等高线。大比例尺地形图上首曲线的线画宽度为 0.15mm 的实线。

（2）计曲线，又称加粗等高线，为便于查看等高线所示高程值，由零米起算，每隔四条基本等高线画一条加粗等高线，其线画宽度为 0.25mm 的实线。

（3）间曲线，又称半距等高线，即为按基本等高距的一半而绘制的等高线，用长虚线表示。线画宽度与首曲线相同。用半距等高线可以补充表示基本等高线无法显示的重要地貌形态。

（4）助曲线，又称辅助等高线，是按基本等高线的 1/4 而绘制的等高线，用短虚线表示。线画宽度与首曲线相同。用助曲线可以补充间曲线表示不完全的地貌形态，如图 6-2 所示。

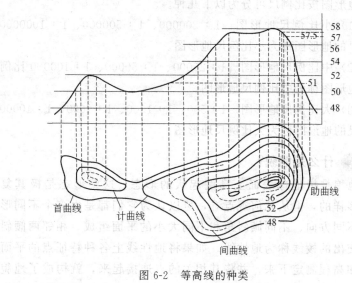

图 6-2　等高线的种类

典型的等高线有：

鞍部。鞍部是连接两山顶之间呈马鞍形的凹地，是两组相对的山脊等高线和山谷等高线的对称结合，如图6-3所示。

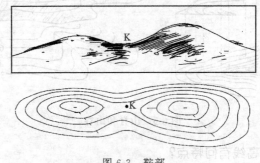

图6-3　鞍部

山顶和洼地。山顶和洼地的等高线都是闭合环形。为了区别山顶与洼地等高线，应使用示坡线。示坡线是指示地面斜坡下降的方向线，它是一短线，一端与等高线连接并垂直于等高线，表示此端地形高，不与等高线连接端地形低。示坡线指示坡度下降方向，用做判别谷地、山头的斜坡方向，如图6-4所示。

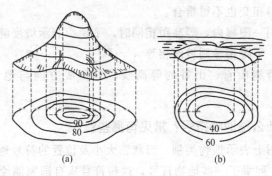

(a)　　　　　　　　(b)

图6-4　山顶和洼地

山脊和山谷。山脊：从山顶到山脚凸起部分，像脊背状。山脊线：山脊最高点连线，又称分水线。山谷：两个山脊间的低注部分。山谷线：山谷最低点连线，又称合水线。地性线：分水线（山脊线）和合水线（山谷线）的统称，如图6-5所示。

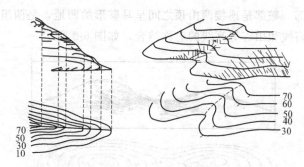

图 6-5　山脊和山谷

8. 等高线有何特点?

（1）同一条等高线上各点高程相等。

（2）等高线为连续闭合曲线。如不能在本幅图内闭合，必然在相邻或其他图幅内闭合。等高线只能在内图廓线、悬崖及陡坡等处中断，不得在图幅内任一处中断。间曲线、助曲线在表示完局部地貌后，即可中断。

（3）相同高程的等高线不能相交。不同高程的等高线在悬崖、陡坡处不得相交也不得重合。

（4）同一图幅内，等高距相同时，平距小表示坡度陡，平距大则坡度缓，平距相等则坡度相等。

（5）跨越山脊、山谷的等高线，其切线方向与地性线方向垂直。

9. 什么是地物符号? 常见有哪些?

地形图上表示地物类别、形状、大小及位置的符号称为地物符号，表 6-1 列举了一些地物符号，这些符号摘自国家测绘局颁发的《1∶5000、1∶1000、1∶2000 地形图图式》。表中各符号旁的数字表示该符号的尺寸，以 mm 为单位。

（1）比例符号。把地面上轮廓尺寸较大的地物，依形状和大小按测图比例尺缩绘到图上，称为比例符号，如房屋、湖泊、森林等。

（2）非比例符号。当地物轮廓尺寸太小，无法用比例符号表示，但这些地物又很重要，必须在图上表示出来。如三角点、水准点、里程碑、水井、消火栓等，这些地物均用规定的符号来表示，这类符号称为非比例符号。

（3）线性符号。对于一些带状延伸的地物，其长度可以按测图比例尺缩绘，而横向宽度却无法按比例尺缩绘，这些长度按比例、宽度不按比例的符号，称为线性符号，如道路、小河、管道等。

（4）地物注记。有些地物除了用一定的符号表示外，还需要用文字、数字或特定的符号对这些地物加以说明或补充，这种表达地物的方法称为地物标记，如河流、湖泊、铁路的名称，用特定符号表示的草地、耕地、林地等地面植物等。

常见建设工程用地形图地物符号见表 6-1。

表 6-1　地形图图式（1：500，1：1000）

说明	地物符号	说明	地物符号
三角点横山——点名 95.93——高程	3.0 ▽ 横山 95.93	烟囱	3.5 ◯ 1.0
导线点 25——点名 62.74——高程	2.5 ⊕ 25 1.5 62.74	电力线高压	4.0
水准点京石 5——点名 32.804——高程	2.0 ⊗ 京石5 32.804	电力线低压	4.0 4.0
永久性房屋（四层）	4	围墙、砖石及混凝土墙	8.0
普通房屋	▱	土墙	8.0 0.5
厕所	厕	栅栏　栏杆	8.0 1.0
水塔	3.0 ⊕ 1.0 1.2	篱笆	1.0 8.0

说明	地物符号	说明	地物符号
铁丝网	×———×———× 8.0	车行桥	
铁路	0.2 ┣━┫ 10.0 0.2 0.5	人行桥	
公路	0.3 沥 砾 0.3	地类界	0.2 1.5
简易公路	0.15 碎石 0.3	旱地	6.0 1.5 1.0 6.0
大车路	8.0 2.0	大面积的竹林	3.0 2.0
小路	4.0 1.0 0.3	草地	0.8 1.5 6.0 6.0
阶梯路	0.5	耕田水稻田	6.0 6.0 2.0
河流、湖泊、水库、水涯线及流向		菜地	2.0 6.0 2.0 6.0
水渠		等高线	467.5 465 460

10. 地形图有哪些注记符号?

地形图的注记除指图内的各种注记外，还包含图廓外的资料说明。包括图名、图号、测量单位名称、测图日期和成图方法、坐标系统和高程系统，以及一些辅助图表等，以便于读图和用图。

(1) 图名。图名即本图幅的名称，通常以本图幅内主要地面的地名单位和行政名称命名，注记在图廓外上方中央，如图6-6，如果地形图代表的实地面积小，也可不注图名，仅注图号。

（2）图号。图号是指该图幅相应分幅方法的编号，注于图幅正上方，图名下方。

地形图的分幅。大比例尺地形图通常采用正方形分幅法或矩形分幅法，即是按统一的直角坐标的纵、横坐标格网线

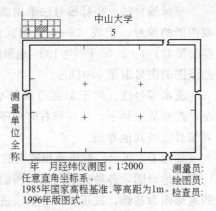

图 6-6 图廓上图名的注记方式

分的。而中、小比例尺地形图则按经纬度来划分，左、右以经线为界，上、下以纬线为界，其图幅的形状近似梯形，所以称为梯形分幅法。各种大比例尺地形图的图幅大小及图廓坐标值见表6-2。

表 6-2 正方形、矩形分幅图的图廓与图幅大小

比例尺	图幅尺寸 /(cm×cm)	实地面积 /km²	一幅 1:5000 地形图所含 图幅数	1km² 测区 的图幅数	图廓坐标值
1:5000	40×40	4	1	0.25	1000 的整数倍
1:2000	50×50	1	4	1	1000 的整数倍
	40×50	0.8	5	1.25	纵坐标为 800 的整数倍；横坐标为 1000 的整数倍
1:1000	50×50	0.25	16	4	纵坐标为 500 的整数倍；横坐标为 500 的整数倍
1:500	50×50	0.0625	64	16	50 的整数倍
	40×50	0.20	20	5	纵坐标为 400 的整数倍
	40×50	0.05	80	20	纵坐标为 20 的整数倍；横坐标为 50 的整数倍

地形图的编号方法。

坐标编号法。坐标编号法采用图幅西南角坐标的公里数作为本幅图纸的编号，记成"$x—y$"形式。1∶5000 地形图的图号取至整公里数；1∶2000 和 1∶1000 地形图的图号取至 0.1km；1∶500地形图的图号取至 0.01km。

流水编号法。对于测区范围较小或带状测区，可依据具体情况，按照从上到下、从左到右的顺序进行数字流水编号，也可用行列编号法或其他方法。

如图 6-7 所示，对于面积较大的测区，常常绘有几种不同的大比例尺地形图，各种比例尺地形图的分幅与编号通常是以 1∶5000的地形图为基础，按正方形分幅法进行。

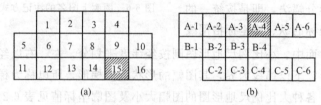

图 6-7　地形图的流水编号法与行列编号法

（3）接图表。接图表表明该幅图与相邻图纸的位置关系，以方便查索相邻图纸。并将接图表绘制在图幅的左上方，如图 6-6所示。

（4）图廓和注记。图廓是指一幅图四周的界线，正方形图幅有内图廓和外图廓之分，外图廓用粗实线绘制，内图廓是图幅的边界，且每隔 10cm 绘有坐标格网线，内外图廓相距 12mm，应在内、外图廓线之间的四个角注记以 km 为单位的格网坐标值。

第二节　地形图测绘

1. 什么是地形图测绘？

地形图测绘是指根据控制测量的成果，通过地貌图测绘、地物图清绘，最后经过制版印刷的成图过程。地形图测绘主要包括控制测量和碎部测量两部分。

（1）控制测量。控制测量的主要任务是：在测区地面上建立与国家大地控制相连的或独立的控制网，包括平面控制网和高程控制网，精密测定地面点的平面位置和高程。

平面控制测量的首级控制通常采用等级三角、小三角或相应级别的导线测量方法建立。经过外业观测和内业计算，获得各控制点的平面直角坐标，作为平面位置的基本控制。

高程控制测量，用水准测量方法建立。一般采用平面控制点建立的点位标志，测定其相应等级和等外水准高程，作为高程的基本控制。测区控制网提供的控制成果，是整个测区地形碎部测量的基础。

（2）碎部测量。地形图碎部测量的方法有大平板仪测图、经纬仪配合小平板测图、全站仪数字化测图、GPS RTK 测图等。前两种方法属于模拟测图，技术方法已被逐渐淘汰，后两种属于数字化测图。

2. 什么是全站仪数字化测图？具体操作步骤有哪些？

全站仪数字化测图主要通过全站仪配合便携计算机或电子手簿，野外采集数据，最后利用专业测图软件编辑成图。这种方法要求在测站上测定各个地物地貌的碎部点，即要求碎部点必须与测站点通视。随着 GPS 技术的出现及其 RTK 定位技术的广泛应用，采用 GPS RTK 定位技术进行数字化测图可以很好地弥补测站点控制范围的局限性。

全站仪测图外业数据采集操作步骤：

（1）由测量作业人员操作全站仪或半站仪（经纬仪＋测距仪），根据野外地形特性进行碎部测量。同时，把采集到的数据实时传输到电子手簿中记录和储存，并现场绘制草图。

（2）在电子手簿中根据草图进行图块操作和解析计算工作。

（3）把电子手簿中的地形数据和图块数据通过 RS-232 接口直接经电子手簿传输到计算机。

（4）在计算机上进行数据处理，形成数字地面模型 DTM，并构成三角网。

（5）根据实际地形，修改三角网，并追踪生成等高线数字地形图。

（6）编辑已生成的地形图，并划分测区和图幅，进行图廓整饰。

（7）通过网络或软盘把数字地形图交付给设计使用或由绘图机输出底图。

3. **如何应用 GPS RTK 技术进行地形图测绘？**

（1）控制测量。在进行碎部测量之前，需进行控制点的布设和测量。常规的地形图测绘方法通常是首先在测区内布设控制网点，这种控制网点，通常是在国家高等级控制网点的基础上加密成次级控制点，再依据加密的控制点，布设图根控制点。由于数字化测图采用了 GPS RTK 定位技术，不再需要布设常规测量控制网，只要通过 GPS 静态联测国家点来测设测区控制点即可。

控制点的主要任务是用做测区 GPS RTK 测量时的基准站，布设控制点应注意：控制点应位于地势较高、交通方便、四周通视条件好、有利于卫星信号接收和数据链发射的地方。最好选在远离无线电发射塔等电磁波干扰比较少的地方，以保证数据传输的可靠性；应远离大面积水域等有强反射物体而造成多路径效应影响的地方；控制点点数应布设合理。GPS RTK 电台发射信号的覆盖范围一般为 $5 \sim 20 \text{km}$，故通常在 30km^2 以内的测区内，布设 $2 \sim 3$ 个控制点为宜；当测区小于 5km^2 时可只布设一个控制点。当然，当测区地形起伏较大时，可适当增设控制点数量，以确保基准站差分信号能覆盖整个测区。

（2）GPS RTK 配合全站仪测量碎部点。GPS RTK 配合全站仪测量碎部点的作业模式包括两个步骤：利用 GPS RTK 测量图根控制点和利用全站仪进行碎部测量。

GPS RTK 测量图根控制点。利用全站仪进行数据采集，由于要求碎部点与测站点之间必须相互通视，故测区控制点密度不可能满足大比例尺测图需要，必须在测区增设适当数量的图根控制点。一般数字测图方法每平方千米图根点的密度，对于 1∶2000 比例尺测图不少于 4 个，1∶1000 比例尺测图不少于 16 个。由于采用了 GPS RTK 技术，可据实际地形快速测定测区图根点。需要注意的是，在进行 GPS RTK 测量图根点前，必须正确输入求解的坐标转换参数，并在已知高级点上测量并进行坐标和高程校核，确保无误后，方可正式进行图根点测量。

全站仪测量碎部点。每个全站仪测量小组一般需配置 1 位观测员、1 位绘图员、2～3 名跑尺员。在测站点上架设全站仪，全站仪经定向后，观测碎部点上放置的棱镜，得到方向、垂直角（或天顶距）和距离等观测值，记录在电子手簿或全站仪内存中。野外数据采集工作程序分为两种。

一种是观测碎部点时，绘制工作草图，这是保证数字成图质量的一项措施。在工作草图上记录地形要素名称、碎部点连接关系，然后在室内将碎部点显示在计算机屏幕上，根据工作草图，采用人机交互方式连接碎部点，输入图形信息码和生成图形。

另一种是采用便携机或 PDA 掌上电脑作为野外数据采集记录器，绘图员可以在观测碎部点的同时，对照实际地形，现场输入图形信息码和生成图形。

GPS RTK 测量碎部点。在上空开阔的地区，完全可以用 GPS RTK 作业模式测量碎部点，其测量速度比全站仪更快。根据实践经验，1 个 GPS 流动站的作业速度是 1 台全站仪的 2～4 倍。利用 GPS RTK 采集野外碎部数据的大致过程为：启动流动站开始测量并进行定点校正工作后，GPS RTK 接收机便可实时得到所需坐标系下的三维坐标地形点，并输入每个地物点的特征编码和绘制工作草图，以备内业修图使用并检查编码输入的正确性。

（3）数学化成图。利用全站仪测量碎部点采用的是现场实时成图；利用 GPS RTK 测量碎部点属于事后室内成图，故此处的数字化成图主要指 GPS RTK 测量碎部点后的数字化成图，包括数据下载和内业成图。采用 SVCAD 电子平板测绘系统 2130 版（简称 SVCAD）。为了实现 RTK 坐标数据与 SVCAD 软件展点数据格式的统一，进行如下处理：

首先应用美国天宝公司的 Trimble Geomatics Office（简称 TGO）软件进行输出数据格式的自定义，具体格式为"点号、代码、东坐标、北坐标、高程"。

用 TGO 软件实现计算机与 RTK 测量控制器手簿的连接，将 RTK 观测数据下载到计算机。

打开 SVCAD 软件，改变图形比例尺为所需比例尺，利用 SVCAD 读入数据功能将数据文件名输入，然后根据外业所绘草图及记录，进行人机交互编辑，连线成图，对个别独立地物要进行单独编辑。

利用 SVCAD 勾绘等高线有两种方法。

① SVCAD 依据测点自动生成，该法所绘等高线有时会有所失真或错误，在山区地貌不是十分复杂、地物不多的情况下非常实用。

② 手工绘制等高线，此法相对比较烦琐。实践证明：结合两种方法，先通过软件自动生成等高线，再利用手工修整效率较高，可画出非常完美的等高线。

4. 如何进行 GPS RTK 数字化测图实地检查？

待所有外业和内业工作完成后，带着便携机到测区进行实地检查。

（1）首先检查点位精度，用全站仪测量出相邻已知点的距离，与已知资料相比较，误差小于图上 0.1mm，说明精度符合要求。

（2）其次进行地物、地形的检查，对于漏测的地物要及时进行补测，对于一些特殊地物的连接关系进行详细检查，发现有误及时更改，地形点要与所绘等高线相一致。

根据电力工程测量规范，要求图根点对于最近控制点的平面位置中误差不得大于图上 0.1mm，对于 1∶1000 比例尺而言，换算为实地点位误差为 10cm，而 RTK 测点的点位误差为 1.5～2cm。

5. **全站仪数字化测图与 GPS RTK 测图技术有何不同之处？**

全站仪数字化测图与 GPS RTK 测图技术的不同之处见表 6-3。

表 6-3 GPS RTK 测图与全站仪测图比较

比较项目	全站仪测图	GPS RTK 测图
测区控制网	一般是在国家高等级控制网点的基础上加密次级控制点，然后依据加密的控制点，布设图根控制点	不需布设常规测量控制网，只要通过 GPS 静态联测国家点来测设测区控制点即可
外业人员配置	实时成图：一般需配置 1 位观测员、1 位绘图员、2～3 个跑尺员 事后成图：至少需 2 人，其中 1 人操作仪器观测，1 人跑尺，并绘制工作草图	一般由 2 人完成，其中 1 人看守基站，1 人持 GPS 流动站观测，并绘工作草图
成图方式	一般采取事后成图方式	既可现场实时成图，也可事后成图
通视性	要求测站点与碎部点之间必须几何通视	基准站与流动站间只要电磁波通视即可，不需几何通视要求
作业距离	受最大测程影响，当超出 500m 后会因成像不清晰而降低作业精度	作业半径可达 5～20km，不存在看不清楚而降低作业精度或出错的情况
误差积累	会积累，支点搬站太多，仪器的对中和整平精度不高，都会造成误差	不会积累，单人即可操作
气候影响	受天气影响，雾天、阴雨天将不能作业	不受天气影响，靠卫星定位，全天候作业
独立性	独立作业需要协同作业，测站和镜站必须配合作业，测量时用对讲机协作	完全独立，基准站与流动站相对独立，工作重点在流动站，1 人手持流动站即可
精度	靠观测目标，因此距离稍远时无法保证精度	可靠性高，在作业范围内都能保证厘米级的精度

6. **如何将地形图拼接在一起？**

当测区面积较大时，整个测区须划分为若干图幅进行施测。这样以来，相邻图幅连接处，由于测量和绘图误差的影响，无论是地物轮廓线还是等高线，往往都不能完全吻合。如图 6-8 所示两图幅相邻边的衔接情况，房屋、道路、等高线都有误差。

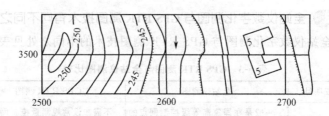

图 6-8　两图幅相邻边的连接情况

　　拼接不透明的图纸时，用宽约 5cm 的透明图纸蒙在左图幅的图边上，用铅笔把坐标格网线、地物、地貌勾绘在透明纸上，然后把透明纸按坐标格网线位置蒙在右图幅衔接边上，同样用铅笔勾绘地物和地貌，同一地物和等高线在两图幅上不重合时，就是接边误差。当用聚酯薄膜进行测图时，不必勾绘图边，利用其自身的透明性，可将相邻两幅图的坐标格网线重叠，就可量化地物和等高线的接边误差。

　　若地物、等高线的接边误差不超过表 6-4 中规定的地物点平面位置中误差、等高线高程中误差的 $2\sqrt{2}$ 倍，则可取其平均位置进行改正。

表 6-4　地形图接边误差允许值

地区类别	点位中误差（mm 图上）	邻近地物点距中误差(mm 图上)	等高线高程中误差（等高距）			
			平地	丘陵地	山地	高山地
山地、高山地和设站施测困难的旧街坊内部	0.75	±0.6	1/3h	1/2h	2/3h	h
城市建筑区和平地、丘陵地	0.5	±0.4				

注：h 为等高距。

　　若接边误差超过规定限差，则应分析原因，到实地测量检查，以便得到纠正。

7. 地貌测绘包括哪些工作？

（1）测绘等高线它是地貌测绘的主要工作，但等高线通常不是直接测定的。等高线的测绘，通常是先测定一些特征点，连接成地性线，以构成地貌骨架，再按照等高线的性质用内插法确定某一等高线在地性线上的通过点，最后通过参照实际地形描绘出等高线。

（2）测定地貌特征点。就是测定山顶、鞍部、山脊、山谷的地形变换点及山脚点、山坡倾斜变换点等。其测定方法采用极坐标法或交会法。地貌特征点在图上的平面位置以小圆点表示，高程注于点旁。

（3）连接地性线。即在图纸上根据测定的特征点的位置和实地点与点的关系，以轻淡的实线连出分水线，以轻淡的虚线连出合水线，如图6-9所示。为避免错乱，一次不可测点过多，最好是边测边连地性线，地性线连接情况与实地是否相符，直接影响地貌表示的逼真程度，必须予以充分注意。

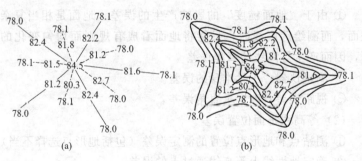

图6-9　连接地性线

8. 地貌测绘时的精度要求有哪些？产生测绘误差的原因有哪些？

根据大量的试验数据和经验，测绘地形点和等高线的精度不应超过表6-5的规定。

表 6-5　测绘地形点和等高线的精度

比例尺	基本等高距 /m		地形点高程中误差		等高线高程中误差（等高距）				地形点图上高程注记精度 /m	备注
	平地	山地	固定性	不固定性	平地	丘陵	山地	高山地		
1：500	0.5	1.0	2cm	5cm	1/3	1/2	2/3	1	0.01 或 0.1	
1：1000	0.5	1.0	1/10 等高距	1/5 等高距	1/3	1/2	2/3	1	0.01 或 0.1	
1：2000	0.5	2.0	1/10 等高距	1/5 等高距	1/3	1/2	2/3	1	0.01 或 0.1	
1：5000	1.0	2.0	1/10 等高距	1/5 等高距	1/3	1/2	2/3	1	0.1	
1：10000	2.0	5.0	1/10 等高距	1/5 等高距	1/3	1/2	2/3	1	0.1	

地貌测绘产生误差的原因：

（1）高程误差。

① 由于"地面糙度"的影响产生的误差。地面是相当复杂的表面，而测绘等高线时，只能将地面看成有规则而均匀变化的坡面，因而产生等高线的高程误差。

② 测量仪器、工具本身的误差。

③ 视距误差及测定垂直角误差。

（2）等高线平面位置误差。

① 测站点和地形点位置的测定误差（包括地形点选择不当）。

② 确定地性线上等高线通过点的误差。

③ 勾绘等高线的误差。

上述误差中，地形点间坡度不一致的误差影响最大。因此，地形变换点处必须立尺，同时也要正确地掌握地形点的密度。点太疏会影响等高线的精度，不利于细貌的表示；点太密不利于地形图的描绘。另外，采用视距法测定地形点时，要注意竖直标尺和准确读数，以提高观测质量，减少等高线的测绘误差。

9. 进行地貌测绘时应注意哪些事项?

（1）测绘工作前，应先观察地形总貌特点和细貌破碎情况，根据实地情况确定如何处理总貌和细貌的关系及综合取舍方法。

（2）正确选择立尺点。应选择地性线的倾斜或方向变换点作为立尺位置。

（3）正确掌握地形点的密度。地形点太疏会影响等高线的精度，不利于细貌的表示；地形点太密不利于地形图的描绘，又增大工作量，细貌表示太碎又影响总貌的形象和特点。

（4）要及时、正确地连接地性线，以构成形象的地貌骨架。

（5）视距法测定地形点时，注意竖直标尺和准确读数，提高观测质量，以减少等高线的测绘误差。

第三节 地 物 测 绘

1. 地物测绘的一般技术要求有哪些?

地物测绘的一般技术要求见表 6-6。

表 6-6　地物测绘一般技术要求

类　别	内　容
对已知点的要求	大比例尺碎部测图是在测定了一定数量控制点的基础上进行的。因此，要求图幅内的三角点、小三角点、解析图根点的数量及分布能够满足碎部测图的需要，其间距应略小于相应比例尺最大视距的 2 倍
	若个别地方不能满足要求，可按规范允许的增补测站点的方法予以增补。有关最大视距的规定参考表 6-7 的规定
对碎部点的要求	在地形测图中，地形的描述是依据一定数量的碎部点进行的。碎部点的多少，应视实地情况及其比例尺的大小而定
	为保证图上地形与实地地形的相似性，对地形点的最大间距做出相应规定是必要的（见表 6-7）
	对其点位精度的要求是：图上地物点相对于邻近图根点的平面位置中误差与邻近地物点间距中误差应参照表 6-8 的规定

续表

类 别	内 容
对高程注记点的要求	地形图上高程注记点应分布均匀,一般丘陵地区间距参考表 6-7 中地形最大间距的规定。平坦及地形简单地区可放宽至 1.5 倍,地貌变化较大的丘陵地、山地及高山地应适当加密。山顶、鞍部、山脊、山脚、谷底、谷口、沟底、沟口、凹地、台地、河川湖池岸旁、水涯线上以及其他地面倾斜变换处,均应测高程注记点 城市建筑区高程注记点应测设在街道中心线、街道交叉中心、建筑物墙基脚和相应的地面、管道检查井井口、桥面、广场、较大庭院内或空地上以及其他地面倾斜变换处。当基本等高距为 0.5m 时,高程注记点注至厘米;基本等高距大于 0.5m 时注至分米
对仪器整置的要求	仪器对中偏差:平板仪不应大于图上 0.05mm;经纬仪设置在点位上时,仪器按一般要求对中 定向:以较远点标定方向,其他点进行检核;平板仪检核偏差不应大于图上 0.3mm,经纬仪测图时,归零差不应大于 4′
对综合取舍的要求	由于地面上地物种类繁多,不可能全部如实地描绘于图上。因此,不论何种比例尺测图都必须按相应规范要求,在保证用图需要的基础上,可以对某些元素、内容进行综合取舍 一般说,1∶500~1∶2000 的地形图,基本上属于依比例尺测图,即图上能显示的地物、地貌应尽量显示,综合取舍问题很少。1∶5000、1∶10000 比例尺的地形测图,属半依比例尺测图,即当地物、地貌不能逐一表示时,可进行综合取舍 专业用图要根据其特殊符号要求而加以取舍。但经过综合取舍的图面,必须能使地物位置准确、重点突出、主次分明、符号正确,既能充分反映地物本身的特征,又能恰当地反映地物分布特征。图面应清晰、易读,便于使用

表 6-7 地形点最大间距和最大视距要求

比例尺	地形点最大间距/m	最大视距	
		地物点/m	地形点/m
1∶500	15	40	70
1∶1000	30	80	120
1∶2000	50	250	200
1∶5000	100	300	300
1∶10000	200	350	375

注:1. 1∶500 比例尺测图时,在城市建设区和平坦区,地物点距离应实量,其最大长度为 50m。

2. 山地、高山地的地物点最大视距可按地形点要求。

3. 采用电磁波测距仪时,距离可适当放长。

表 6-8　平面位置及邻近地物点间距中误差

地区分类	平面位置中误差(图上)/mm	邻近地物点间距中误差/mm
城市建筑区和平地、丘陵地	0.5	±0.4
山地、高山地和设站施测困难的旧街坊内部	0.75	±0.6

注：森林隐蔽等特殊困难地区，可按表中规定放宽50%。

2. 进行地物测绘时的精度要求有哪些？误差产生原因有哪些？如何消减误差？

对于大比例尺测图来说，精度要求是图上地物点对附近图根点的平面位置中误差，城市建筑区、平地、丘陵地不大于图上0.5mm，山地、高山地不大于图上0.7mm，特殊困难地区相应放宽中误差的50%。

误差产生原因如下所述。

(1) 在测定地物点时，先确定测站点至地物点的方向，再测出它们之间的视距，然后按比例尺缩小并点。而地物点的测定又是依据测站点进行的，因此这几方面的误差是影响地物点测定精度的主要因素。

(2) 视距误差。影响因素较多，如视距读数误差、视距常数误差、垂直角测定误差、折光差及标尺竖立不直的影响等。

(3) 方向误差。影响因素有照准误差、测板定向误差。

消减误差的方法如下所述。

(1) 测绘前，认真检查仪器器材，如照准仪各部件的几何关系和视距常数是不是正确，标尺刻划是不是均匀、正确，尺面是不是平直等。

(2) 展点时要认真、仔细，展点完毕经校对合乎精度要求后，才能测图。

(3) 测站上测板整平要正确，对中要准确，定向要精确。

(4) 操作仪器要稳，视距读数要准，刺点要精确，测图过程中不能触动测板。

测定精度以视距的影响为最大，而视距误差又以立尺不直为主要影响因素，因此要特别注意把标尺立直，尤其在山区倾斜较大时，标尺要安装圆水准器。

3.　地物测绘注意事项有哪些？

（1）地形图上的地物位置要准确，符号运用恰当，充分反映地物特征，图面清晰、易读，便于使用。

（2）保留主要、明显、永久性地物，舍弃次要、临时性地物。突出的有方位作用的及对设计、施工、勘察、规划等有重要参考价值的地物，要重点表示。

（3）当两种地物符号在图上密集不能容纳时，可将主要地物精确表示，次要地物适当移位表示。移位时应保持其相关位置正确，保持其总貌和轮廓特征。

（4）当许多同类地物聚于一处，不能一一表示时，可综合为一个整体符号表示，如相邻甚近的几幢房屋可表示为街区。

第四节　地形图识读及应用

1.　怎样识读地形图？

地形图的阅读就是用图者通过对地形图符号的识别，分析各类图形符号的组合关系，获得地形图上基本要素的位置、分布、大小、形状、数量与质量特征的空间概念。

识读地形图时，读图者主要应用视觉感受及大脑的思维活动，在识别符号的基础上解决"是什么？在哪里？"的问题，获得图形直接传输的简单信息。若是专业性读图者，则可结合专业要求充分利用地形图与专业知识，采用各种地形图分析法，将从图上获取的各类信息数量化、图形化、规律化，找出各类信息相互依存、相互制约的关系，并推断出在时间及空间上的变化规律及原因。

地形图阅读是地形图分析与应用的基础。阅读是从地形图整体开始，从外到内，逐步深入地了解图幅内的有关情况。

2. 阅读地形图图廓外形时，应主要阅读哪几项？

（1）图名、图号、接图表和密级。对于图名主要看图名是否在图幅北外图廓线的正中央。

① 图号。看图号是否在图名的正下方，图号下面的注记表示本图幅内所包含的行政区划名称。

② 接图表。通常接图表绘在北图廓线外左边，由九个小长格组成，中间绘斜线的小格代表本图幅的位置。

③ 密级。通常保密等级注写在北图廓线的右上边，常见有秘密和绝密两种。

（2）三北方向图。通常，在 1∶50000 和 1∶25000 图的南图廓线下边均绘有三北方向关系图，为地形图定向或图上标定某地物的方位提供依据，实现图上任一方向真方位角、磁方位角、坐标方位角的换算。

（3）比例尺和坡度尺。利用坡度尺和脚规，可量出地面上任一坡度，以了解地形类型。

（4）地形图图廓的阅读。图廓是图幅四周的范围线，正方形、矩形分幅图廓有内、外之分，外图廓起装饰作用，内图廓绘有坐标网格短线。

（5）图廓外注记的阅读。图廓外下方的主要注记应是：测图采用的坐标系、高程系、等高距、成图时间、成图方法、版图式、测图机关等。

3. 阅读地形图地貌时应主要了解哪些内容？

（1）首先要知道等高距是多少。

（2）根据等高线的疏密判断地面坡度及地势走向，进而从地貌有关符号特征来判断地貌的类型（如平原、丘陵、山地等）。

（3）研究每一种类型的地形分布地区和范围，山脉的走向、形状和大小，地面倾斜变化的情况，各山坡的坡形、坡度，绝对高程和相对高程的变化。

在地形起伏变化比较复杂的地区，可以绘剖面图作为分析地形的资料。

4.　阅读地形图地物要素时应主要阅读哪几项？

（1）水系。主要了解水系分布特点、各河流从属关系以及每条河流、河谷的特性。有海洋的地图，要注重海底要素，特别是海岸要素的阅读分析。

（2）植被和土质。从图上读出植被的类型、分布、面积大小以及植被与其他要素的关系；了解森林的林种、树种、树高、树粗；在中、小比例尺地形图上还要分析植被的垂直变化规律。读出土质的类型、分布、面积以及与其他要素的关系。在此基础上，综合分析制图区土地利用类型、土地利用程度、土地利用特点、土地利用结构，找出影响土地利用的因素，指出存在的问题，提出合理利用和保护土地资源的建议。

（3）城镇、居民地。从图上重点了解居民地的类型（城镇或乡村）、行政等级。分析不同区域的密度差异、分布特征。从平面图形特征，研究居民地外部轮廓特征、内部通行状况及其用地分区，以及各类公共服务设施（如车站、码头、电信局、邮局、学校、医院、厂矿、旅游景点及娱乐设施等）。分析居民地与其他要素的关系。

（4）道路与管线。从图上读出道路的类型、等级、路面质量、路宽等信息，分析其分布特征及道路与居民点的联系及其与水系、地貌的关系；分析道路网对制图区域交通的保证程度。

（5）工矿企业与土地利用类型。从图上读出工矿企业的类型、分布，分析其在制图区域中的经济地位和作用；阅读土地利用类型及分布特点，工业、农业用地面积大小、比例及分布等。

5.　地形图的应用主要指的是哪几方面？

地形图的基本应用主要有在地形图上确定点的坐标、量算点的高程、量算两点之间的水平距离和坐标方位角、计算任意直线的坡度等。

（1）在地形图上给定一个点，就可以知道该点在地形图的空间直角坐标内的坐标、高程。

（2）知道两个点的二维平面坐标就可以计算出两点之间的距离以及在此坐标系下的坐标方位角。

（3）知道这两个点的三维坐标还可以计算出两点之间在垂直面内的倾角以及在实际地表的长度，另外，还可以绘制两点间的断面图。

（4）给定一条封闭曲线，就可以计算出它的包围面积。

（5）给定一个高点，就可以分析出它的可视域来。

6. 怎样利用地形图确定点的坐标？

如图 6-10 所示，确定图上 A 点的坐标。

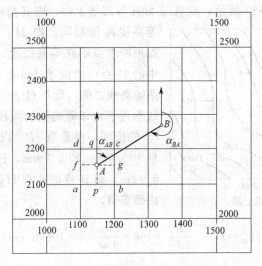

图 6-10 坐标与方位角换算

（1）首先要根据 A 点在图上的位置，确定 A 点所在的坐标方格 abcd，过 A 点做平行于 x 轴和 y 轴的两条直线 fg、qp 与坐标方格相交于 pqfg 四点。

（2）再按地形图比例尺量出 $af = 60.7\text{m}$，$ap = 48.6\text{m}$，则 A 点的坐标为：

$$x_A = x_a + af = 2100\text{m} + 60.7\text{m} = 2160.7\text{m}$$
$$y_A = y_a + ap = 1100\text{m} + 48.6\text{m} = 1148.6\text{m}$$

如果精度要求较高，还应考虑图纸伸缩的影响，应量出 ab 和 ad 的长度。设图上坐标方格边长的理论值为 l （$l = 100\text{mm}$），则 A 点的坐标可按下式计算：

$$x_A = x_a + \frac{1}{ab}af$$
$$y_A = y_a + \frac{1}{ad}ap$$

7. 怎样利用地形图确定点的高程？

如图 6-11 所示，点 A 正好在等高线上时，则其高程与所在的

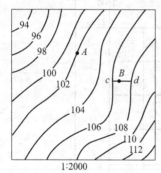

图 6-11　图上确定点的高程

等高线高程相同，即 $H_A = 102.0\text{m}$。如果所求点不在等高线上，如图 6-11 中的 B 点，而位于 106m 和 108m 两条等高线之间，则可过 B 点做一条大致垂直于相邻等高线的线段 cd，量取 cd 的长度，再量取 cB 的长度，若分别为 9.0mm 和 2.8mm，已知等高距 $h = 2\text{m}$，则 B 点的高程 H_B 可按比例内插求得。

$$H_B = H_m + \frac{cB}{cd}h = 106 + \frac{2.8}{9.0} \times 2 = 106.6 \text{ (m)}$$

在图上求某点的高程时，通常可以根据相邻两等高线的高程目估确定。

8. 怎样利用地形图确定图上两点间的距离？

（1）图解法。如图 6-10 所示，用两脚规在图上直接卡出 A、B 两点的长度，再与地形图上的直线比例尺比较，便可得出 AB 的水平距离，如果要求精度不同，可用比例尺直接在图上量取。

（2）解析法。如图 6-10 所示，欲求 AB 的距离，可按下式先求出图上 A、B 两点坐标 $(x_A,\ y_A)$ 和 $(x_B,\ y_B)$，然后按下式计算 AB 的水平距离：

$$D_{AB}=\sqrt{(x_B-x_A)^2+(y_B-y_A)^2}$$

9. 怎样利用地形图确定线段的坐标方位角？

（1）图解法。如果精度要求不高时，可由量角器在图上直接量取其坐标方位角。

如图 6-10 所示，通过 A、B 两点分别做坐标纵轴的平行线，然后用量角器的中心分别对准 A、B 两点量出直线 AB 的坐标方位角 α'_{AB} 和直线 BA 的坐标方位角 α'_{BA}，则直线 AB 的坐标方位角为：

$$\alpha_{AB}=\frac{1}{2}\ (\alpha'_{AB}+\alpha'_{BA}\pm180°)$$

（2）解析法。如图 6-10 所示，如果 A、B 两点的坐标求出，则可以按坐标反算公式计算 AB 直线的坐标方位角：

$$\alpha_{AB}=\arctan\frac{y_B-y_A}{x_B-x_A}=\arctan\frac{\Delta y_{AB}}{\Delta x_{AB}}$$

10. 怎样利用地形图确定某直线的坡度？

如果地面两点间的水平距离为 D，高差为 h，而高差与水平距离之比称为地面坡度，通常以 i 表示，则 i 可用下式计算：

$$i=\frac{h}{D}=\frac{h}{dM}$$

式中，d 为两点在图上的长度，m；M 为地形图比例尺分母。

【例 6-1】 已知某地形图中有 A、B 两点，高差 h 为 1m，如果量取 AB 图上的长度为 4cm，地形图比例尺为 1：1000，则 AB 线的地面坡度为：

$$i=\frac{h}{dM}=\frac{1}{0.04×1000}=\frac{1}{40}=2.5\%$$

坡度 i 常以百分率或千分率表示。

如果两点间的距离较长，中间通过疏密不等的等高线，则上式所求地面坡度为两点间的平均坡度。

11.　利用地形图量算图形面积的常用方法有哪几种？

在城镇规划设计和土建工程建设中经常要进行面积的量算，例如各类土地利用面积的统计、建成区面积的统计、厂矿占地面积统计、水库的汇水面积统计等。常用的图形面积的量算方法一般有几何图形法、透明方格网法、平行线法、求积仪法、解析法等，其中解析法精度最高，特别适用于数字地图。

12.　如何用几何图形法量算图形面积？

如图 6-12 所示，图形的外形是规整的多边形，则可将图形划

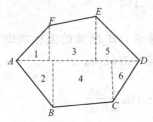

图 6-12　几何图形法
求图形面积

分为若干种简单的几何图形，如三角形、矩形、梯形等。然后用比例尺量取计算时所需的元素（长、宽、高），应用面积计算公式求出各个简单几何图形的面积，再汇总出多边形的面积。

当图形外形为曲线构成时，可近似地用直线连接成多边形，再将多边形划分为若干种简单的几何图形来进行面积计算。

用几何图形法量算线状地物面积时，可将线状地物看作长方形，用分规量出其总长度，乘以实量宽度，即可得线状地物面积。

13.　如何用透明方格网法量算图形面积？

如图 6-13 所示，计算曲线内的面积。

先将毫米透明方格纸覆盖在图形上（方格边长通常为 1mm、2mm、5mm，或单位为 cm），先数出图内完整的方格数，再将不完整的方格用目估法折合成整方格数，两者相加乘以每格代表的面

积值，就是所要量算图形的面积。

此方法简便，且能保证一定的精度，应用广泛。

【**例 6-2**】 图 6-13 中的比例尺为 1/1000，每个方格的边长为 1cm，此曲线图形中，完整方格数为 36 个，不完整方格数可折合成 8 个，那么方格总数为 44 个，所以此曲线内所求图形实际面积为：$S = nA = 44 \times 1000^2 \times (0.01)^2 = 4400(\text{m}^2)$。

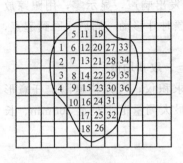

图 6-13　透明方格纸法求积图示

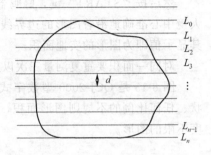

图 6-14　平行线法求面积

14. 怎样用平行线法量算图形面积？

方格网法的量算精度受方格凑整误差的影响，精度不高。为了减少边缘因目估产生的误差，可采用平行线法。

如图 6-14 所示，量算面积时，将绘有间距 $d = 1\text{mm}$ 或 $d = 2\text{mm}$ 的平行线组的透明纸覆盖在待量算的图形上，并使两条平行线与图形的上下边缘相切，则整个图形被等高的平行线切割成若干个近似梯形，梯形的高为平行线间距 d，量出各个梯形的上、下底长度 L_0、L_1、L_2、$\cdots$、L_{n-1}、L_n，则图形的总面积为

$$S = \frac{1}{2}\left[L_0 + 2 \times \sum_{i=1}^{n-1} L_i + L_n\right] \times d \times M^2$$

式中，M 为地形图的比例尺分母。

15. 怎样用求积仪法量算图形面积？

求积仪是一种专门用来量算地形图面积的仪器，外形如图 6-15，测算方法如下：

先将图纸水平固定在图板上，把跟踪放大镜放在图形中央，且使动轴与跟踪臂成90°。

开机，然后用"UNIT-1"和"UNIT-2"两功能键选择好单位，用"SCALE"键输入图的比例尺，并按"R-S"键，确认后，即可在欲测图形中心的左边周线上标明一个记号，作为量测的起始点。

然后按"START"键，蜂鸣器发出响声，显示零，用跟踪放大镜中心准确地沿着图形的边界线顺时针移动一周后，回到起点，其显示值即为图形的实地面积。

对同一面积要重复测量三次以上，取其均值。

图6-15是QCJ-2000型数字式求积仪，可以快速测定任意形状、任何比例的不规则图形面积，最大测量范围是宽300mm、长度不限的图形。

图6-15 QCJ-2000型数字式求积仪

16. 利用地形图如何绘制已知方向的纵断面图？

如图6-16所示，欲绘制直线 AB、BC 纵断面图，操作步骤如下：

（1）首先在图纸上绘出平距的横轴 MN，过 A 点做垂线，作为纵轴，表示高程。平距的比例尺与地形图的比例尺一致；为了明显地表示地面起伏变化情况，高程比例尺往往比平距比例尺放大

10～20 倍。

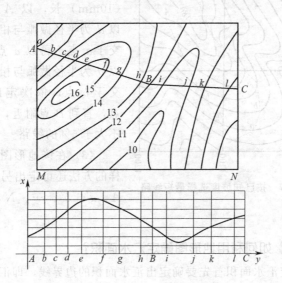

图 6-16　绘制已知方向的纵断面图

（2）再在纵轴上标注高程，沿断面方向量取两相邻等高线间的平距，在横轴上标出 b、c、d、…、l 及 C 等点。

（3）从各点做横轴的垂线，在垂线上按各点的高程，并对照纵轴标注的高程从而确定各点在剖面图上的位置。

（4）用光滑的曲线连接各点，便得所求方向线 A-B-C 的纵断面图。

17.　如何利用地形图按照设计坡度选定最短路线？

如图 6-17 所示，地形图的比例尺为 1：2000，等高距为 1m，求从 N 点到 B 点选择坡度不超过 5％的最短路线。

（1）先根据 5％坡度求出路线通过相邻两等高线的最小平距：

$$d = \frac{h}{iM} = \frac{1}{5\% \times 2000} = 0.01(\text{m}) = 10(\text{mm})$$

式中，h 为等高距，m；i 为路线坡度；M 为比例尺分母。

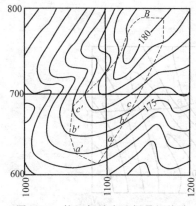

图 6-17　按已知坡度选择最短线路

（2）再将分规卡成 d（10mm）长，以 A 为圆心，以 d 为半径做弧与相邻等高线交于 a 点，再以 a 点为圆心，以 d 为半径做弧与相邻等高线交于 b 点，依次定出其他各点，直到 B 点附近，即得坡度不大于 5‰ 的线路。

（3）在该地形图上，用同样的方法还可定出另一条线路 A、a'、b'、…、N，作为比较方案。

18.　如何利用地形图确定汇水面积？

确定汇水面积首先要确定出汇水面积的边界线，即汇水范围。

如图 6-18 所示，一条公路经过山谷，拟在 m 处架桥或修涵洞，其孔径大小应根据流经该处水的流量决定，而水的流量与山谷的汇水面积有关。由图 6-18 可以看出，由山脊线 bc、cd、de、ef、fg、ga 与公路上的 ab 线段包围的面积，就是这个山谷的汇水面积。

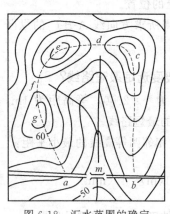

图 6-18　汇水范围的确定

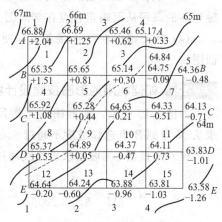

图 6-19　水平场地平整

量测该面积的大小，再结合气象水文资料，进一步确定流经公路 m 处的水量，为桥梁或涵洞的孔径设计提供依据。

确定汇水面积的边界线时，应注意以下几点：

(1) 边界线是经过一系列的山脊线、山头和鞍部的曲线，并与河谷的指定断面（公路或水坝的中心线）闭合。

(2) 边界线（除公路 ab 段外）应与山脊一致，且与等高线垂直。

19. **如何利用地形图将地面平整成水平场地？**

如图 6-19 所示，图的比例尺为 1∶1000，试将原地貌按填土方量平衡的原则改造成平面。

此地形图改造的步骤如下：

(1) 绘制方格网。在地形图上平整场地的区域内绘制方格网，格网边长依地形情况和挖、填石方计算的精度要求而定，一般为 10m 或 20m。

(2) 计算设计高程。用内插法或目估法求出各方格顶点的地面高程，并注在相应顶点的右上方。

将每一方格的顶点高程取平均值（即每个方格顶点高程之和除以 4）。

最后将所有方格的平均高程相加，再除以方格总数，即地地面设计高程。

$$H_{设} = \frac{1}{n}(H_1 + H_2 + \cdots + H_n)$$

式中，n 为方格数；H_i 为第 i 方格的平均高程，$i = 1, 2, 3, \cdots, n$。

(3) 绘出填、挖分界线。根据设计高程，在图上用内插法绘出设计高程的等高线，该等高线即为填、挖分界线。

(4) 计算各方格顶点的填、挖深度。各方格顶点的地面高程与设计高程之差，便为填挖高度，注在相应顶点的左上方。即：

$$\pm h = H_{地} - H_{设}$$

式中，h 前"+"号表示挖方，"－"号表示填方。

(5) 计算填、挖土方量。从图 6-19 上看出，有的方格全为挖土，有的方格全为填土，有的方格有填有挖。计算时，填、挖要分开计算，图 6-19 中计算得到设计高程为 64.84m。以方格 2、10、6 格为例计算填、挖方量。

方格 2 为全挖方，方量为：

$$V_{2挖} = \frac{1}{4} \times (1.25 + 0.62 + 0.81 + 0.30)S_2 = 0.75S_2 (m^3)$$

方格 10 为全填方，方量为：

$$V_{10填} = \frac{1}{4} \times (-0.21 - 0.51 - 0.47 - 0.73)S_{10} = -0.48S_{10} (m^3)$$

方格 6 既有挖方，又有填方：

$$V_{6挖} = \frac{1}{3} \times (0.3 + 0 + 0)S_{6挖} = 0.1S_{6挖} (m^3)$$

$$V_{6填} = \frac{1}{5} \times (0 - 0.09 - 0.51 - 0.21 - 0)S_{6填} = -0.16S_{6填} (m^3)$$

式中，S_2 为方格 2 的面积；S_{10} 为方格 10 的面积；$S_{6挖}$ 为方格 6 中挖方部分的面积；$S_{6填}$ 为方格 6 中填方部分的面积。

最后将各方格填、挖土方量各自累加，即得填、挖的总土。

20. 如何利用地形图将地面平整成倾斜场地？

（1）绘制方格网。如图 6-20 所示，使纵横方格网线分别与主坡倾斜方向平行和垂直。所以横格线即为倾斜坡面水平线，纵格线即为设计坡度线。

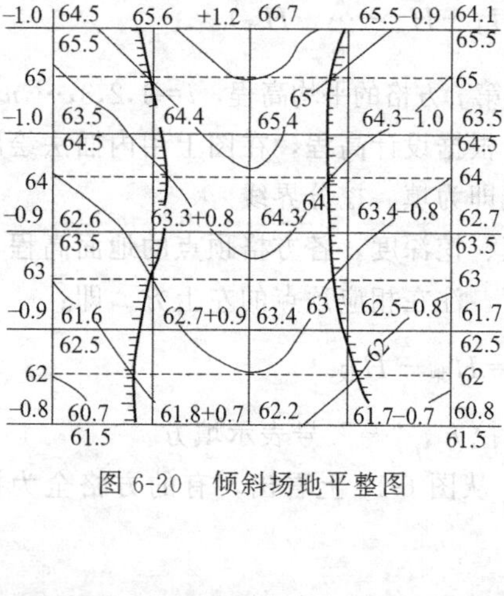

（2）计算各方格角顶地面高程。根据等高线按等比内插法求出各方格角顶的地面高程，标注在相应角顶的右上方。

图 6-20 倾斜场地平整图

（3）计算地面平均高

程。将图 6-20 中算得的地面平均高程为 63.5m，标注在中心水平线下两端。

（4）计算斜平面最高点（坡顶线）和最低点（坡底线）的设计高程。

$$
\left.
\begin{aligned}
H_顶 &= H_设 + iD/2 \\
H_底 &= H_设 - iD/2
\end{aligned}
\right\}
$$

式中，D 为顶线至底线之间的距离。在图中，$i = 10\%$，$D = 40$m，算得 $H_顶 = 65.5$m，$H_底 = 61.5$m，分别注在相应格线下的两端。

（5）确定挖填分界线。按内插法确定设计坡度与地面等高线高程相同的斜平面水平线的位置，并用虚线绘出这些坡面水平线，它们与地面相应等高线的交点为挖填分界点，将这些分界点按顺序连接，即为挖填分界线。

（6）再根据顶、底线的设计高程按内插法计算出各方格角顶的设计高程，并标注在相应角顶的右下方，将原来求出的角顶地面高程减去它的设计高程便得到挖、填高度，标注在相应角顶的左上方。

（7）最后再计算挖填方量。计算方法与平整成本水平场地方法相同。

第七章 建筑施工放线测量

第一节 施 工 放 样

1. 什么是放样？

在进行各种土建工程时，都需要经过勘测、设计、施工这三个阶段。在施工阶段，按照设计图纸进行的测量工作称为施工测量，又称为测设或放样。

2. 施工测量的任务是什么？

施工测量的任务就是根据图纸的要求，用测量仪器把设计所需要的点的平面位置和高程确定在地面上。施工测量是施工的先导，贯穿于整个施工过程，内容包括：施工前的场地平整，施工控制网的建立，建筑物的定位和基础放线；工程施工当中各道程序的细部测设；工程竣工后的变形观测以及工程的竣工平面图。

3. 施工测量的内容包括哪几项？

（1）施工前建立与工程相适应的施工控制网。

（2）建（构）筑物的放样及构件与设备安装的测量工作。

（3）每道工序完成后，都要通过测量检查工程各部位的实际位置和高程是否符合要求，根据实测验收的记录，编绘竣工图和资料，作为验收时鉴定工程质量和工程交付后管理、维修、扩建、改建的依据。

（4）随着施工的进展，测定建（构）筑物的位移和沉降，作为鉴定工程质量和验证工程设计、施工是否合理的依据。

4. 施工测量的原则是什么?

（1）施工测量也应遵循"由整体到局部，先控制后碎部"的原则。即在施工现场先建立统一的平面控制网和高程控制网，然后根据控制点的点位，测设各个建（构）筑物的位置。

（2）加强施工测量的检核工作。

5. 施工测量时，如何用钢尺测设已知水平距离?

（1）一般方法。如果放样要求精度不高时，从已知点开始，沿给定的方向量出设计给定的水平距离，在终点处打一木桩，并在桩顶标出测设的方向线，然后仔细量出给定的水平距离，对准读数在桩顶画一垂直测设方向的短线，两线相交即为要放的点位。

为了校核和提高放样精度，以测设的点位和起点向已知点的返测水平距离，如果返测的距离与给定的距离有误差，且相对误差超过允许值时，须重新放样；如果相对误差在容许范围内，可取两者的平均值，用设计距离与平均值的差的一半作为正数，改正测设点位的位置（当改正数为正，短线向外平移，反之向内平移），即可得到正确的点位。

如图 7-1 所示，已知 A 点，欲放样 B 点，AB 设计距离为 27.50m，放样精度要求达到 1/2000。

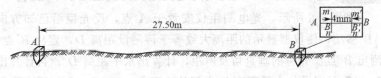

图 7-1　已知水平距离的普通测设法

普通方法的测量步骤为：

以 A 点为准点在放样的方向（$A-B$）上量取 27.50m，打一木桩，且在桩顶标出方向线 AB。

一个测量人员把钢尺零点对准 A 点，另一测量人员拉直并放平尺子，对准 27.50m 处，在桩上画出与方向线垂直的短线 $m'n'$，交 AB 方向线于 B' 点。

返测 $B'A$ 得距离为 27.506m，则有 $\Delta D = 27.50 - 27.506 = -0.06(\text{m})$，所以此测量的相对误差为：$\dfrac{0.06}{27.50} \approx \dfrac{1}{4583} < \dfrac{1}{2000}$

改正数 $= \dfrac{\Delta D}{2} = -0.003$（m）。

$m'n'$ 垂直向内平移 4mm 得到 mn 短线，其与方向线的交点即为欲测设的 B 点。

图 7-2　距离精确测设示意图

（2）精确方法。精确测量时，要进行尺长、温度和倾斜改正。如图 7-2 所示，设 d_0 为欲测设的设计长度（水平距离），在测设之前必须根据所使用钢尺的尺长方程式计算尺长改正、温度改正，再求得应量水平长度，计算公式为：

$$l = d_0 - \Delta l_d - \Delta l_t$$

式中，Δl_d 为尺长改正数；Δl_t 为温度改正数。

考虑高差改正，可得实地应量距离为：

$$d = \sqrt{l^2 + h^2}$$

6. 施工测量时，如何用光电测距仪测设已知水平距离？

如图 7-3 所示，光电测距仪安置于 A 点，反光镜沿已知方向 AB 移动，使仪器显示的距离大致等于待测设距离 D，定出 B' 点，测出 B' 点反光镜的垂直角及斜距，计算出水平距离 D'。再计算出 D' 与需要测设的水平距离 D 之间的改正数 $\Delta D = D - D'$。根据 ΔD 的符号在实地沿已知方向用钢尺由 B' 点量 ΔD 定出 B 点，AB 即为测设的水平距离 D。

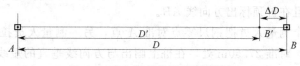

图 7-3　光电测距仪测设水平距离

如果用现代的全站仪测设，瞄准位于 B 点附近的棱镜后，能够直接显示出全站仪与棱镜之间的水平距离 D'，可以通过前后移动棱镜使其水平距离 D' 等于待测的已知水平距离 D，即可定出 B 点。

为了检核，将反光镜安置在 B 点，测量 $AB'B$ 的水平距离，若不符合要求，则再次改正，直至在允许范围之内为止。

7.　施工测量时，如何测设已知水平角？

测设已知水平角就是根据一已知方向测设出另一方向，使它们的夹角等于给定的设计角值。按测设精度要求不同，分为一般方法和精确方法。

(1) 一般方法。当测设水平角的精度要求不高时，可采用盘左、盘右分中的方法测设。如图 7-4 所示。设地面已知方向 OA，O 为角顶，β 为已知水平角角值，OB 为欲定的方向线。测设方法如下：

首先在 O 点安置经纬仪，盘左位置瞄准 A 点，使水平度盘读数为 $0°00'00''$。

转动照准部，使水平度盘读数恰好为 β 值，在此视线上定出 B' 点。

盘右位置，重复上述步骤，再测设一次，定出 B'' 点。

取 B' 和 B'' 的中点 B，$\angle AOB$ 即是要测设的 β 角。

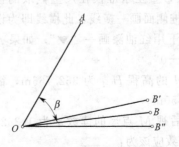

图 7-4　测设已知水平角
的普遍方法

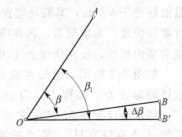

图 7-5　测设已知水平角
的精确方法

（2）精确方法。

如图 7-5 所示，首先用普遍方法测出 B' 点。

再用测回法对 $\angle AOB'$ 观测若干个测回（测回数根据要求的精度而定），进而求出各测回平均值 β_1 并计算出 $\Delta\beta=\beta-\beta_1$。

量取 OB' 的水平距离。

用下面的式子计算改正距离。

$$BB'=OB'\tan\Delta\beta\approx OB'\frac{\Delta\beta}{\rho}$$

自 B' 点沿 OB' 的垂直方向量出距离 BB'，定出 B 点，则 $\angle AOB$ 就是要测设的角度。

8. 施工测量时，如何测设高程？

（1）一般方法。如图 7-6 所示，安置水准仪于水准点 R 与待测设高程点 A 之间，得后视读数 a，则视线高程 $H_视=H_R+a$；前视应读数 $b_应=H_视-H_设$（H 设为待测设点的高程）。

图 7-6　高程测设的普通方法

A 点木桩侧面，上下移动标尺，直至水准仪在尺上截取的读数恰好等于 $b_应$ 时，紧靠尺底在木桩侧面画一横线，此横线即为设计高程位置。为求醒目，再在横线下用红油漆画一"▼"，如果 A 点为室内地坪，便在横线上注明"±0"。

如图 7-6 所示，已知水准点 M 的高程 H_M 为 362.766m，欲放样的为 A 点，高程 H_A 为 363.450m。

将水准仪架在 M 与 A 之间，后视 M 点尺的读数 a 为 1.352，欲使 A 点高程为 H_A，那么前视读数应该为：

$b_应=(H_M+a)-H_A=(362.766+1.352)-363.450=0.668(\mathrm{m})$

将水准尺贴靠在 A 点木桩一侧，水准仪照准 A 点处的水准尺。当水准管气泡居中时，将 A 点水准尺上下移动，当十字丝中丝读数为 0.668 时，此时水准尺的底部即是所要放样的 A 点，其高程为 363.450m。

（2）高程测设传递。如图 7-7 所示，欲在深基坑内设置一点 B，使其高程为 $H_设$。地面附近有一水准点，其高程为 H_M，测设方法如下。

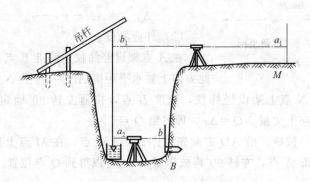

图 7-7　高程测设传递

在基坑一边架设吊杆，杆上吊一根零点向下的钢尺，尺的下端挂上 10kg 的重锤，放到油桶内。

在地面上安置一台水准仪，设水准仪在 M 点所立水准尺上读数为 a_1，在钢尺上读数为 b_1。

再在坑底安置另一台水准仪，设水准仪在钢尺上读数为 a_2。

计算 B 点水准尺底高程为 $H_设$，B 点处水准尺的读数应为：

$$b_应 = (H_M + a_1) - (b_1 - a_2) - H_设$$

用同样的方法，也可从低处向高处测设已知高程的点。

9. 什么是点的平面位置放样？

点的平面位置测设放样是根据已布好的控制点的坐标和待测设点的坐标，反算出测设数据，即控制点和待测设点之间的水平距离和水平角，再利用上述测设方法标定出设计点位。根据所用的仪器设备、控制点的分布情况、测设场地地形条件及测设点精度要求等条件，可以采用多种方法进行测设工作。

10. 怎样用直角坐标法进行点的平面位置放样?

如图 7-8 所示,A、B、C、D 为方格网的四个控制点,P 为欲放样点。放样的方法与步骤如下:

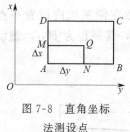

图 7-8　直角坐标
法测设点

(1) 计算放样参数。首先计算出 P 点相对控制点 A 的坐标增量:

$$\Delta x_{AP} = AM = x_P - x_A$$

$$\Delta y_{AP} = AN = y_P - y_A$$

(2) 外业测设。

在 A 点架设经纬仪,瞄准 B 点,并在此方向上放水平距离 $AN = \Delta y$ 得 N 点。

在 N 点上架设经纬仪,瞄准 B 点,仪器左转 $90°$ 确定方向,在此方向上丈量 $NQ = \Delta x$,即得出 O 点。

(3) 校核。沿 AD 方向先放样 Δx 得 M 点,在 M 点上架经纬仪,瞄准 A 点,左转 $90°$ 再放样 Δy,也可以得到 Q 点位置。

11. 怎样用极坐标法进行点的平面位置的测设?

当施工控制网为导线时,常采用极坐标法进行放样,如果控制点与测站点距离较远时,用全站仪放样更是方便。

(1) 用经纬仪放样。如图 7-9 所示,已知地面上控制点 A、B,坐标分别为 A(x_A,y_A) 和 B(x_B,y_B),M 为一欲放样点,设计其坐标为 M(x_M,y_M),用经纬仪放样的步骤与方法如下:

先根据 A、B、M 点坐标,计算出 AB、AM 边的方位角和 AM 的距离。

$$\left. \begin{array}{l} \alpha_{AB} = \arctan \dfrac{\Delta y_{AB}}{\Delta x_{AB}} \\[2mm] \alpha_{AM} = \arctan \dfrac{\Delta y_{AM}}{\Delta x_{AM}} \end{array} \right\}$$

$$D_{AM} = \sqrt{\Delta x_{AM}^2 + \Delta y_{AM}^2}$$

再计算出 $\angle BAM$ 的水平角 β:

$$\beta = \alpha_{AM} - \alpha_{AB}$$

安置经纬仪在 A 点上，对中、整平。

以 AB 为起始边，顺时针转动望远镜，测设水平角 β，然后固定照准部。

在望远镜的视准轴方向上测设距离 D_{AM}，即得 M 点。

（2）用全站仪放样。如图 7-9 所示，全站仪极坐标放样方便、准确，步骤与方法如下。

输入已知点 A、B 和需放样点 M 的坐标（若存储文件中有这些点的数据也可直接调出），仪器自动计算出放样的参数（水平距离、起始方位角和放样方位角以及放样水平角）。

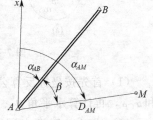

图 7-9　极坐标法测设点

在测站点 A 安置全站仪，开始放样。按照仪器要求输入测站点 A，确定。再输入后视点 B，并精确瞄准后视点 B，确定。

这时，仪器自动计算出 AB 方向，且自动设置 AB 方向的水平盘读数为 AB 的坐标方位角。

按照要求输入方向点 P，仪器显示 P 点坐标，待检查无误后，确定。这时，仪器自动计算出 AM 的方向（坐标方位角）和水平距离。水平转动望远镜，使仪器视准轴方向为 AM 方向。

在望远镜视线方向上立反射棱镜，显示屏显示的距离便是测量距离与放样距离的差值，即棱镜的位置与欲放样点位的水平距离之差，此值如果是正值，则表示已超过放样标定位，为负值则相反。

使反射棱镜沿望远镜的视线方向移动，当距离差值读数为 0.000m 时，棱镜所在的点即为欲放样点 M 的位置。

12.　怎样用角度交会法进行点的平面位置的测设？

角度交会法适用于欲测设点距控制点较远，地形起伏大，并且量距比较困难的建筑施工场地。

如图 7-10(a) 所示，A、B、C 为已知控制点，M 为欲测设点，用角度交会法测设 M 点，测设步骤与方法如下。

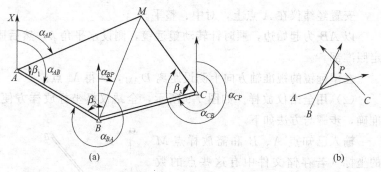

图 7-10　角度交会法测设

（1）首先按坐标反算公式，分别计算出 α_{AB}、α_{AP}、α_{BP}、α_{CB} 和 α_{CP}，再计算水平角 β_1、β_2 和 β_3。

（2）在 A、B 两点同时安置经纬仪，同时测设水平角 β_1 和 β_2，定出两条视线，在两条视线相交处钉下一个大木桩，在木桩上依 AM、BM 绘出方向线及其交点。

（3）在控制点 C 上安置经纬仪，测设水平角 β_3，同样在木桩上依 CM 绘出方向线。

（4）当交会无误差时，依 CM 绘出的方向线应通过前两方向线的交点，否则会形成一个"示误三角形"，如图 7-10(b)，如果示误三角形边长在限差以内，那么示误三角形重心作为欲测设点 M 的最终位置。

13. **怎样用距离交会法进行点的平面位置的测设？**

如果施工场地平坦，易于量距，且测设点与控制点距离不长（小于一整尺长），常用距离交会法测设点位。

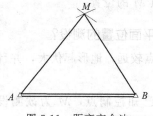

如图 7-11 所示，A、B 为控制点，P 为要测设的点位。

（1）首先根据 A、B 的坐标和 P 点坐标，用坐标反算方法计算出

图 7-11　距离交会法

d_{AP}、d_{BP}。

（2）再分别以控制点 A、B 为圆心，分别以距离 d_{AP} 和 d_{BP} 为半径在地面上画圆弧，两圆弧的交点，便为欲测设的 P 点的平面位置。

（3）如果待放点有两个以上，可根据各待放点的坐标，反算各待放点之间的水平距离。对已经放样出的各点，再实测出它们之间的距离，并与相应的反算距离比较进行校核。

14. 什么是已知坡度线测设？测量方法有哪几种？

在平整场地，敷设上、下水管道及修建道路等工程中，需要在地面上测设给定的坡度线。坡度线的测设是根据附近水准点的高程、设计坡度和坡度线端点的设计高程，用高程测设的方法将坡度线上各点的设计高程标定在地面上。其测设方法有水平视线法和倾斜视线法两种。

15. 怎样用水平视线法进行坡度线的测设？

如图 7-12 所示，A、B 为设计坡度线的两端点，其设计高程分别为 H_A 和 H_B，AB 设计坡度为 i，在 AB 方向上每隔距离 d 钉一木桩，要求在木桩上标定出坡度为 i 的坡度线。

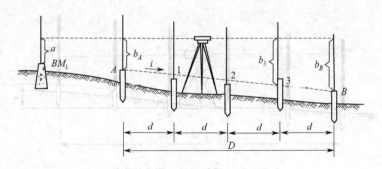

图 7-12 水平视线法测设坡度线

测设方法和步骤为：

（1）沿 AB 方向，定出间距为 d 的中间点 1、2、3 的桩点位置。

（2）计算各桩点的设计高程。

第 1 点的设计高程：$H_1 = H_A + id$。

第 2 点的设计高程：$H_2 = H_1 + id$。

第 3 点的设计高程：$H_3 = H_2 + id$。

B 点的设计高程：$H_B = H_3 + id$ 或 $H_B = H_A + iD$（检核）。

注意：坡度 i 有正负时，计算设计高程时，坡度应连同其符号一并运算。

（3）安置水准仪于水准点 BM_1 附近，依据后视读数 a 算得仪器视线高 $H_i = H_1 + a$，然后根据各点设计高程计算测设各点的前视尺读数 $b_应 = H_i - H_设$。

（4）将水准尺分别贴靠在各木桩的侧面，上、下移动尺子，直至尺读数为 $b_应$ 时，便可利用水准尺底面在木桩上画一横线，该线即在 AB 的坡度线上；或立尺于桩顶，读得前视读数 b，再根据 $b_应$ 与 b 之差，自桩顶向下画线。

16. 怎样用倾斜视线法进行坡度直线的测设？

如图 7-13 所示，AB 为坡度线的两端点，其水平距离为 D，设点 A 的高程为 H_A，要沿 AB 方向测设一条坡度为 i 的坡度线。

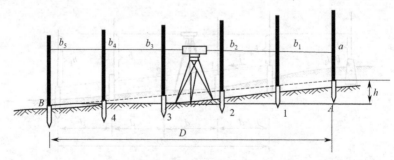

图 7-13　倾斜视线法测设坡度线

（1）先根据 A 点的高程、坡度 i 及 A、B 两点间的距离计算 B 点的设计高程，即

$$H_B = H_A + iD$$

（2）按测设已知高程的方法将 A、B 两点的高程测设在相应的木桩上，然后将水准仪（当设计坡度较大时，可用经纬仪）安置在 A 点上，使基座上一个脚螺旋在 AB 方向上，其余两个脚螺旋的连线与 AB 方向垂直，量取仪器高 i，再转动 AB 方向上的脚螺旋和微倾螺旋，使十字丝的横丝对准 B 点水准尺上等于仪器高 i 处，此时，仪器的视线与设计坡度线平行。

（3）然后在 AB 方向的中间各点 1、2、3 的木桩侧面立尺，上、下移动水准尺，直至尺上读数等于仪器高 i 时，沿尺子底面在木桩上画一红线，则各桩上红线的连线就是设计坡度线。

第二节　建筑施工场地控制测量

1. 什么是施工控制网?

建筑施工控制网是指为了工程建设和工程放样而布设的测量控制网。它不仅是施工放样的依据，还是工程竣工测量的依据，也是建筑物沉降观测以及将来建筑物改建、扩建的依据。

建筑施工控制网的建立同样要遵循"先整体后局部"的原则，由高精度到低精度进行建立。

2. 施工控制网的布设有哪几种? 特点是什么?

施工控制网分为平面控制网布设和高程控制网布设两种。

（1）施工平面控制网。施工平面控制网可以布设成三角网、导线网、建筑方格网和建筑基线四种形式。

三角网：对于地势起伏较大，通视条件较好的施工场地，可采用三角网。

导线网：对于地势平坦，通视又比较困难的施工场地，可采用导线网。

建筑方格网：对于建筑物多为矩形且布置比较规则和密集的施工场地，可采用建筑方格网。

建筑基线：对于地势平坦且又简单的小型施工场地，可采用建筑基线。

（2）施工高程控制网。施工高程控制网采用水准网。

与测图控制网相比，施工控制网具有控制范围小、控制点密度大、精度要求高及使用频繁等特点。

3. 施工控制网有何技术要求？

（1）精度要求高、控制点密度大。施工控制网的精度要求应以建筑限差来确定，而建筑限差又是工程验收的标准。因此，施工控制网的精度要比测图控制网的精度高。

通常建筑场地比测图范围小，在小范围内，各种建筑物分布错综复杂，放样工作量大，必然要求施工控制点要有足够的密度，并且分布合理，以使放样时有机动选择使用控制点的余地。

（2）控制点必须稳固、长久。现今，现代化的施工通常采用立体交叉作业的方式，施工机械频繁活动、人员的交叉往来、施工标高相差悬殊等均造成控制点间通视困难，使得控制点容易碰到，不容易保存。

另外，建筑物施工的各个阶段都需要测量定位，控制点使用频繁，这就要求控制点必须埋设稳固，使用方便，易于长久保存，长期通视。

4. 什么是施工场地坐标系？

施工坐标系就是以建筑物的主轴线或平行于主轴线的直线为坐标轴而建立起来的坐标系统。为了避免整个测区出现坐标负值，施工坐标系的原点应设在施工总平面图西南角之外，也就是假定某建筑物主轴线的一个端点的坐标是一个比较大的正值。

为了计算放样数据的方便，施工控制网的坐标系统通常应与总平面图的施工坐标系统保持一致，施工控制网应尽可能将建筑物的主要轴线当作施工控制网的一条边。

5. 什么是施工测图坐标系？

在工程勘测设计阶段，为测绘地形图而建立平面和高程控制网，内容分为基本控制（又称等级控制）和图根控制。其中，基本控制是整个测区控制测量的基础，图根控制是直接为地形测图服务的控制网。

　　测图的坐标系统主要是采用国家坐标系统或独立坐标系统，其纵轴为坐标纵轴方向，横轴为正东方向，如采用独立坐标系，为了避免整个测区出现坐标负值，测图坐标系的原点往往设在测区的西南角之外。

6. 施工场地坐标系与施工测图坐标系如何进行换算？

　　施工控制测量的建筑基线和建筑方格网一般采用施工坐标系，而施工坐标系与测量坐标系往往不一致，因此施工测量前常常需要进行施工坐标系与测量坐标系的坐标换算。如图 7-14 所示，设 xOy 为测量坐标系，$x'O'y'$ 为施工坐标系，x_0、y_0 为施工坐标系的原点 O' 在测量坐标系中的坐标，α 为施工坐标系的纵轴 $O'x'$ 在测量坐标系中的坐标方位角。设已知 P 点的施工坐标为 $(x'_P、y'_P)$，则

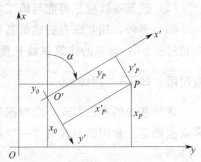

图 7-14　施工坐标系与
测量坐标系的换算

可按下式将其换算为测量坐标 $(x_P、y_P)$

$$\left.\begin{array}{l} x_P = x_0 + x'_P \cos\alpha - y'_P \sin\alpha \\ y_P = y_0 + x'_P \sin\alpha - y'_P \cos\alpha \end{array}\right\}$$

　　如已知 P 点的测量坐标，则可按下式将其换算为施工坐标

$$\left.\begin{array}{l} x'_P = (x_P - x_0)\cos\alpha + (y_P - y_0)\sin\alpha \\ y'_P = -(x_P - x_0)\sin\alpha + (y_P - y_0)\cos\alpha \end{array}\right\}$$

7. 什么是建筑基线？

　　建筑基线是建筑场地的施工控制基准线，即在建筑场地布置一

条或几条轴线。它适用于建筑设计总平面图布置比较简单的小型建筑场地。

8. 建筑基线的布设有何要求？布设形式有哪几种？

建筑基线布设要求：

（1）建筑基线上的基线点应不少于三个，以便相互检核。

（2）基线点位应选在通视良好和不易被破坏的地方，为能长期保存，要埋设永久性的混凝土桩。

（3）建筑基线应尽可能靠近拟建的主要建筑物，并与其主要轴线平行，以便使用比较简单的直角坐标法进行建筑物的定位。

（4）建筑基线应尽可能与施工场地的建筑红线相连。

（5）另外，相互垂直的建筑基线的交角应为90°，其不符值不应超过±20″；量取的建筑基线长度与设计长度之差的相对误差不应超限，即 $\dfrac{\Delta L}{L} \leqslant 1/10000$。

建筑基线的布设形式，应根据建筑物的分布、施工场地地形等因素来确定。常用的形式有"一"字形、"L"形和"T"形，如图7-15所示。

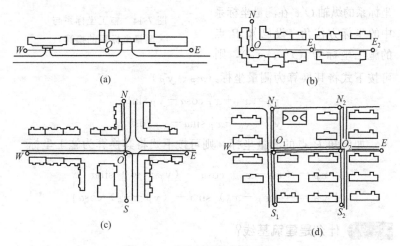

图 7-15　建筑基线的布设形式

9. 怎样依据建筑红线测设建筑基线？

建筑红线是由规划部门确定，并由拨地单位在现场直接标定出用地边界点的连线。由于建筑红线与拟建的主要建筑物或建筑群中的多数建筑物的主轴线平行，因此，可用建筑红线作为测设建筑基线的依据。

用建筑红线测设建筑基线的步骤与方法。如图 7-16 所示，EC 和 CD 是两条互相垂直的建筑红线，A、O、B 三点是欲测设的建筑基线点。

（1）从 C 点出发，沿 CE 或 CD 方向分别量取长度 d，得出 A' 和 B' 点。

（2）再过 E、D 两点分别做建筑红线的垂线，且沿垂线方向分别量取长度 d，得出 A 点和 B 点。

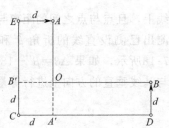

图 7-16　用建筑红线测设图示

（3）将 A、A' 与 B、B' 连线，交会出 O 点，A、O、B 三点即为建筑基线点。

（4）当把 A、O、B 三点在地面上做好标志后，将经纬仪安置在 O 点上，精确观测 $\angle AOB$，若 $\angle AOB$ 与 $90°$ 之差不在极限值以内时，应进一步检查测设数据和测设方法。

（5）对 $\angle AOB$ 按水平角精确测设法来进行点位的调整，使 $\angle AOB = 90°$。

如果建筑红线完全符合作为建筑基线的条件时，可将其作为建筑基线使用，即直接用建筑红线进行建筑物的放样，既简便又快捷。

10. 怎样依据附近已有控制点测设建筑基线？

目前，在新建筑区，可以利用建筑基线的设计坐标和附近已有控制点的坐标，用极坐标法测设建筑基线。如图 7-17 所示，A、B 为附近已有控制点，1、2、3 为选定的建筑基线点。

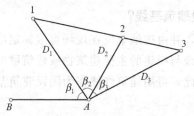

图 7-17 根据控制点测设建筑基线

（1）根据已知控制点和建筑基线点的坐标，计算出测设数据 β_1、D_1、β_2、D_2、β_3、D_3。其次，用极坐标法测设 1、2、3 点。

（2）由于存在测量误差，测设的基线点往往不在同一直线上，且点与点之间的距离与设计值也不完全相符，因此需要精确测出已测设直线的折角 β' 和距离 D'，并与设计值相比较。如图 7-18 所示，如果 $\Delta\beta = \beta' - 180°$ 超过 $\pm 15''$，则应对 1'、2'、3' 点在与基线垂直的方向上进行等量调整，调整量按下式计算：

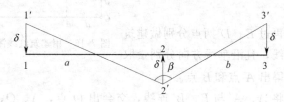

图 7-18 基线点的调整

$$\delta = \frac{ab}{a+b} \times \frac{\Delta\beta}{2\rho}$$

式中，δ 为各点的调整值，m；a、b 分别为 12、23 的长度，m。

（3）当测设距离超限，如 $\dfrac{\Delta D}{D} = \dfrac{D' - D}{D} > \dfrac{1}{10000}$，则以 2 点为准，按设计长度沿基线方向调整 1'、3' 点。

11. 什么是建筑方格网？

建筑方格网是由正方形或矩形组成的施工平面控制网，如图 7-19 所示。

12. 建筑方格网的布设有何要求？

布设建筑方格网时，应根据总平面图上各建（构）筑物、道路及各种管线的布置，结合现场的地形条件来确定。如图 7-19 所示，先确定方格网的主轴线 AOB 和 COD，然后再布设方格网。点的埋设要方便，造价经济。

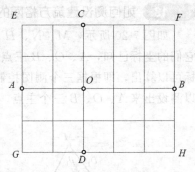

图 7-19　建筑方格网

建筑方格网的布设具体要求如下。

（1）等级要求。当厂区面积超过 1km^2 而又分期施工时，可分两级布网。其首级可以采用"田"字形、"口"字形或"十"字形。

首级网下可采用 n 级方格网分区加密。不超过 1km^2 的厂区应尽量布成 n 级全面方格网，网中相邻点应加以连接，组成矩形，个别地方有困难时，可以不连，允许组成六边形。

（2）点的布置。要从便于方格网测量和施工定线的需要角度来考虑，点位要布设在建筑物周围、次要通道上或空隙处。

点的坐标值最好是 5m 或 10m 的整数倍。

（3）方格网的密度。每个方格网的大小要根据建筑物的实际情况而决定。方格的边长一般在 100～200m 为宜，若边长大于 300m 以上，中间加以补点。

（4）位置。选择建筑方格网应选择在建筑物附近空隙区，这样能长期保存。考虑方格点的标桩能长期保存，方格点不要落在开挖的基础上、埋设管线的范围内或太靠近建筑物处。

（5）方格网的技术要求。建筑方格网的主要技术要求，可参见表 7-1。

表 7-1　建筑方格网的主要技术要求

等　　级	边长/m	测角中误差/(″)	边长相对中误差
Ⅰ级	100～300	5	≤1/30000
Ⅱ级	100～300	8	≤1/20000

13. 如何测设建筑方格网的主轴线?

　　如图 7-20 所示，M、N、H 三点为附近已有的测图控制点，它们的坐标已知，A、O、B 三点为选定的主轴线上的主点，其坐标可以算出，即根据三个测图控制点 M、N、H 用极坐标法就可以测设出来 A、O、B 三个主点。

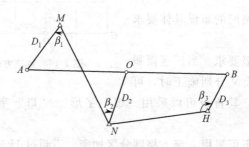

图 7-20　主轴线的测设

　　(1) 先将 A、O、B 三点的施工坐标换算成测图坐标。

　　(2) 再根据它们的坐标与测图控制点 M、N、H 的坐标关系，计算出数据 β_1、β_2、β_3 和 D_1、D_2、D_3。

　　(3) 用极坐标法测设出三个主点 A、O、B 的概略位置为 A'、O'、B'。

　　(4) 检查三个主点是否在一条直线上。由于测量误差的存在，使测设的三个主点 A'、O'、B' 不在一条直线上，如图 7-21 所示，故安置经纬仪于 O' 点上，精确检测 $\angle A'O'B'$ 的角值 β，如果检测角 β 的值与 $180°$ 之差超过了表 7-1 规定的允许值，则需要对点位进行调整。

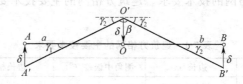

图 7-21　三个主点位置的调整

(5) 调整三个主点的位置时，先根据三个主点间的距离 a 和 b 按下列公式计算调整值 δ，即

$$\delta = \frac{ab}{a+b}\left(90° - \frac{\beta}{2}\right)\frac{1}{\rho}$$

将 A'、O'、B' 三点沿与轴线垂直方向移动一个改正值 δ，但 O' 点与 A'、B' 两点移动的方向相反，移动后得 A、O、B 三点。为了保证测设精度，应再重复检测 $\angle AOB$，直到误差在容许值以内为止。

(6) 调整三个主点间的距离。首先丈量检查 AO 及 OB 间的距离，如果检查结果与设计长度之差的相对误差大于表 7-1 的规定，则以 O 点为准，按设计长度调整 A、B 两点。调整需反复进行，直到误差在极限值以内为止。

(7) 三个主点 A、O、B 定位好后，就可测设与 AOB 主轴线相垂直的另一条主轴线 COD。如图 7-22 所示，将经纬仪安置在 O 点上，照准 A 点，分别向左、向右测设 90°。

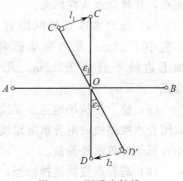

(8) 根据 CO 和 OD 间的距离，在地面上标定出 C、D 两点的概略位置为 C'、D'；然后分别精确测出 $\angle AOC'$ 及 $\angle AOD'$ 的值，其角值与 90° 之差为 ε_1（″）和 ε_2（″），若 ε_1 和 ε_2 不符合规定，则按下列公式求改正数 l，即

图 7-22　测设主轴线

$$l = L\varepsilon_1/\varepsilon_2$$

式中，L 为 OC' 或 OD' 的距离。

(9) 根据改正数，将 C'、D' 两点分别沿 OC'、OD' 的垂直方向移动 l_1、l_2，得 C、D 两点。

(10) 检测 $\angle COD$，其值与 180° 之差应在规定的限差之内，否则需要再次进行调整。

14. 建筑施工场地高程控制测量基本要求是什么?

在建设工程场地,由于测图高程控制网在点位分布和密度方面均不能满足施工测量的需要,因此在施工场地建立平面控制网的同时还必须重新建立施工高程控制网。

通常情况下,建筑方格网点也可兼作高程控制点,只要在方格网点桩面上中心点旁边设置一个突出的半球状标志即可。

施工场地高程控制测量基本要求:

(1) 与施工平面控制网一样,如果建筑场地面积不大,则按四等水准测量或等外水准测量来布设。

(2) 当建筑场地面积较大时,可分为两级布设,即首级高程控制网和加密高程控制网。首级高程控制网采用三等水准测量测设,在此基础上,采用四等水准测量测设加密高程控制网。

(3) 首级高程控制网应在原有测图高程网的基础上单独增设水准点,并建立永久性标志。

(4) 场地水准点的间距宜小于 1km。距离建筑物、构筑物不宜小于 25m;距离振动影响范围以外不宜小于 5m;距离回填土边线不宜小于 15m。凡是重要的建筑物附近均应设水准点。

(5) 整个建筑场地至少要设置三个永久性的水准点,并应布设成闭合水准路线或附合水准路线,以控制整个场地,高程测量精度不宜低于三等水准测量。

(6) 高程点位要选择恰当,不受施工影响,既方便施工,又能长久保存。

(7) 加密高程控制网是在首级高程控制网的基础上进一步加密而得,一般不能单独埋设,要与建筑方格网合并,即在各格网点的标志上加设一个突出的半球状标志,各点间距宜在 200m 左右,以便施工时安置一次仪器即可测出所需高程。

(8) 为了方便测设,通常在较大的建筑物附近建立专用水准点,即 ±0.000 标高水准点,位置大多选在建筑物墙与柱的侧面上，并用红色油漆绘成上顶为水平的倒三角形。注意，在设计中各建筑物的±0.000高程不是相等的，应严格加以区别，防止用错设计高程。

15. 实际工程项目测量书文件组成有哪些?

（以电厂控制测量书为例。）

（1）适用范围。本方案为了保证某电厂2×660MW机组工程建造过程中，整个某电厂施工范围内所有建、构筑物的土建、安装施工过程中的工程施工测量控制，钢结构安装以及设备、装置等精确定位而制定。

（2）编制依据。

①《施工总平面布置图》。

②工程施工图纸和相关文件。

③业主提供的原始点成果。

④现行《工程测量规范》。

⑤现行《电力建设施工质量验收及评定规程第Ⅰ部分土建工程》。

⑥现行《电力建设施工及验收技术规范》。

（3）工程概况。某电厂为2×660MW机组的大型火力发电厂，目标为建成国际先进技术的高效、环保、数字化示范燃煤电厂。某电厂位于××市××镇，现主要为农田及鱼塘，北侧紧濒长江。坐标系统：采用电厂厂区坐标系；高程系统：采用吴淞高程系。建设单位提供坐标控制点E001（$A=1763.22$，$B=1544.522$），E005（$A=1758.96$，$B=1799.997$），E004（$A=1051.338$，$B=1535.271$）进行了测量前的复测，并对测量结果进行了平差（5mm）满足目前测设方格网的精度要求，故采用建设单位提供的坐标进行测设方格网。

（4）作业人员的要求。测量工作共设技术人员4名。

（5）测量仪器配备

测量仪器配备情况见下表7-2。

表 7-2 测量仪器配备

编号	仪器名称	仪器型号	标称精度	产地或生产厂家	备注
1	全站仪	TC1800	1″1＋2PPm	瑞士	1 台
3	经纬仪	J2	2″	苏州一光	1 台
5	水平仪	NA2＋GPM3	S1	瑞士	配 3m、2m 铟瓦尺
7	水平仪	DSZ2	S1.5	苏州一光	1 台
8	钢卷尺	50m	1mm	日本	1 把
9	钢卷尺	50m	1mm	长城	2 把

（6）工作程序。

① 仪器的管理

a. 仪器的检验和校正

周期性检定：全站仪、经纬仪、水准仪、钢卷尺等，全部测量仪器，必须经国家授权计量检测单位检定、进行刻划比较标定，并提供书面检定证书和检测记录报告，检定证书及检测报告原件留存测量组，复印件交业主、监理公司及计量科。检定不合格的仪器修理后仍无法满足要求的，则撤出施工现场或封存并隔离。所有的测量仪器必须分类贴好标识。以上在某电厂控制网测设所用仪器全部符合规定，检定证书及检测记录报告资料齐全。

例行性检校：除上述周期性检定外，还应在控制网测设开始前或定期对测量仪器作如下例行性检校。

经纬仪

—圆水准器、长水准管的检校。

—水准管轴垂直于竖轴的检校。

—横轴垂直于竖轴的检校。

—视准轴垂直于横轴的检校。

—十字丝竖丝垂直于望远镜横轴的检校。

—垂直度盘指标差的检校。

—光学对点器的检校。

水准仪

　　—圆水准器轴的检验。

　　—望远镜十字丝横丝水平的检验。

　　—I 角的测定与校正。

　　—对于自动安平水准仪补偿器有效性检验。

仪器的使用、维护与保养

　　—装卸仪器时，注意轻拿轻放，放正，不挤不压。

　　—太阳照射下及雨天观测时，应打测伞，光滑地面作业时，要有防滑措施。

　　—光学元件应保持清洁，禁止任意拆卸仪器。

　　—仪器应有专人负责保管使用，并放置在专门的地方。

　　—所有测量仪器和附件应有专门存放仪器的房间，房间内应通风、干燥，温度稳定。仪器柜不得靠近明火，柜内应摆放干燥剂。脚架一般应横放在特制的搁架上。

　　b. 测量仪器领用

　　测量仪器应建立完善的领用制度，测量仪器由测量组管理，各部门借领测量仪器需填写借领登记表，领用仪器均归自己部门使用，不许借给其他部门。

　　② 控制网点布设

　　a. 控制网的施测

　　根据施工总平面图采用先整体后局部的施测布设方法设计控制网桩的设计坐标，然后进行大概定位、埋桩、精密定位、精测桩位、标志改正，如图 7 23 所示，方格网先做外围四角四边观测，然后向内逐渐推进，使之点位误差控制在最低程度上。在外围方格网边上，按距离进行内插或外延，得出中间或外延方格网点。根据对应边上相应的方格网点分别用方向、距离交会法定出中间或延长方格网点。这种方法即减少了测角工作量，又提高方格网的整体精度。观测精度应满足以下要求：主控制网直接采用一级小三角测量技术要求进行测量，即在每一点上观测能够通视的相邻控制点的角度和距离，并采用平差软件进行平差计算。

　　—仪器：TC1800 型全站仪。

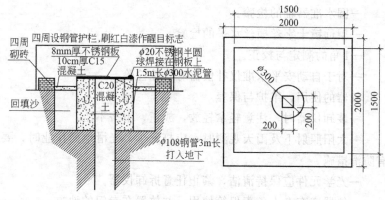

图 7-23　控制桩设置图

一方法：按一级导线或边角要求进行观测，测角二测回，技术要求如下：

测角

——半测回归零差 8″。

——2C 差变动范围 13″。

——同一方向值各测回较差 9″。

测边

——方法：距离测量一测回，读三次数并对向观测。

根据观测成果利用 NASEW 平差软件做网平差计算进行平差调整，算出各方格网点坐标值，然后按相应的设计坐标值进行改正，最后钻 1mm 孔作标定。

第二级控制网：根据第一级控制网成果及各厂房施工图和总平面图进行布设网，确定本工程建构筑物每根轴线的位置，二级网直接沿四周方格网边布置，方格网四角点作为二级网的高一级控制，减少二级网轴线测量层次，并提高了二级网的测设精度。二级网的控制边与方格网的边一并布设，便于定期做桩位复测和桩位偏移后的点位修正，保证了相邻轴线的连接。施工过程中还应经常保护、复核。确保轴线的准确性。桩位结构同方格网。由于二级网布桩间距较短精度要求高，所以二级网的施测精度和要求同一级网的施测。

高程控制网：高程控制网系统设置在方格网和厂房轴线桩桩顶上（在桩上预埋 $\phi 20\text{mm}$ 的不锈钢圆球）。

高程控制网施测

高程控制网采用精密水准测量方法按二等闭合水准要求从业主提供的高程控制点引测。观测精度应满足以下要求。

——仪器：精密水准仪，配备一对 3m、2m 铟瓦尺。

——采用往返观测最大视距不超过 35m，前、后视等距。

b. 沉降观测

为保证本期工程施工质量和以后机组安全运行在施工期间必须进行沉降观测。

沉降观测控制点布设：沉降观测控制点是建立在各厂房周围附近，埋设深度达到冰冻线 0.5m 以下。

原始基准点选用设计院提供的导线点。按照 DL5001 要求，沉降观测控制点应按一等水准要求测量，且整数量不少于 3 个。

沉降观测控制点观测周期要求：施工期间建筑物沉降观测周期是建筑物每增加 1～2 层应观测一次，总观测次数不应少于 6 次。直至竣工移交。重设备吊装前后应各进行一次沉降观测工作。

土建施工中不能随意更改设计图纸中沉降观测点位置，沉降观测点及其保护装置的制作与埋设，严格按设计要求去做。如果设计点位因各种因素不能立尺观测时，要以变更形式报监理、业主。

观测精度应满足以下要求。

——仪器：精密水准仪，配备一对 3m 铟瓦尺。

——采用闭合观测视距不超过 25m，前、后视等距。

——计算及成果整理。

观测结束要检查记录后利用 NASEW 平差软件做网平差计算并注明荷重情况和画出沉降量曲线图。

观测过程中应按以下几点要求进行组织观测。

沉降观测的四定：

——固定人员观测和成果整理；

——使用固定的仪器和水准尺；

——使用固定的水准基点；

——按规定的方法及路线进行观测。

沉降观测的首次观测精度必须要提高。在结构拆模后，立即进行沉降观测点的设置，并按规范要求测定其初值可按二组独立观测的平均值确定。

③ 结构定位放线

结构定位放线原则上用该二级网点进行，都必须有一个以上的多余观测，以便检核。

④ 桩位定期复测

施工现场的建筑方格网及高程控制网在基础打桩完大面积土方开挖后及时复测一次，施工期间做到每三个月复测一次，因特殊原因桩位移位较大时及施工重要节点施工前可增加复测次数。

(7) 安全管理及防护技术措施

① 所有作业人员都必须经过公司安全部门进行三级安全教育合格后方可进入作业现场，贯彻"安全第一，预防为主"的安全生产方针，使每一位作业人员都应对自己的全部工作负有安全责任，做到思想到位、组织到位、措施到位、压力到位。

② 进入作业现场的施工人员必须正确佩戴安全帽，严禁穿拖鞋、凉鞋、高跟鞋或带钉的鞋进入作业现场，严禁酒后进入作业现场。

③ 加大反习惯性违章的力度，加强思想工作和安全教育，增强职工的安全意识，提高工作责任心，使每个职工变习惯性违章为自觉遵守规程。

④ 施工控制桩坑挖好立即将混凝土浇筑完并马上用 $\phi 48mm$ 钢管搭设直径 2m 的护栏。

⑤ 所有搭设护栏均需横平竖直，刷红白漆（红白间距 200mm）作醒目标志，并挂设统一的桩位标志牌。

⑥ 测量桩位点的周围应留出 5m 安全控制范围，此范围内不准取土或堆土及堆放材料和设备，以保证视线畅通。

⑦ 沉降观测。架设仪器时应将仪器架在固定楼板下。

在各建筑物施工过程中的沉降观测应尽量避免与土建施工立体交叉作业，无法错开时应及时通知施工单位商定工作时间。

进行沉降观测时应设专人监护。

⑧ 仪器的安全性防护。

架设仪器时应将仪器架在固定安全可靠的地方。

仪器使用时，要有专人看管。

装卸仪器时，注意轻拿轻放，放正，不挤不压。

太阳照射下及雨天观测时，应打测伞，光滑地面作业时，要有防滑措施。

仪器运输过程中，必须手提、抱等，禁止置于有振动的车上。

(8) 资料提供。方格网资料以定位记录格式传送见表 7-3，图7-24，结构定位放线以验评资料格式传送。厂区控制测量成果完成后，应形成测量成果报告。

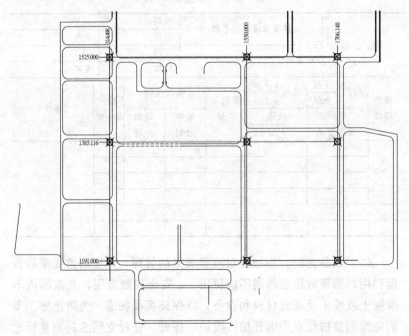

图 7-24 控制点布置图

表 7-3（1）　测量记录（1）

项　　目	测量定位记录	总号：
		页：
		日期：
×××电建一公司	工程名称：	
	定位内容：	

执行图纸：

示意图：

施工单位内部会签		监理意见：
编　　制	质　　检	
		签字：　　　　日期：

表 7-3（2）　测量记录（2）

测站编号	后尺		前尺		方向及点号	标尺读数		基＋$K-$辅	备注
	精密水准观测手簿					日期：　　　　　页号：			
项　目						仪器：　　　　　天气			
	水准路线					观测：　　　　　记录：			
						计算：　　　　　复核：			
	下丝		下丝						
	上丝		上丝						
	后距		前距			基本分划	辅助分划		
	视距差 d		$\sum d$						

（9）成品保护。为加强对测量成果的管理，保证测量成果的合理利用，测量桩位点的周围应留出 3m 安全控制范围，此范围内不准取土或堆土及堆放材料和设备，以保证视线畅通。为防止施工车辆碰撞测量桩位点用钢管加以围护、保管，并设立明显的测量标志和标记以确保其安全性、准确性和可靠性。

表 7-3（3） 测量记录 （3）

项 目		距离观测表				仪器：		页：		
						日期：		天气：		
		工作内容：				观测：		记录：		
						计算：		复核：		
测站	测点号	气 象			第一组测数	第二组测数	平均距离/m		ppm	备注
					左	右				
		$T_1/℃$								
		P_2/hPa								
		$T_2/℃$								
		P_2/hPa								
		H								
		$T_1/℃$								
		P_2/hPa								
		$T_2/℃$								
		P_2/hPa								
		H								
		$T_1/℃$								
		P_2/hPa								

表 7-3(4) **测量记录**(4)

测站	测回	目标	水平观测读数		2C /(″)	(L+R±180) /2 /(°′″)	方向值 /(°′″)	各测回方 向平均值 /(°′″)	角值 /(°′″)	备注
			全园观测法测角手簿 — 观测： 页码： 记录： 日期： 工作内容： 仪器： 天气：							
			LS /(°′″)	*RS* /(°′″)						

16. 工程项目测量方案如何编制?

（以建筑工程施工测量方案为例。）

（1）工程概况。本工程位于某小广场，东面为新建住宅小区，南侧临靠东流的北城河滨，东面小区入口紧接城区主干道——长春北路，隔道对望的是某中学。小桥流水，书香晚钟，小区独特的地理优势，超强的人文氛围，使其建成后将成为某市一道靓丽的风景线，如图 7-25。

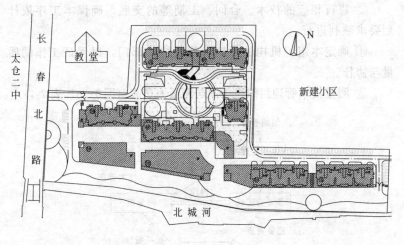

图 7-25 ××小区规划图

小区占地面积约 50 亩（667m²），建筑总面积为 75122m²，共计 9 栋建筑和一个地下车库（战时人防）。其中 6♯、7♯楼为 18＋1/－1 层框剪小高层，5♯楼为 14＋1/－1 层框剪小高层，3♯、4♯为11＋1/－1 层框剪小高层，1♯楼 7 层框架，2♯楼 7＋1 层框架，8♯楼 3 层框架，9♯楼 2 层框架，地下车库一层。除人防地下室外全部采用桩基础；3♯～7♯楼带一层地下室，1♯、2♯、4♯、5♯底层为商铺，上部为住宅；8♯、9♯楼为商业楼，地下车库上为中心广场地面。

（2）编制依据。

① 建筑工程施工测量规范。

② 建筑施工技术规范及规程。

③ 有效施工图与施工合同。

④ 施工现场情况与相关工程函件。

（3）组织机构。

① 根据本工程规模及平面、竖向结构特点确定所需配备的测量人员。

② 根据人员特点，明确各自的职责与分工。

③ 进行相应的技术、合同、工期等的交底，确保本工序依计划要求顺利进行。

④ 确定本组织机构的归口管理及协作部门，以保证工作的质量与协作。

⑤ 测量技术管理组织机构图与测量人员表（图 7-26，表 7-4）。

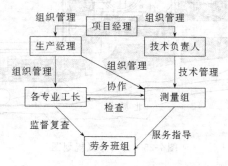

图 7-26　管理组织机构图

表 7-4　测量人员表

职　务	姓　　名	职责范围	通讯方式	备　注
测量负责人		测量复核		
测量技术员		测量内业		
测量组员		现场测量		
测量组员		现场测量		

（4）施工准备。

① 技术准备

a. 办理好城市坐标测量控制点、城市水准测量控制点、施工现场红线控制点的交接工作,并进行复核,经确认后作为施工测量控制的基准使用。

b. 参与图纸会审,熟悉建筑、结构细部的平面、标高尺寸,进行施工图纸测量坐标的复核、换算工作,确保内业计算的准确性。

c. 了解施工现场总平面布置及各施工阶段的现场布置情况,分析各施工工序交接平面、竖向的尺寸及标高变化情况,并根据施工现场踏勘具体情况确定建立轴线控制网与高程控制网的最佳方案。

d. 根据确定的平面控制和高程控制方案选择测量路线、测量方法、测量仪器、协作人员及测量所需材料。

e. 准备所需测量工具,协作人员及技术资料(表 7-5)。

表 7-5　测量仪器需用一览表

名　称	型号或规格	精　度	数　量	备　注
全站仪	TPCON-S602	2mm+2ppmm	1	
经纬仪	TDJ2E	2″	1	
水准仪	DS24	±2mm	2	
塔尺	铝合金 5m	3		
钢卷尺	50m	3		
大铅锤	5kg	4		

② 现场准备

a. 保证施工测量所需的现场材料:木桩、水泥、红砖、砂石料、红油漆、钢卷尺、铁锤等的到位及准备。

b. 保证现场平整、通视,清除影响测量定位的障碍物。

c. 准备好保护控制桩所需的相关材料、人员。

(5) 测量分项施工工艺流程。施工准备→建立平面、高程控制网→报验→复核无误→配合楼层放线、抄测标高→报验→

复核轴线、标高→无误后进入下一层→中间复核控制网→配合结构楼层放线、抄测标高→报验→复核无误→装饰放线、全程标高测量→报验→外墙垂直度控制→无误进入下一工序→竣工图绘制。

（6）建立平面控制网及工程定位测量。根据本工程施工总平面图，结合施工现场各阶段平面布置图，采用全站仪直角坐标法，将总平面图上标示的坐标角点放样出，建立场区主轴线控制方格网、主轴线控制方格网的各轴线如图 7-27、图 7-28 所示。

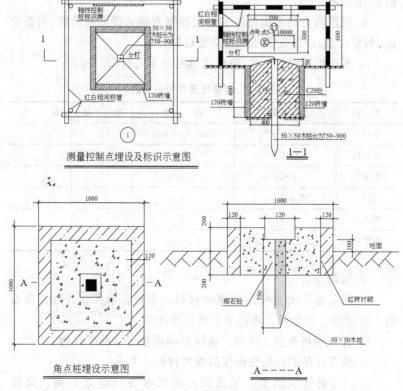

图 7-27　角点桩埋设示意图

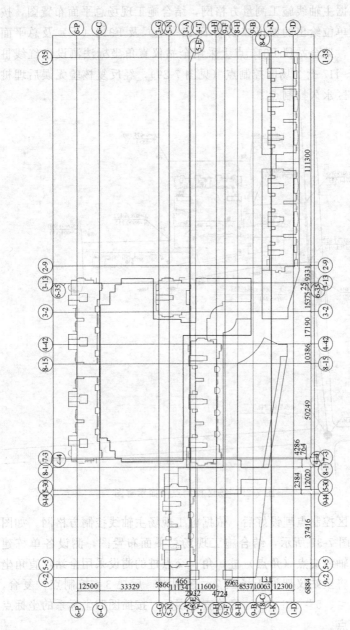

图 7-28 施工现场主轴线控制方格网

根据主轴线施工测量方格网，结合施工现场总平面布置图，按照建设单位给出的城市控制点 F315（上）及 F314（下）及总平面规划图，架全站仪 F315 点上采用全站仪直角坐标法测设出红线桩点 H1～H7 七个场区控制点（见图 7-29），经反复核验无误后埋桩作为场区永久控制点。

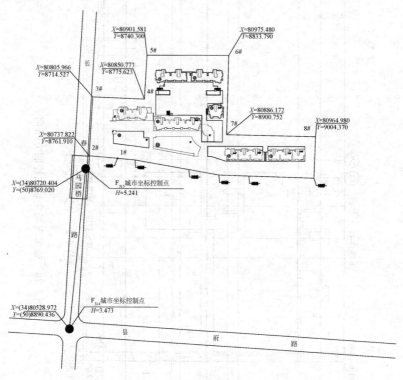

图 7-29 场区控制点平面示意图

场区控制点埋设好后，依据施工现场主轴线控制方格网，如图 7-30、图 7-31 所示，结合施工现场总平面布置图，测设各单栋建筑物主轴线交点（角点）桩，角、交点桩的测设采用全站仪直角坐标法，将全站仪架设于场区 7♯ 控制点，后视 3♯ 控制点，复合 2♯、4♯、5♯、6♯ 点，经检查无误后，按图四坐标系的坐标点放样各点。

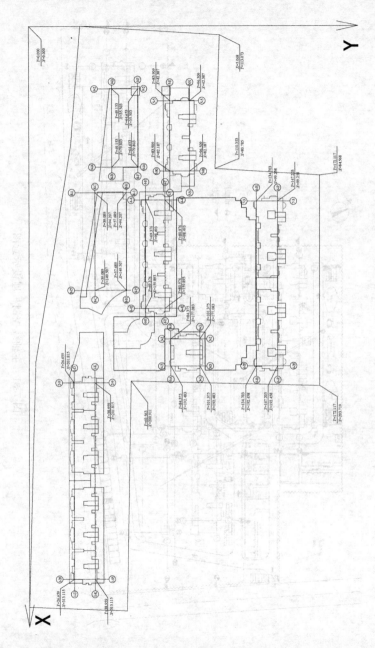

图 7-30 建筑物主轴线交点坐标示意图

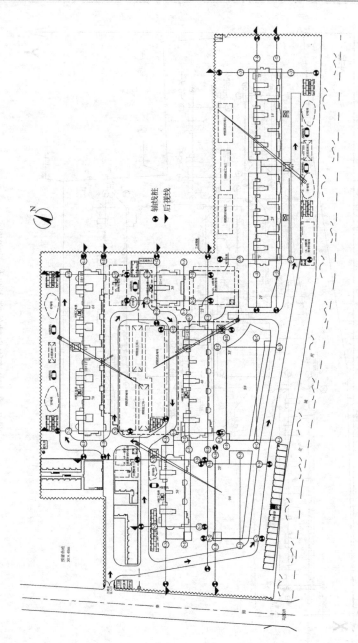

图 7-31　主轴线控制桩埋设示意图

放样各点后得用以放样好的坐标角点桩，经复测检查无误后，采用经纬仪正倒镜引出如图7-31的轴线控制桩，埋桩待其稳定后重新复测检查，经验收无错误后作好标识，记录相对位置关系，形成工程定位测量放线记录。其中"✹"表示主轴线标识线，"Ⓑ"表示定位轴线桩，"▼"表示轴线。控制桩及角桩的埋设形式如图 7-31 所示。

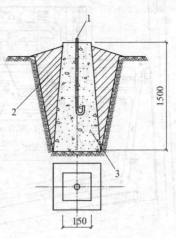

图 7-32　水准网盒埋设

1—粗钢筋；2—回填土；3—混凝土

（7）建立高程控制网。将已有水准控制点的高程 F314，F315 引测至施工现场，采用三级水准测量标准，往返测并进行闭合校算，经平差后将正确的高程标示在现场固定的地方，并在场区内选择六个合适的地方作水准点控制网点，水准控制网点的布设位置见图7-32，水准网点的埋设形式如图7-33所示。

水准网点埋设好后，待其稳定后将高程引测至其上，对整个水准控制网点进行高程平差（到同一绝对高程上），形成记录，经复核无误后报请验收，验收无误后绘制水准网点环路图形成成果图后存档，水准网点派专人负责保护。

（8）各施工阶段的施工测量。

① 平面控制

a. 工程桩定位施工测量

本工程桩采用静压预应力管桩，施工时场地较为狭窄，各工序流程交接时间短、堆场、运桩车辆、桩机行走、压桩等可能会将原有的放样出的桩位破坏掉，为此可依据建筑物的主轴线控制桩采用极坐标法结合 CAD 制图技术，采用两台经纬仪联合放样，依次将施工所需要的轴线定出并进行闭合检查。

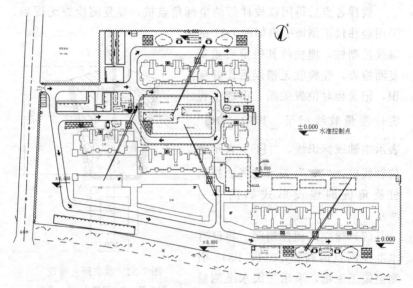

图 7-33　水准控制点布设位置示意

在压桩前将桩位用钢筋头打入桩位中心，保证有至少三条相交轴线对其位置检查，经施工、监理方及相关部门检查无误后方可压桩，桩身的垂直度可由机械自身机构控制。

工程桩施工时放样所采用的轴线控制点用前必须确认无误，以免造成不必要的工程质量事故。

b. 基础施工平面定位测量

工程桩施工完毕，桩检测试验完成后，各轴线交点、角点桩可能已被破坏，此时需将各建筑物基础施工所需轴线交点桩重新放样出，并根据基础、土方技术方案撒出基坑开挖线，经复核合格后方可进行基坑开挖施工。

本工程 1#、2#、8#、9# 楼为多层框架，桩基条形基础，3#、4#、5#、6#、7# 楼为桩基地下室框剪小高层结构，人防地下车库为箱形基础，初步定位 1#~9# 楼作为一期同时开工，人防车库作为二期工程在 6#、7# 楼主体结构完成后开始施工。有地下室的采用整体大开挖，条形基础的采用开挖基槽。在基础开挖的过程中由于挖土、运土机械、车辆的频繁移动，会造成开挖灰线的破坏，在挖土过程中，随时采用经纬仪对开挖白灰线进行恢复，确保基坑、基槽的开挖平面尺寸、位置符合要求。

在基础挖土到人工清理时，可采用经纬仪将主轴线投测到基坑、基槽底，打轴线控制桩，拉钢卷尺以指导基坑、基槽的清理。

基坑、基槽验收合格后，依据现有的基坑、基槽底轴线桩，定出基础混凝土垫层施工的模板线。垫层施工完毕后可将轴线直接投测到垫层上，用墨斗弹出主轴线线、主轴线经复验无误后，将中心线、模板线、洞口等各构件施工时所需平面基准线依次弹出，经复核无误后方可进行下道工序施工。

基础底板、承台、地基梁施工完毕后，将主轴线投测量到底板、承台、地基梁上，复验无误后依次弹出轴线、中心线、模板、洞口等基准线，并进行下道工序施工。

3♯、4♯、5♯、6♯、7♯楼地下室墙体及顶板的平面定位尺寸可依底板上的轴线，由于本工程施工场地狭窄，施工工序交叉作业多，工期较紧，因而上部结构的平面控制采用结构"内控"法：即在各结构层上选定的位置预留洞口，采用"垂准仪"可将底层平面轴线尺寸上选定点（"内控点"）垂直传递到上面各结构层操作面上，架设经纬仪将各点投测出来形成控制轴线。

c. 主体结构施工平面定位测量

1♯、2♯、8♯、9♯楼主体结构施工主轴线的投测：采用现有的建筑矩形轴线方格网，采用经纬仪仰视法将主轴线投测到结构层操作面，在操作层上采用经纬仪联测符合平面轴线尺寸并向下对控制点进行符合，确保主轴线平面定位尺寸的准确性。每次投测前需对所用主轴线控制网进行复核。

3♯、4♯、5♯、6♯、7♯楼主体采用"内控法"投测主轴线。

ⅰ. 零层板施工完后应将控制轴线引测至建筑物内。根据施工前布设的控制网基准点及施工过程中流水段的划分，在各建筑物内做内控点（每一流水段至少 2～3 个内控基准点）。基准点的埋设采用 10cm×10cm 钢板，钢针刻划十字线，钢板通过锚固筋与首层楼

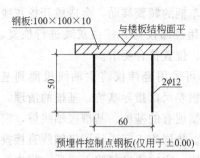

图 7-34 内控制点布置图

面钢筋焊牢，作为竖向轴线投测的基准点。如图 7-34 所示。基准点周围严禁堆放杂物，向上各层在相应位置留出预留洞（15cm×15cm）。内控制点平面布置图见图 7-34 所示。

ⅱ. 竖向投测前，应对钢板基准点控制网进行校测，校测精度不宜低于建筑物平面控制网的精度，以确保轴线竖向传递精度。轴线竖向投测的允许误差见表 7-6。

表 7-6 轴线竖向投测允许误差

高　　　度/m	允许误差/mm
每层	3
$H \leqslant 30$	5
$30 < H \leqslant 60$	10
$H > 60$	15

ⅲ. 轴线控制点的投测，采用激光准直仪，先在底层基点处架设激光准直仪，调校到准直状态后，打开激光电源，就会发射和该点铅垂的可见光束。然后在楼板开口处用接收靶接收。通过无线对讲机调校可见光光斑直径，达到最佳状态时，通知观测人员逆时针旋转准直仪，这样在接收靶处就可见到一个同心圆（光环），取其圆心作为向上的投测点，并将接收靶固定。同样的办法投测下一个点，保证每一施工段至少 2～3 个点，作为角度及距离校核的依据。控制轴线投测至施工层后，应组成闭合图形，且间距不得大于所用钢尺长度。施工层

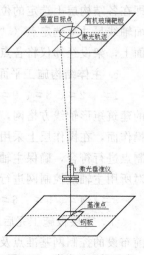

图 7-35 激光垂准仪垂直传递原理示意图

放线时，应先在结构平面上校核投测轴线，闭合后再测设细部轴线，如图 7-35 所示。

ⅳ. 在施工过程中，每当施工平面测量工作完成后，进入竖向施工。在施工中，每当柱浇筑成形拆掉模板后，应在柱侧平面投测出相应的轴线，并在墙柱侧面抄测出建筑 1 米线或结构 1 米线。(1 米线相对于每层楼板设计标高而定)，以供下道工序的使用。

ⅴ. 当每一层平面或每段轴线测设完后，必须进行自检，自检合格后及时填写报验单，报送报验单必须写明层数、部位、报验内容并附一份报验内容的测量成果表，以便能及时验证各轴线的正确程度状况。

各楼栋号"内控点"布置示意图见图 7-36。

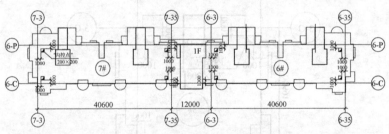

(a) 6#、7#楼"内控点"平面布置图

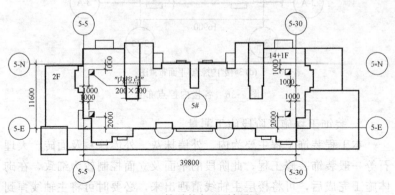

(b) 5#楼"内控点"平面布置图

图 7-36

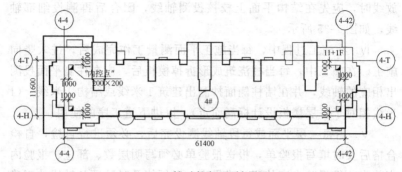

(c) 4#楼"内控点"平面布置图

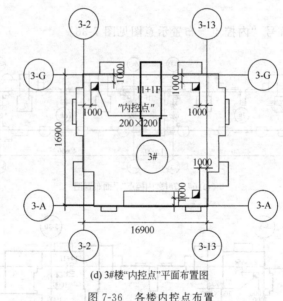

(d) 3#楼"内控点"平面布置图

图 7-36 各楼内控点布置

d. 装饰工程施工阶段施工测量

本工程装饰工程主要为内、外墙抹灰、外墙涂料及面砖、大理石等一般装饰装修工程，此阶段的平面及立面控制较为细致，在砌体施工完成后，可将楼层主轴线清理出来，必要时可将主轴线弹到墙体、柱子上，室内门窗、洞口、抹灰冲筋规方可依此线，室外的抹灰可见建筑物外墙大角垂直度控制方法。

② 高程控制

a. 基础施工阶段标高控制

本工程基础为桩基条形基础及桩基地下室结构，条基底标高－2.000左右，地下室底板底标高－4.000左右，现场自然标高－1.400，地下室基础土方开挖采用机械大开挖，开挖深度约为3.5m，采用土钉支护，条形基础采用挖基槽，本阶段标高控制为基坑、槽开挖深度、基础底面、顶面标高，基础砌墙皮数杆标高刻度线等。

基坑底标高控制用水准仪直接抄测标高基准点，约15m² 一个，基准点采用40cm长圆10钢筋头打入，留出地面20cm，拉线尺量控制整个基底平整度。此基准点也作为混凝土垫层施工基准。条形基础的控制采用水准仪抄测模板标高直接控制，基础混凝土顶面标高可根据模板标高控制，在构造柱钢筋定位好后也可以此控制混凝土浇筑标高。基础砌墙的标高采用立皮数杆控制。地下室底板模板、混凝土面标高，墙体标高等采用水准仪直接抄测。

b. 主体结构施工阶段

结构主体二层以上楼层标高控制采用大钢卷尺挂大铅垂从塔

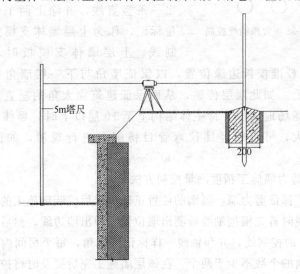

图 7-37　基坑外向基坑内标高的引测示意图

吊、外架及楼梯向上引，每层楼至少引测三个不同位置的标高，在楼层上架设水准仪进行闭合复核，验收合格后可引测在楼层操作面上相对固定的地方，以这几个基准点来控制模板、钢筋、混凝土的标高，结构拆模可将标高弹在柱子上，作为砌体施工依据，图 7-37。

c. 装饰、安装施工阶段

在主体结构完工后，将各楼层的柱墙上标高清理出，作上明显标识，作为结构验收的依据。同时也作为装饰施工地面标高、坡度的标高控制依据。

③ 特殊部位施工测量控制

a. 建筑物大角铅直度的控制

首层墙体施工完成后，分别在距大角两侧 30cm 处外墙上，各弹出一条竖直线，并涂上两个红色三角标记，作为上层墙体支模板的控制线。上层墙体支模板时，以此

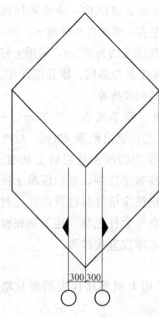

图 7-38 大角铅度控制

30cm 线校准模板边缘位置，以保证墙角与下一层墙角在同一铅直线上。如此层层传递，从而保证建筑物大角的垂直度。考虑到现场场地狭窄，待主体结构上至 10 层以上时，经纬仪观测仰角较大，可采用经纬仪弯管目镜配合进行观测，如图 7-38 所示。

b. 剪力墙施工精度测量控制方法

为了保证剪力墙、隔墙的位置正确以及后续装饰施工的及时插入，放线时首先根据轴线放测出墙位置，弹出墙边线，然后放测出墙 50cm 的控制线，并和轴线一样标记红三角，每个房间内每条轴线红三角的个数不少于两个。在该层墙施工完后要及时将控制线投测到墙面上，以便用于检查钢筋和墙体偏差情况，以及满足装饰施

工测量的需要，如图 7-39 所示。

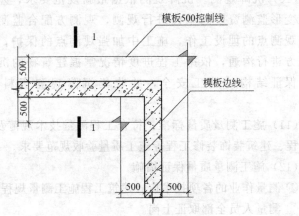

图 7-39　剪力墙精度测量控制

c. 门、窗洞口测量控制方法

结构施工中，每层墙体完成后，用经纬仪投测出洞口的竖向中心线。横向控制线用钢尺传递，并弹在墙体上。室内门窗洞口的竖直控制线由轴线关系弹出，门、窗洞口水平控制线根据标高控制线由钢尺传递弹出。以此检查门、窗洞口的施工精度。

d. 电梯井施工测量控制方法

在结构施工中，在电梯井底以控制轴线为准弹测出井筒 30cm 控制线和电梯井中心线，并用红三角标识。在后续的施工中，每层都要根据控制轴线放出电梯井中心线，并投测到侧面上用红三角标识。

（9）技术复核制度。所有轴线、标高测量完毕后应自行检验，检验无误后报请复核，复核无误后方可进行下道工序施工，并办理好交接手续，所有标高、轴线应有明显的标识与记录资料，保证施工程序的可追溯性。

所有轴线桩、标高点的原始点、放样点及转点在下道工序使用前必须有专人复核，必须有书面交接资料，确保使用正确，避免因错用、乱用、定位偏移、碰动造成工程质量事故。

（10）沉降观测。沉降观测依据最新规范要求，须由业主委托有变形监测资质的单位进行观测，观测方配合监测单位做好沉降观测点的埋设工作，施工中加强观测点的保护，并随时与监测方进行沟通，依据工程进度情况掌握建筑物的沉降变形走向，保证结构的施工安全，并收集沉降观测资料作好存档记录。

（11）施工测量质量标准。符合工程测量技术规范及混凝土结构工程、建筑装饰装修工程等施工质量验收规范要求。

（12）施工测量质量保证措施

① 测量作业的各项技术按《建筑工程施工测量规程》进行。

② 测量人员全部取证上岗。

③ 进场的测量仪器设备，必须检定合格且在有效期内，标识保存完好。

④ 施工图、测量桩点，必须经过校算校测合格才能作为测量依据。

⑤ 所有测量作业完后，测量作业人员必须进行自检，自检合格后由质检员和工长核验，最后向监理报验。

⑥ 自检时，对作业成果进行全数检查。

⑦ 核验时，要重点检查轴线间距、纵横轴线交角以及工程重点部位，保证几何关系正确。

⑧ 滞后施工的测量成果应与超前施工的测量成果进行联测，并对联测结果进行记录。

⑨ 加强现场内的测量桩点的保护，所有桩点均明确标识，防止用错和破坏。

（13）施工测量所应有的技术资料。

① 工程定位测量记录。

② 技术复核单。

③ 水准点高程引测记录。

④ 施工技术交底记录。

⑤ 报验记录。

⑥ 沉降观测记录。

第三节　民用建筑施工测量

1. 民用建筑测量的工作有哪些?

民用建筑是指供人们居住、生活和进行社会生活用的建筑物,如住宅、办公楼、商场、医院和学校等。因为民用建筑的类型、结构、平面形状、高度、地质情况以及现场的周围情况每个工程各不相同,所以施工测量的方法及精度要求也有所不同,民用建筑施工测量主要是建筑物的定位和放线、基础工程施工测量、墙体工程施工测量及高层建筑施工测量等工作。

2. 民用建筑测量前的准备工作有哪些?

(1)熟悉设计图纸。设计图纸是施工测量的主要依据,测设前应充分熟悉各种有关的设计图纸,以便了解建筑物与相邻地物的相互关系,以及建筑物本身的内部尺寸关系,准确无误地获取测设工作中所需要的各种定位数据。与测设工作有关的设计图纸主要如下:

熟悉建筑总平面图。建筑总平面图给出了建筑物和道路的平面位置及其主要点的坐标,标出相邻建筑物之间的尺寸关系,注明各幢建筑物室内地坪高程,是测设建筑物总体位置和高程的重要依据,如图 7-40 所示。

熟悉建筑平面图。建筑平面图标明了建筑物首层、标准层等各楼层的总尺寸,以及楼层内部各轴线之间的尺寸关系,如图 7-41 所示。它是测设建筑物细部轴线的依据,要注意其尺寸是否与建筑总平面图的尺寸相符。

熟悉基础平面图和基础详图。基础平面图和基础详图标明了基础形式、基础平面布置、基础中心或中线的位置、基础边线与定位轴线之间的尺寸关系、基础横断面的形状和大小,以

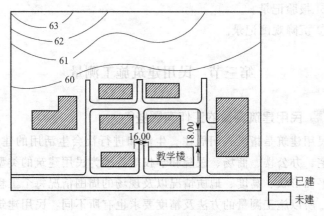

图 7-40 建筑总平面图

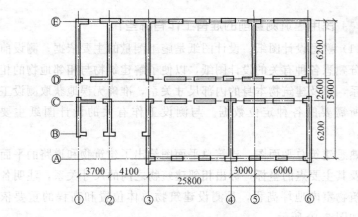

图 7-41 建筑平面图

及基础不同部位的设计标高等，它是测设基槽（坑）开挖边线和开挖深度的依据，也是基础定位及细部放样的依据，如图7-42所示。

熟悉建筑立面图和剖面图。

建筑立面图和剖面图是测设建筑物各部位高程的依据，它标明了室内地坪、门窗、楼梯平台、楼板、屋面及屋架等的设计高程，

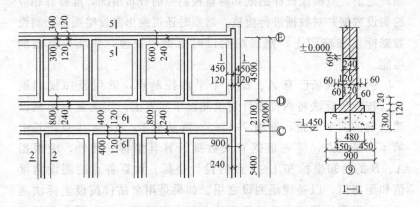

图 7-42　基础平面图和基础详图

这些高程通常是以±0.000 标高为起算点的相对高程，建筑剖面图见图 7-43。

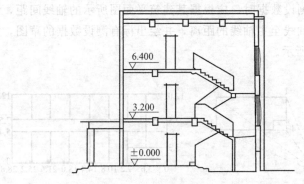

图 7-43　立面图和剖面图（单位：m）

（2）勘察现场。为了解施工现场地物、地貌以及现有测量控制点的分布情况，应进行现场踏勘，以便根据实际情况考虑测设方案，它包括施工场地上的平面控制点和水准点的检核等。

（3）确定测设方案和准备测设数据。测设方案包括测设方法、测设步骤、采用的仪器工具、精度要求、时间安排等。在每次现场测设之前，应根据设计图纸和测量控制点的分布情况，准备好相应的测设数据并对数据进行检核，需要时还可绘出测设略图，把测设数据标注在略图上，使现场测设时更方便快速，并减少出错的可能。

例如，现场已有 A、B 两个平面控制点，欲用经纬仪和钢尺，按极坐标法将两栋设计建筑测设于实地上。定测量一般测设建筑物的四个大角，即图 7-44(a) 所示的 1、2、3、4 点，其中第 4 点是虚点，应先根据有关数据计算其坐标；此外，应根据 A、B 的已知坐标和 1~4 点的设计坐标，计算各点的测设角度值和距离值，以备现场测设之用。如果是用全站仪按极坐标法测设，由于全站仪能自动计算方位角和水平距离，则只需准备好每个角点的坐标即可。

又如，上述建筑物的四个主轴线点测设好后，测设细部轴线点时，用经纬仪定线，再以主轴线点为起点，用钢尺依次测设次要轴线点。准备测设数据时，应根据其建筑平面图所示的轴线间距，计算每条次要轴线至主轴线的距离，并绘出标有测设数据的草图，如图 7-44(b) 所示。

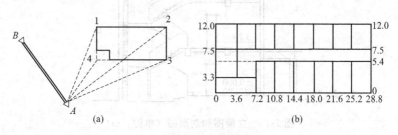

图 7-44　测设数据草图（单位：m）

3. 民用建筑施工放样主要技术要求有哪些？

民用建筑施工放样主要技术要求见表 7-7。

4. 什么是建筑物的定位？定位方法有哪几种？

建筑物四周外廓主要轴线的交点决定了建筑物在地面上的位置，

表 7-7　建筑物施工放样的主要技术要求

建筑物结构特征	测距相对中误差	测角中误差/(″)	在测站上测定高差中误差/mm	根据起始水平面在施工水平面上测定高程中误差/mm	竖向传递轴线点中误差/mm
金属结构、钢筋混凝土结构（建筑物高度100～120m 或跨度30～36m）	1/20000	5	1	6	4
15 层房屋（建筑物高度60～100m 或跨度18～30m）	1/10000	10	2	5	3
5～15 层房屋（建筑物高度 15～60m 或跨度 6～18m）	1/5000	20	2.5	4	2.5
5 层房屋（建筑物高度 15m 或跨度 6m 及以下）	1/3000	30	3	3	2
木结构、工业管线或公路铁路专用线	1/2000	30	5	—	—
土工竖向整平	1/1000	45	10	—	—

称为定位点或角点，建筑物的定位就是根据设计条件，将这些轴线交点测设到地面上，作为细部轴线放线或基础放线的依据。由于设计条件和现场条件不同，建筑物的定位方法也会有所不同。

5.　怎样依据原有建筑物测设拟建建筑物？

当设计图上只给出新建筑物与附近原有建筑物或道路的相互关系，而建筑物定位点的坐标、周围的测量控制点、建筑方格网和建筑基线都未知时，可根据原有建筑物的边线或道路中心线将新建筑物的定位点测设出来。

下面以依据与原有建筑物的关系定位法来说明建筑物定位的步骤和方法。

如图 7-45（a）所示，拟建建筑物的外墙边线与原有建筑的外墙边线在同一条直线上，两栋建筑物的间距为 10m，拟建建筑物四周长轴为 40m，短轴为 18m，轴线与外墙边线间距为 0.12m，此建筑物定位的步骤与方法如下所述。

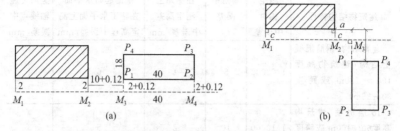

图 7-45　依据与原有建筑物的关系定位预测建筑物（单位：m）

　　首先沿原有建筑物的两侧外墙拉线，再用钢尺顺线从墙角往外量一段较短的距离（比例为 2m）。

　　在地面上定出 M_1 和 M_2 两个点，M_1 和 M_2 的连线即是原有建筑物的平行线。

　　在 M_1 点安置经纬仪，并照准 M_2 点，再用钢尺从 M_2 点沿视线方向量 10m＋0.12m，在地面上定出 M_3 点，再从 M_3 点沿视线方向量 40m，在地面上定出 M_4 点，M_3 和 M_4 的连线即为拟建建筑物的平行线，其长度等于长轴尺寸。

　　在 M_3 点安置经纬仪，照准 M_4 点，逆时针测设 90°，在视线方向上量 2m＋0.12m，在地面上定出 P_1 点，再从 P_1 点沿视线方向量 18m，在地面上定出 P_4 点。

　　同理在 M_4 点安置经纬仪，照准 M_3 点，顺时针测设 90°，在视线方向上量 2m＋0.12m，在地面上定出 P_2 点，再从 P_2 点沿视线方向量 18m，在地面上定出 P_3 点。则 P_1、P_2、P_3 和 P_4 点即为拟建建筑物的四个定位轴线点。

　　在 P_1、P_2、P_3 和 P_4 点上安置经纬仪，检核四个角是否为 90°，用钢尺丈量四条轴线的长度，检核长轴是否为 40m，短轴是否为 18m。当情况如图 7-45(b) 所示时，建筑物的定位步骤与方法为：

　　在得到原有建筑物的平行线并延长到 M_3 点后在 M 点测设 90°并量距，定出 P_1 和 P_2 点，得到拟建建筑物的一条长轴。

然后再在 P_1 和 P_2 点测设 90°并量距，定出另一条长轴上的 P_4 和 P_3 点。不能先定短轴的两个点（例如 P_1 和 P_4 点）。

再在这两个点上设站测设另一条短轴上的两个点（例如 P_2 和 P_3 点），否则误差容易超限。

6. **怎样依据控制点位坐标进行定位？**

当欲定位的建筑物定位点设计坐标为已知，附近有高级控制点可供利用时，可根据实际情况选用极坐标法、角度交会法或距离交会法来测设定位点。其中，极坐标法适用性最强，是用得最多的一种定位方法。

7. **怎样依据建筑方格网和建筑基线定位？**

当欲定位建筑物的定位点设计坐标为已知，且建筑场地已设有建筑方格网或建筑基线时，可利用直角坐标法测设定位点。用直角坐标法测设点位，所需测设数据的计算较为方便，在用经纬仪和钢尺实地测设时，建筑物总尺寸和四大角的精度容易控制和检核。

8. **什么叫建筑物放线？**

建筑物的放线，是指根据已定位的外墙轴线交点桩（角桩），详细测设出建筑物各轴线的交点桩（或称中心桩），然后再根据交点桩用白灰撒出基槽开挖边界线。

9. **放线时如何在外墙轴线周边上测设中心桩位置？**

如图 7-46 所示，在 M 点安置经纬仪，瞄准 Q 点，用钢尺沿 MQ 方向量出相邻两轴线间的距离，定出 1、2、3…各点，同理可定出 5、6、7 各点。量距精度应达到设计精度要求。量出各轴线之间距离时，钢尺零点要始终对准同一点。

10. **放线时，如何恢复轴线位置？有哪几种方法？如何操作？**

在开挖基槽时，角桩和中心桩要被挖掉，为了便于在施工中恢

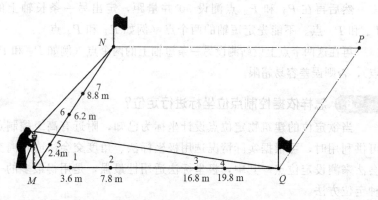

图 7-46　建筑物的放线

复各轴线位置，应把各轴线延长到基槽外安全地点，并作出标志。其方法有设置轴线控制桩和设置龙门板两种形式。

（1）设置轴线控制桩。轴线控制桩设置在基槽外基础轴线的延长线上，作为开槽后各施工阶段恢复轴线的依据，如图 7-47 所示。轴线控制桩一般设置在基槽外 2～4m 处，打下木桩，桩顶钉上小钉，准确标出轴线位置，并用混凝土包裹木桩，如图 7-48 所示。如附近有建筑物，亦可把轴线投测到建筑物上，用红漆作出标志，以代替轴线控制桩。

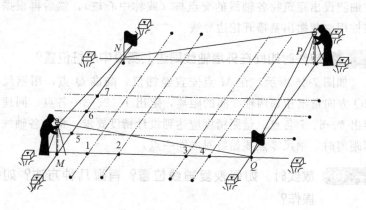

图 7-47　设置轴线控制桩

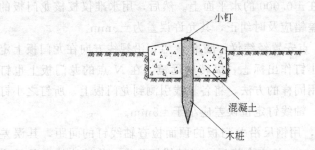

图 7-48　轴线控制桩的形式

（2）设置龙门板。在小型民用建筑施工中，常将各种轴线引测到基槽外的水平木板上。水平木板称为龙门板，固定龙门板的木桩称为龙门桩，如图 7-49 所示。设置龙门板的步骤如下所述。

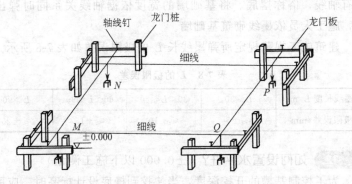

图 7-49　设置龙门板

① 在建筑物四角与隔墙两端，基槽开挖边界线以外 1.5～2m 处，设置龙门桩。龙门桩要钉得竖直、牢固，龙门桩的外侧面应与基槽平行。

② 根据施工场地的水准点，用水准仪在每个龙门桩外侧，测设出该建筑物室内地坪设计高程线（即 ±0.000 标高线），并作出标志。

③ 沿龙门桩上 ±0.000 标高线钉设龙门板，这样龙门板顶面

的高程就同在±0.000的水平面上。然后，用水准仪校核龙门板的高程，如有差错应及时纠正，其允许误差为±5mm。

④ 在 N 点安置经纬仪，瞄准 P 点，沿视线方向在龙门板上定出一点，用小钉作出标志，纵转望远镜，在 N 点的龙门板上也钉一个小钉。用同样的方法，将各轴线引测到龙门板上，所钉之小钉称为轴线钉。轴线钉定位误差应小于±5mm。

⑤ 最后，用钢尺沿龙门板的顶面检查轴线钉的间距，其误差不超过1:2000。检查合格后，以轴线钉为准，将墙边线、基础边线、基础开挖边线等标定在龙门板上。

11. 什么是撂底？有何技术要求？

在垫层浇筑好以后，根据轴线控制桩拉小线或用经纬仪投测的方法将各定位轴线的交点投测到垫层上，用墨线清晰地弹出，恢复原有轴线，俗称撂底。将基础墙的宽度依据轴线关系同时弹出墨线，施工人员依墨线砌筑基础墙。

建筑施工规范规定所弹墨线长 L 的极限误差如表7-8所示。

表7-8 L 的极限误差

墨线长度L/m	$L \leqslant 30$	$30 < L \leqslant 60$	$60 < L \leqslant 90$	$L > 90$
极限误差/mm	$\leqslant \pm 5$	$\leqslant \pm 10$	$\leqslant \pm 15$	$\leqslant \pm 20$

12. 如何设置水平桩？（±0.000以下施工测量）

为了控制基槽的开挖深度，当快挖到槽底设计标高时，应用水准仪根据地面上±0.000点，在槽壁上测设一些水平小木桩（称为水平桩），如图7-50(a)所示，使木桩的上表面离槽底的设计标高为一固定值（如0.500m）。

通常在槽壁各拐角处、深度变化处和基槽壁上每隔3～4m测设一水平桩。水平桩可作为挖槽深度、修平槽底和打基础垫层的依据。

13. 如何测设水平桩？（±0.000以下施工测量）

如图7-50(b)所示，槽底设计标高为-1.800m，欲测设比槽

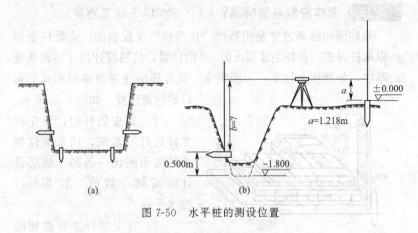

图 7-50　水平桩的测设位置

底设计标高高 0.500m 的水平桩，测设方法为：

（1）在地面适当地方安置水准仪，在 ±0.000 标高线位置上立水准尺，读取后视读数为 1.218m。

（2）计算测设水平桩的位置应读前视读数 $b = 1.218 - (-1.8 + 0.5) = 2.518$（m）。

（3）在槽内一侧立水准尺，并上下移动，直至水准仪视线读数为 2.518m 时，沿水准尺尺底在槽壁打入一小木桩。

14.　怎样测设垫层中心线？（±0.000 以下施工测量）

（1）根据轴线控制桩或龙门板上的轴线钉，用经纬仪或用拉绳挂垂球的方法，把轴线投测到垫层上，如图 7-51 所示，并用墨线弹出墙中心线和基础边线，作为砌筑基础的依据。

（2）由于整个墙身砌筑均以此线为准，它是确定建筑物位置的关键环节，因此要严格校核后方可进行砌筑施工。

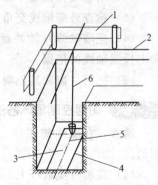

图 7-51　测设垫层中心线
1—龙门板；2—细线；3—垫层；
4—基础边线；5—墙中线；6—垂球

15. **怎样控制基础标高？**（±0.000以下施工测量）

基础墙的标高通常是用基础"皮数杆"来控制的。皮数杆是用一根木杆做成，在杆上注明±0.000的位置，按照设计尺寸将砌灰缝的厚度，分别从上往下一一画出来，此外还应注明防潮层和预留洞口的标高位置，如图7-52所示。

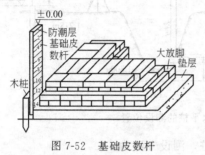

图 7-52 基础皮数杆

（1）立皮数杆时，可先在立杆处打一木桩，用水准仪在木桩侧面测设一条高于垫层设计标高某一数值（如0.2m）的水平线。

（2）将皮数杆上标高相同的一条线与木桩上的水平线对齐，并用铁钉把皮数杆和木桩钉在一起，立好皮数杆。

（3）对于钢筋混凝土基础，可用水准仪将设计标高测设在模板上。

16. **怎样进行墙体定位？**（±0.000以下施工测量）

（1）首先利用轴线控制桩或龙门板上的轴线和墙边线标志，用经纬仪或拉细绳挂垂球的方法将轴线投测到基础面上或防潮层上。

（2）用墨线弹出墙中线和墙边线。

（3）检查外墙轴线交角是否等于90°。

（4）把墙轴线延伸并画在外墙基础上，如图7-53所示，作为向上投测轴线的依据。

（5）把门、窗和其他洞口的边线，也在外墙基础上标定出来。

17. **如何控制墙体各部位标高？**（±0.000以上施工测量）

通常，在墙体施工中，墙身各部位标高也是用皮数杆来控制的。

（1）在墙身皮数杆上，根据设计尺寸，按砖、灰缝的厚度画出线条，并标明0.000和门、窗、楼板等的标高位置，如图7-54所示。

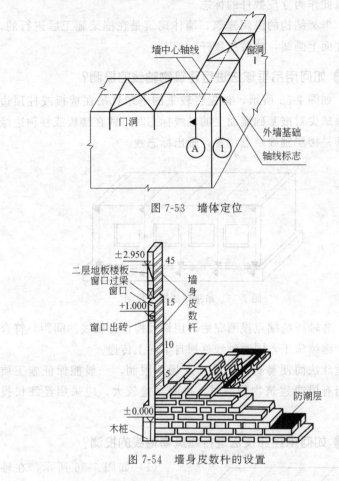

图 7-53　墙体定位

图 7-54　墙身皮数杆的设置

（2）与设立基础皮数杆相同，墙身皮数杆上的 0.000m 标高与房屋的室内地坪标高相吻合。在墙的转角处，每隔 10～15m 设置一根皮数杆。

（3）在墙身砌起 1m 以后，就在室内墙身上定出 +0.500m 的标高线，作为该层地面施工和室内装修用。

（4）在高层建筑的第二层以上墙体施工中。为了使皮数杆在同一水平面上，要用水准仪测出楼板四角的标高，取平均值作为地坪标高，以此作为立皮数杆的标志。

（5）框架结构的民用建筑，墙体砌筑是在框架施工后进行的，故可在柱面上画线，代替皮数杆。

18. 如何用吊垂球法进行建筑物轴线的投测？

（1）如图 7-55 所示，首先将较重的垂球悬吊在楼板或柱顶边缘，当垂球尖对准基础墙面上的轴线标志时，线在楼板或柱顶边缘的位置即是楼层轴线端点位置，画出标志线。

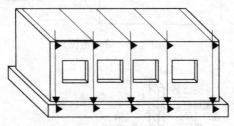

图 7-55　吊垂球法轴线投测

（2）各轴线的端点投测完后，用钢尺检核各轴线的间距，符合要求后，继续施工，同时轴线逐层自下向上传递。

吊垂球法简便易行，不受施工场地限制，一般能保证施工质量。但当有风或建筑物较高时，投测误差较大，应采用经纬仪投测法。

19. 如何用经纬仪法进行建筑物轴线的投测？

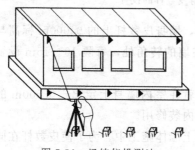

图 7-56　经纬仪投测法

（1）如图 7-56 所示，在轴线控制桩上安置经纬仪，严格整平。

（2）瞄准基础墙面上的轴线标志，用盘左、盘右分中投点法，将轴线投测到楼层边缘或柱顶上。

（3）将所有端点投测到楼

板上之后，用钢尺检核其间距，相对误差不得大于 1/2000。检查合格后，才能在楼板分间弹线，继续施工。

20. 建筑物高程传递的方法有哪几种？

（1）利用钢尺直接丈量。对于高程传递精度要求较高的建筑物，通常用钢尺直接丈量来传递高程。对于两层以上的各层，每砌高一层，就从楼梯间用钢尺从下层的 0.500m 标高线向上量出层高，测出上一层的 0.500m 标高线。这样用钢尺逐层向上引测。

（2）利用皮数杆传递高程。在皮数杆上自 ±0.000 标高线起，门窗口、楼板、过梁等构件的标高都已标明。一层楼砌好后，则从一层皮数杆起一层一层往上接，就可以把标高传递到各楼层。在接杆时要检查下层皮数杆位置是否正确。

（3）吊钢尺法。如图 7-57 所示，在楼梯间悬吊钢尺，钢尺下端挂一重锤，使钢尺处于铅垂状态，用水准仪在下面与上面楼层分别读数，按水准测量原理把高程传递上去。

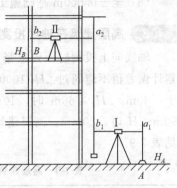

图 7-57　室外吊钢尺法

第四节　高层建筑施工测量

1. 高层建筑定位测量的主要工作有哪些？

（1）测设施工方格网。施工方格网在总平面布置图上进行设计，是测设在基坑开挖范围以外一定距离，平行于建筑物主要轴线方向的矩形控制网。

（2）测设主轴线控制桩。在施工方格网的四边上，根据建筑物主要轴线与方格网的间距，测设主要轴线的控制桩；除四廓的轴线外，建筑物的中轴线等重要轴线也应在施工方格网边线上测设出来，与四廓的轴线一起称为施工控制网中的控制线。

2. **高层建筑基础施工测量工作有哪些？**

（1）轴线测设，设置轴线控制桩。

（2）桩位测设。

（3）基坑位置测设。

（4）基坑抄平，底板垫层放样。

（5）地下建筑轴线放样。

（6）至±0.000m基础施工结束。

3. **高层建筑在轴线投测的精度要求有哪些？**

轴线向上投测时，要求竖向误差在本层内不超过 5mm，全楼累计误差值不应超过 $2H/10000$（H 为建筑物总高度），且不应大于：30m < H ≤ 60m 时，10mm；60m < H ≤ 90m 时，15mm；90m < H 时，20mm。高层建筑物轴线的竖向测量的允许偏差，参见表 7-9。

表 7-9   高层建筑物竖向测量的允许偏差

工程项目	相邻两层对接中心线 相对偏差/mm	相对基础中心线 的偏差/mm	累计偏差 /mm
厂房等的各种构架、立柱	±3	$H/2000$	±20
闸墩、栈桥墩、厂房等的侧墙	±5	$H/1000$	±30
筛分楼、堆料高排架等	±5	$H/100$	±35

注：H 为建筑物、构架物的高度，mm。

4. **什么是外控法？怎样用外控法来测量建筑物的轴线？**

外控法是在建筑物外部，利用经纬仪，根据建筑物轴线控制桩来进行轴线的竖向投测。具体操作为：

（1）将经纬仪安置在轴线控制桩 A_1、A_1'、B_1 和 B_1' 上，把建筑物主轴线精确地投测到建筑物的底部,并设立标志,如图7-58中的 a_1、a_1'、b_1 和 b_1',以供下一步施工与向上投测之用。

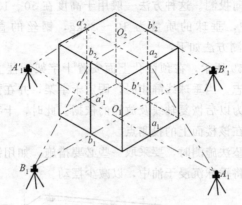

图 7-58　经纬仪投测中心轴线

(2) 如图 7-58 所示,将经纬仪安置在中心轴线控制桩 A_1、A_1'、B_1 和 B_1' 上,严格整平仪器,用望远镜瞄准建筑物底部已标出的轴线 a_1、a_1'、b_1 和 b_1' 点,用盘左和盘右分别向上投测到每层楼板上,并取其中点作为该层中心轴线的投影点,如图 7-58 中的 a_2、a_2'、b_2 和 b_2'。

(3) 当楼层逐渐增高,而轴线控制桩距建筑物又较近时,操作不便,投测精度也会降低,需要将原中心轴线控制桩引测到更远更安全的地方或附近大楼的屋面。

5.　什么是内控法？如何用内控法来测量建筑物的轴线？

内控法是在建筑物内 ± 0.000 平面设置轴线控制点,并预埋标志,以后在各层楼板相应位置上预留 $200mm \times 200mm$ 的传递孔,在轴线控制点上直接采用吊线坠法或激光铅垂仪法,通过预留孔将其点位垂直投测到任一楼层。

(1) 设置内控法轴线控制点。在基础施工完毕后,在 ± 0.000 首层平面上,适当位置设置与轴线平行的辅助轴线。辅助轴线距轴线以 $500 \sim 800mm$ 为宜,并在辅助轴线交点或端点处埋设标志。

（2）用吊线坠法测量。吊线坠法是利用钢丝悬挂垂球的方法，进行轴线竖向投测。这种方法一般用于高度在 50～100mm 的高层建筑施工中，垂球的质量为 10～20kg，钢丝的直径为 0.5～0.8mm。投测方法如下：

如图 7-59 所示，在预留孔上面安置十字架，挂上垂球，对准首层预埋标志。当垂球线静止时，固定十字架，并在预留孔四周作出标记，作为以后恢复轴线及放样的依据。此时，十字架中心即为轴线控制点在该楼面上的投测点。

用吊线坠法施测时，要采取一些必要措施，如用铅直的塑料管套着线坠或将垂球沉浸于油中，以减少摆动。

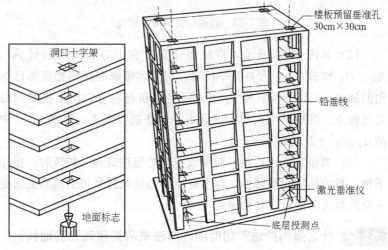

图 7-59　吊线坠法投　　　　　图 7-60　激光铅垂仪法投测
　　　测轴线

（3）用激光铅垂仪法测量。如图 7-60 所示，用激光铅垂仪法的测量步骤为：首先在首层轴线控制点上安置激光铅垂仪，利用激光器底端（全反射棱镜端）所发射的激光束进行对中，通过调节基座整平螺旋，使管水准器气泡严格居中。

再在上层施工楼面预留孔处，放置接收靶。

通过接光电源，启辉激光器发射铅直激光束，通过发射望远镜调焦，使激光束汇聚成红色耀目光斑，投射到接收靶上。

移动接收靶，使靶心与红色光斑重合，固定接收靶，并在预留孔四周作出标志，此时，靶心位置即为轴线控制点在该楼面上的投测点。

6.　高层建筑高程传递的方法有哪几种？

高层建筑的高程传递除上节讲的几种方法外，还可以利用全站仪天顶测高法。

(1) 如图 7-61 所示，利用高层建筑中的垂准孔（或电梯井等），在底层控制点上安置全站仪，置平望远镜（屏幕显示垂直角为 0°或天顶距为 90°）。

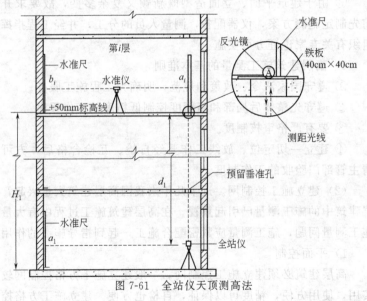

图 7-61　全站仪天顶测高法

(2) 然后将望远镜指向天顶（天顶距为 0°或垂直角为 90°），在需要传递的层面垂准孔上安置反射棱镜，即可测得仪器横轴至棱镜横轴的垂直距离，加高仪器，减棱镜常数（棱镜面至棱镜横轴的高度），就可以算出高差。

7. 工程高程测量要求有哪些?

以某高层建筑施工测量为例。

(1) 高层建筑施工测量的特点及基本要求

1) 高层建筑施工测量的特点

① 由于建筑层数多、高度高,结构竖向偏差直接影响工程受力情况,故施工测量中要求竖向投点精度高,所选用的仪器和测量方法要适应结构类型、施工方法和场地情况。

② 由于建筑结构复杂,设备和装修标准较高,特别是高速电梯的安装等,对施工测量精度要求也高。一般情况在设计图纸中有说明,总的允许偏差值,由于施工时也有误差产生,为此测量误差只能控制在总的总偏差值之内。

③ 由于建筑平面、立面造型既新颖又复杂多变,故要求开工前先制定施测方案,仪器配备,测量人员的分工,并经工程指挥部组织有关专家论证方可实施。

2) 高层建筑施工测量的基本准则

① 遵守国家法令、政策和规范,明确为工程施工服务。

② 遵守先整体后局部和高精度控制低精度的工作程序。

③ 要有严格审核制度。

④ 建立一切定位、放线工作要经自检、互检合格后,方可申请主管部门验收的工作制度。

(2) 建立施工控制网。近十几年来我国高层建筑大量兴起,高层建筑中的施工测量已引起重视。在高层建筑施工过程中有大量的施工测量问题,施工测量应紧密配合施工,起到指导施工的作用。

1) 平面控制

高层建筑必须建立施工控制网。一般建立施工方格控制网较为实用,使用方便,精度可以保证,自检也方便。建立施工方格控制网,必须从整个施工过程考虑,打桩、挖土、浇筑基础垫层和建筑物施工过程中的定轴线均能应用所建立的施工控制网。由于打桩、挖土对施工控制网的影响较大,除了经常复测校核外,最好随着施工的进行,将控制网延伸到施工影响区之外。目前在高层建筑施工中，采用"升梁提模"和钢结构吊装双梁平台整体同步提升等施工工艺，必须将控制轴线及时投影到建筑面层上，然后根据控制轴线作柱列线等细部放样，以备绑扎钢筋、立模板和浇筑混凝土之用。

①　建立局部直角坐标系统：为了将高层建筑物的设计放样到实地上去，一般要建立局部的直角坐标系统。为了简化设计点位的坐标计算和在现场便于建筑物放样，该局部系统坐标轴的方向应严格平行于建筑物的主轴线或街道的中心线。

施工方格网布设应与总平面图相配合，以便在施工过程中能够保存最多数量的控制点标志。

下面结合上海××工程介绍施工过程中平面控制网的建立（图7-62）。

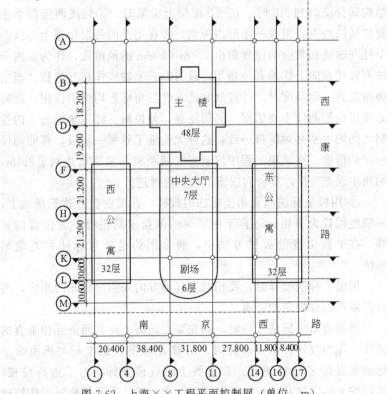

图 7-62　上海××工程平面控制网（单位：m）

图中○为施工控制点，▶为红三角标志，作控制方向用，在打桩期间建立 A/⑪、A/⑯、K/①、K/⑯为施工方格网，由于挖土及建造过程中Ⓚ线上的控制点不能再利用，为此将Ⓚ线上所有的控制点延至南京西路南侧，随着施工建筑不断升高，用架设在施工控制点上的仪器直接投线有困难时，将利用已投至远方高楼上的红三角标志作为控制。在该工程中确定以⑧和Ⓗ轴线为主要中心"十"字控制。当中心点用串线法确定后，仪器必须架设在中心点上，分别实测"十"字四个交角，看是否满足 90°±6°的要求。中心点确定后，以设计距离逐步进行放样。另以红三角标志作校核用。在主楼施工时，均以Ⓓ及⑧轴为中心控制轴线。考虑到建筑物结构上升到一定高度时，外部布置的红三角标志逐渐失去控制作用，在地下结构部分浇筑到±0 时，在±0 面层上根据Ⓓ、⑧轴线测定四个主要柱列轴线点，组成一矩形内控制，并在上升的每层楼板上与该四个柱列轴线相对应的位置留出 20cm×20cm 的预留孔，作为该四个柱列轴线点向上作垂直传递用，且与Ⓓ、⑧轴线作相互校核。当主楼施工到一定高度时，外控制和远方红三角标志均失去作用，此时必须以内控制作主要依据。必须注意，外控制、红三角标志、内控制之间的关系必须保持一致，这样无论施工到哪一阶段，都能确保一定的精度。在该项工程中控制点之间距离误差要求达到±2mm，测角中误差±5″，其余均按施工测量规程进行。

② 用极坐标法和直角坐标法的放样：在工业企业建筑场地上，一般地面较为平坦，适宜于用简单的测量工具进行平面位置的放样。在平面位置的放样方法中，通常用的是极坐标法和直角坐标法。

用极坐标法放样时，要相对于起始方向先测设已知的角度，再由控制点测设规定的距离。

当用直角坐标法放样时，则先要在地面上设有两条互相垂直的轴线，作为放样控制点。此时，沿着 Z 轴测设纵坐标，再由纵坐标的端点对 Z 轴作垂线，在垂线上测设横坐标。为了进行校核，可以按上述顺序从另一轴线上作第二次放样。为了使放样工作精确和迅速，在整个建筑场地应布设方格网作为放样工作的控制，这样，建筑物的各点就可根据最近的方格网顶点来放样。

下面分析用极坐标法和直角坐标法放样点位的精度。

a. 极坐标法

设有通过控制点 O 的坐标轴 Ox 和 Oy，待放样点 C（图 7-63）的坐标等于 x 和 y。放样是用极坐标法，由位于 Ox 轴上离点 O 距离为 c 的点 A 来进行。也就是说，在 A 点测设出预先算得之角度 α，再由点 A 测设距离到点 c。因此，为了放样 C 点，需要进行下列工作：

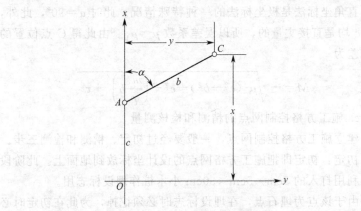

图 7-63　极坐标法

—在 Ox 方向上量出由点 O 到点 A 的距离；

—仪器对中；

—在 A 点安置仪器测设角度 α；

—沿着所测设的方向，由 A 点量出距离 b；

—在地面上标定 C 点的位置。

以上各项工作均具有一定的误差。由于各项误差都是互不相关的发生，所以彼此均是独立的，按误差理论可得用极坐标法测设 C 点的总误差：

$$M=\pm\sqrt{(\mu c)^2+(\mu_1 b)^2+e^2+\left(\frac{m_\alpha}{\rho}\times b\right)^2+\tau^2}$$

式中 μ, μ_1——丈量 c 与 b 的误差系数；

        e——对中误差；

        m_α——测设角度误差；

        τ——标定误差。

由上式可看出，C 点离开 A 点 O 点越远，则误差越大。尤其是 b 的增大影响更大。此外，还可看出，总误差不取决于角度 α 的大小，而是决定于测设角度的精度。为此，为了减少误差 M，需要提高测设长度和角度的精度。

b. 直角坐标法

直角坐标法是极坐标法的一种特殊情况。此时 $\alpha=90°$，此外，b 和 c 均是直接丈量的，所以误差系数 $\mu=\mu_1$。由此得 C 点位置的总误差为

$$M=\pm\sqrt{\mu^2(c^2+b^2)+e^2+\left(\frac{m_d}{\rho}b\right)^2+\tau^2}$$

c. 施工方格控制网点的精测和检核测量

建立施工方格控制网点，一般要经过初定、精测和检测三步。

初定：初定即把施工方格网点的设计坐标放到地面上。此阶段可以利用打入的 5cm×5cm×30cm 小木桩作埋设标志用。

由于该点为埋石点，在埋设标志时必须挖掉，为此在初定时必须定出前后方向桩，离标桩约 2～3m，根据埋设点和方向桩定出与方向线大致垂直的左右两个，这样当埋设标志时，只要前后和左右用麻线一拉，此交点即为原来初定的施工方格网点（图 7-64）。另配一架水准仪，为了掌握其顶面标高，在前或后的方向桩上测一标高。因前后方向桩在埋设标志时不会挖掉，可以在埋设时随时引测。为了满足施工方格网的设计要求，标桩顶部现浇混凝土，并在顶面放置 200mm×200mm 不锈钢板。方格网点的埋设见图 7-65。

精测：方格网控制点初定并将标桩埋设好后，设计的坐标值必须精密测定到标板上。为了减少计算工作量，一般可以采用现场改正。改正方法如下：

ⅰ. 180°时的改正方法。

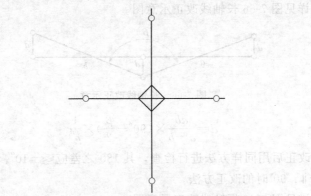

图 7-64　初定点位及方向桩示意图

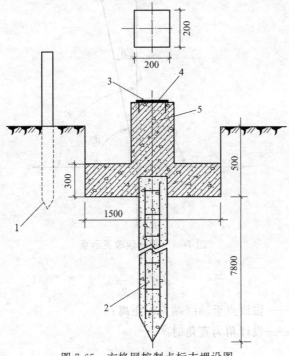

图 7-65　方格网控制点标志埋设图

1—混凝土保护桩；2—预制钢筋混凝土桩；3—水准标志；

4—不锈钢标板；5—300mm×300mm 混凝土

详见图 7-66 长轴线改正示意图。

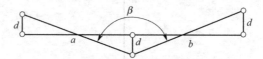

图 7-66　长轴线改正示意

$$d = \frac{ab}{a+b} \times \left(90° - \frac{\beta}{2}\right) \times \frac{1}{\rho''}$$

改正后用同样方法进行检查，其180°之差应≤±10″。

ⅱ. 90°时的改正方法。

详见图 7-67 短轴线改正示意图。

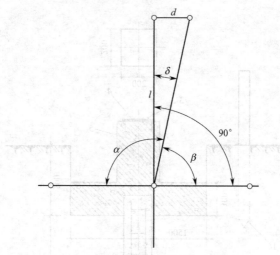

图 7-67　短轴线改正示意

$$d = l \times \frac{\delta}{\rho''}$$

式中　l——轴线点至轴线端点的距离；

　　　δ——设计角为直角时。

$$\delta = \frac{\beta' - x'}{2}$$

改正后检查其结果，90°之差应≤±6″。

检测：精测时点位在现场虽作了改正但为了检查有否错误以及计算方格控制网的测量精度，必须进行检测，测角用 T_2 经纬仪两个测回，距离往返观测，最后根据所测得的数据进行平差计算坐标值和测量精度。

2) 高程控制

水准测量在整个测量工作中所占工作量很大，同时也是测量工作的重要部分。正确而周密地加以组织和较合理地布置高程控制水准点，能在很大程度上使立面布置、管道敷设和建筑物施工得以顺利进行，建筑工地上的高程控制必须以精确的起算数据来保证施工的要求。

高层建筑工地上的高程控制点，要联测到国家水准标志上或城市水准点上。高层建筑物的外部水准点标高系统与城市水准点的标高系统必须统一，因为要由城市向建筑工地敷设许多管道和电缆等。

利用水准点标高计算误差公式求得的标高误差为

$$m^2 = n^2 L_i + \sigma^2 L_i$$

式中　n——每公里平均偶然误差，在三等水准测量中相当于
　　　　　　$\pm 4\text{mm}$；

　　　σ——平均系误差，相当于 $\pm 0.8\text{mm}$；

　　　L_i——为公里数，假设为 2km。

将上述代入则得

$$m = \pm \sqrt{4^2 \times 2 + 0.8^2 \times 2} = \pm 5.8\text{mm}$$

(3) 建（构）筑物主要轴线的定位及标定。

1) 桩位放样

在软土地基区的高层建筑常用桩基，一般都打入钢管桩或钢筋混凝土方桩。由于高层建筑的上部荷重主要由钢管桩或钢筋混凝土方桩承受，所以对桩位要求较高，按规定钢管桩及钢筋混凝土桩的定位偏差不得超过 $D/2$（D 为圆桩直径或方桩边长），为此在定桩位时必须按照建筑施工控制网，实地定出控制轴线，再按设计的桩位图中所示尺寸逐一定出桩位，定出的桩位之间尺寸必须再进行一

次校核，以防定错，详见图 7-68。

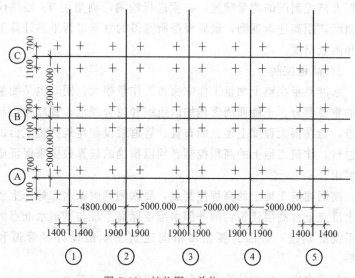

图 7-68 桩位图（单位：mm）

2）建筑物基坑与基础的测定

高层建筑由于采用箱形基础和桩基础较多，所以其基坑较深，有的达 20 余米。在开挖其基坑时，应当根据规范和设计所规定的精度（高程和平面）完成土方工程。

基坑下轮廓线的定线和土方工程的定线，可以沿着建筑物的设计轴线，也可以沿着基坑的轮廓线进行定点，最理想的是根据施工控制网来定线。

根据设计图纸进行放样，常用的方法有以下几种。

① 投影法：根据建筑物的对应控制点，投影建筑物的轮廓线。具体作法如图 7-69 所示。将仪器设置在 A_2，后视 A_2'，投影 A_2A_2' 方向线，将仪器移至 A_3，后视 A_3'，定出 A_3A_3' 方向线。用同样方法在 B_2B_3 控制点上定出 B_2B_2'，B_3B_3' 方向线，此方向线的交点即为建筑物的四个角点，然后按设计图纸用钢尺或皮尺定出其开挖基坑的边界线。

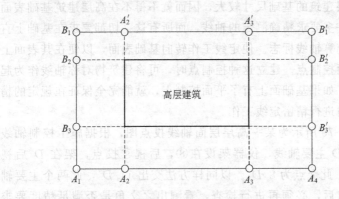

图 7-69　建筑物放样示意

②　主轴线法：建筑方格网一般都确定一条或两条主轴线。主轴线的形式有"L"字形、"T"字形或"十"字形等布置形式。这些主轴线是作为建筑物施工的主要控制依据。因此，当建筑物放样时，按照建筑物柱列线或轮廓线与主轴线的关系，在建筑场地上定出主轴线后，然后根据主轴线逐一定出建筑物的轮廓线。

③　极坐标法：由于建筑物的造型格式从单一的方形向"S"形、扇面形、圆筒形、多面体形等复杂的几何图形发展，这样对建筑物的放样定位带来了一定的复杂性，极坐标法是比较灵活的放样定位方法。具体做法是，首先确定设计要素如轮廓坐标、曲线半径、圆心坐标等与施工控制网点的关系，计算其方向角及边长，在工作控制点上按其计算所得的方向角和边长，逐一测定点位。将所有建筑物的轮廓点位定出后，再行检查是否满足设计要求。

总之，根据施工场地的具体条件和建筑物几何图形的繁简情况，测量人员可选择最合适的工作方法进行放样定位。

3）建筑物基础上的平面与高程控制

①　建筑物基础上的平面控制：由外部控制点（或施工控制点）向基础表面引测。如果采用流水作业法施工，当第一层的柱子立好后，马上开始砌筑墙壁时，标桩与基础之间的通视很快就会阻断。

由于高层建筑的基础尺寸较大，因而就不得不在高层建筑基础表面上做出许多要求精确测定的轴线。而所有这一切都要求在基础上直接标定起算轴线标志。使定线工作转向基础表面，以便在其表面上测出平面控制点。建立这种控制点时，可将建筑物对称轴线作为起算轴线，如果基础面上有了平面控制点，就能完全保证在规定的精度范围内进行精密定线工作。

图 7-70 所示为某一高层层面轴线投点图，根据施工控制轴线 8、11、D 主要轴线，仪器架设在 ⑧，后视 ⑧ 投点，架在 D' 后视 D' 投点，此交点为 8/D'。以同样方法交出 11/D'，此两个主要轴线点定出后，必须再进行检查，看测出之交角是否满足精度要求 $180° \pm 10''$ 和 $90° \pm 6''$，再用精密丈量的方法求得实际定出的距离，再与设计距离比较是否满足精度要求，如果超限则必须重测。精度要求由设计部门提出或甲方提出，一般规定基础面上的距离误差在 $\pm 5\text{mm}$ 以内。当高层建筑施工到一定高度后，地面控制点无法直接投线时，则可利用事先在做施工控制网投至远方高处红三角标志作为控制。图 7-71 所示为某高层建筑施工到 8 层时用远方高处的红三角，用串线的方法定出 8 层基础面的控制点。

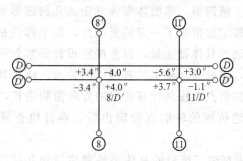

图 7-70 轴线放样图

串线法是利用三点成一直线的原理。如图 7-71 若测定 8 轴线，将仪器安置在 8/D' 处（目估），将望远镜照准 8 红三角，倒转望远镜测出 8′ 红三角的偏差值，松动仪器中心螺栓，移动仪器大约偏差值的 1/2，再照准 8 目标、固定度盘，倒转望远镜照准 8′ 目标。

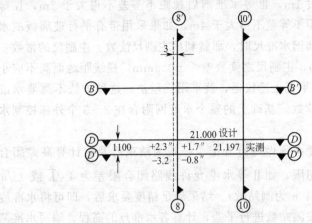

图 7-71　8 层底板的轴线投放

这样往返测量多次，使仪器中心严格归化到 8 轴线上，最后测定 8 轴线的直线角是否满足 $180°\pm10''$。如测角已满足 $180°\pm10''$，即仪器中心已置于 8 轴线上，可以在建筑面上投放轴线。

总之，高层建筑施工时在基础面上放样，要根据实际情况采取切实可行的方法进行，但必须经过校对和复核，以确保无误。

当用外控法投测轴线时，应每隔数层用内控法测一次，以提高精度，减少竖向偏差的积累。为保证精度应注意以下几点。

a. 轴线的延长控制点要准确，标志要明显，并要保护好。

b. 尽量选用望远镜放大倍率大于 25 倍、有光学投点器的经纬仪，以 T2 级经纬仪投测为好。

c. 仪器要进行严格的检验和校正。

d. 测量时尽量选在早晨、傍晚、阴天、无风的气候条件下进行，以减少旁折光的影响。

② 建筑物基础上的高程控制：基础上高程控制的用途，是利用工程标高保证高层建筑施工各阶段的工作。高程控制水准点必须满足基础整个面积之用，而且还要有高精度的绝对标高。必须用二等水准测量确定水准标面的标高。水准网的主要技术要求按工程测量规范，必须把水准仪置于两水准尺的中间，Ⅱ等水准前后视距不

等差不得超过 1m，Ⅲ 等水准前后视距不等差不得大于 2m，Ⅳ 等水准前后视距不等差不得大于 4m。如果采用带有平行玻璃板的水准仪并配有铟钢水准尺时，那就利用主副尺读数。主副尺的常数一般为 3.01550，主副尺之读数差≤±0.3mm，视线距地面高不应小于 0.5m。如果无上述仪器，就采用三丝法，这种方法不需要水准气泡两端的读数。基础上的整个水准网附合在 2～3 个外部控制水准标志上。

水准测量必须做好野外记录，观测结束后及时计算高差闭合差，看是否超限，如 Ⅱ 等水准允许线路闭合限差为 $4\sqrt{L}$ 或 $1\sqrt{n}$（L 为公里数、n 为测站数）。结果满足精度要求后，即可将水准线路的不符值按测站数进行平差，计算各水准点的高程，编写水准测量成果表。

（4）高层建筑中的竖向测量。竖向测量亦称垂准测量。垂准测量是工程测量的重要组成部分。它应用比较广泛，适用于大型工业工程的设备安装、高耸构筑物（高塔、烟囱、筒仓）的施工、矿井的竖向定向，以及高层建筑施工和竖向变形观测等。在高层建筑施工中竖向测量常用的方法如下。

1）激光铅垂仪法

激光铅垂仪是一种铅垂定位专用仪器，适用于高层建筑的铅垂定位测量。该仪器可以从两个方向（向上或向下）发射铅垂激光束，用它作为铅垂基准线，精度比较高，仪器操作也比较简单。

激光铅垂仪如图 7-72 所示，主要由氦氖激光器、竖轴、发射望远镜、水准管、基座等部分组成。激光器通过两组固定螺钉固定在套筒内。竖轴是一个空心筒轴，两端有螺扣用来连接激光器套筒和发射望远镜，激光器装在下端，发射望远镜装在上端，即构成向上发射的激光铅垂仪。倒过来安装即成为向下发射的激光铅垂仪。仪器配有专用激光电源。使用时必须熟悉说明书，上海联谊大厦就是用激光铅垂仪法作垂直向上传递控制的。用此方法必须在首层面层上做好平面控制，并选择四个较合适的位置作控制点（图 7-73）或用中心"十"字控制，在浇筑上升的各层楼面时，必须在相应的位置预留 200mm×200mm 与首层层面控制点相对应的小方孔，保证能使激光束垂直向上穿过预留孔。在首层控制点上架设激光铅垂仪，调置仪器对中整平后启动电源，使激光铅垂仪发射出可见的红色光束，投射到上层预留孔的接收靶上，查看红色光斑点离靶心最小之点，此点即为第二层上的一个控制点。其余的控制点用同样方法作向上传递。

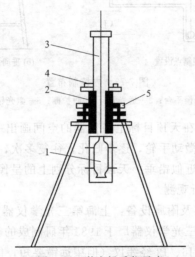

图 7-72　激光铅垂仪示意

1—氦氖激光器；2—竖轴；3—发射望远镜；4—水准管；5—基座

2）天顶垂准测量（仰视法）

垂准测量的传统方法是采用挂锤球、经纬仪投影和激光铅垂仪法来传递坐标，但这几种方法均受施工场地及周围环境的制约，当视线受阻、超过一定高度或自然条件不佳时，施测就无法进行。随着科技的进步，新一代垂准经纬仪的问世，从而解决了传统垂准测量方法中的难题，能在各种困难条件下进行施测，使垂准测量方法进一步完善。天顶法垂准测量的基本原理，是应用经纬仪望远镜进行天顶观测时，经纬仪轴系间必须满足下列条件：①水准管轴应垂直于竖轴；②视准轴应垂直于横轴；③横轴应垂直于竖轴。则视准轴与竖轴是在同一方向线上。当望远镜指向天顶时，旋转仪器，利

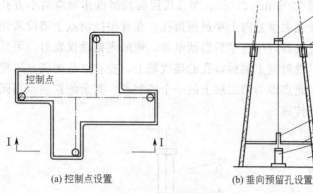

(a) 控制点设置　　　　(b) 垂向预留孔设置

图 7-73　内控制布置

1—中心靶；2—滑模平台；3—通光管；4—防护棚；5—激光铅垂仪；6—操作间

用视准轴线可以在天顶目标上与仪器的空间画出一个倒锥形轨迹。然后调动望远镜微动手轮，逐步归化，往复多次，直至锥形轨迹的半径达到最小，近似铅垂。天顶目标分划上的呈像，经望远镜棱镜通过 90°折射进行观测。

① 使用仪器及附属设备：上海第三光学仪器厂的 DJK-6 普通经纬仪和上海第三光学仪器厂于 1985 年研制成的 DJ6-C6 垂准经纬仪；其他国产的 J6、J2 经纬仪（但望远镜要短，能置于天顶）；附属设备与仪器望远镜目镜相配的弯管棱镜组或直角棱镜；目标分划板（可以根据需要设计制作）。

② 施测程序及操作方法：先标定下标志和中心坐标点位，在地面设置测站，将仪器置中、调平，装上弯管棱镜，在测站天顶上方设置目标分划板，位置大致与仪器铅垂或设置在已标出的位置上。将望远镜指向天顶，并固定之后调焦，使目标分划板呈现清晰，置望远镜十字丝与目标分划板上的参考坐标 X 轴、Y 轴相互平行，分别置横丝和纵丝读取 x 和 y 的格值 GJ 和 CJ 或置横丝与目标分划板 Y 轴重合，读取 x 格值 GJ。转动仪器照准架 180°，重复上述程序，分别读取 x 格值 $G'J$ 和 y 格值 $C'J$。然后调动望远镜微动手轮，将横丝与 $\dfrac{GJ+G'J}{2}$ 格值重合，将仪器照准架旋转 90°，

置横丝与目标分划板 X 轴平行，读取 y 格值 $C'J$，略调微动手枪，使横丝与 $\dfrac{CJ+C'J}{2}$ 格值相重合。所测得 $X_J=\dfrac{GJ+G'J}{2}$；$Y_J=\dfrac{CJ+C'J}{2}$ 的读数为一个测回，记入手簿作为原始依据。

③ 数据处理及精度评定：一测回垂准测量中误差的精度评定，目前是参照国际标准"ISO/TC172/SC6N8E《垂准仪》野外测试精度评定方法"进行计算的，采用 DJ6－C6 仪器测试时按下列公式计算：

$$m_x \text{ 或 } m_y = \pm\sqrt{\dfrac{\sum_1^4\sum_{i+1}^{10} V_{ij}^2}{N(n-1)}}$$

$$m = \pm\sqrt{m_x^2+m_y^2} \quad r=\dfrac{m}{n}$$

$$r''=\dfrac{m}{h}\times\rho''$$

式中　V——改正数；

　　　N——测站数；

　　　n——测回数；

　　　m——垂准点位中误差；

　　　r——垂准测量相对精度；

　　　ρ''——$\rho''=206265''$。

如上海宾馆施工中使用天顶法，在 J2 级经纬仪上安装弯管目镜，实测结果在 65m 高度上，误差为±2mm，即竖向误差±6″。

3）天底垂准测量（俯视法）

① 天底垂准测量的基本原理：如图 7-74 所示，利用 DJ6-C6 光学垂准经纬仪上的望远镜，旋转进行光学对中取其平均值而定出瞬时垂准线。也就是使仪器能将一个点向另一个高度面上作垂直投影，再利用地面上的测微分划板测量垂准线和测点之间的偏移量，从而完成垂准测量。基准点的对中是利用仪器的望远镜和目镜组，先把望远镜指向天底方向，然后调焦到所观测目标清晰、无视差，

使望远镜十字丝与基准点十字分划线相互平行，读出基准点的坐标读数 A_1，转动仪器照准架180°，再读一次基准点坐标读数 A_2，由于仪器本身存在系统误差，A_1 与 A_2 不重合，故中数 $A=(A_1+A_2)/2$，这样仪器中心与基准点坐标 A 在同一铅垂线上，再将望远镜调焦至施工层楼面上，在俯视孔上放置十字坐标板（此板为仪器的必备附件），用望远镜十字丝瞄准十字坐标板，移动十字坐标板，使十字坐标板坐标轴平行于望远镜十字丝，并使 A 读数与望远镜十字丝中央重合，然后转动仪器，使望远镜与坐标板原点 O 重合，这样完成一次铅垂点的投测。一系列的垂准点标定后，作为测站，可作测角放样以及测设建筑物各层的轴线或垂直度控制和倾斜观测等测量工作。上海金陵东路售票大楼即应用天底垂准测量方法来完成轴线的投测工作。

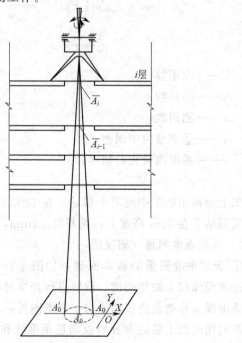

图 7-74 天底法原理

A_0—确定的仪器中心；O—基准点

② 施测程序及操作方法：

a. 依据工程的外形特点及现场情况，拟定出测量方案。并做好观测前的准备工作，定出建筑物底层控制点的位置，以及在相应各楼层留设俯视孔，一般孔径为 $\phi150$mm，各层俯视孔的偏差 $\leqslant\phi8$mm。

b. 把目标分划板放置在底层控制点上，使目标分划板中心与控制点标志的中心重合。

c. 开启目标分划板附属照明设备。

d. 在俯视孔位置上安置仪器。

e. 基准点对中。

f. 当垂准点标定在所测楼层面十字丝目标上后，用墨斗线弹在俯视孔边上。

g. 利用标出来的楼层上十字丝作为测站即可测角放样，侧设高层建筑物的轴线。数据处理和精度评定与天顶垂准测量相同。

(5) 某大厦施工测量实例

1) 概述

此大厦主体建筑地下 3 层，地上 88 层，总建筑面积 289600m²，总高度 420.50m。

主楼 1～52 层为办公室，总面积 115438m²，53～87 层为五星级宾馆，88 层为观光层，距地面 340.10m。

裙房长 150.40m，宽 45.70m，六层。

地下三层，面积 57151m²。

主楼有电梯 55 台，外墙以不锈钢管为装饰线条的玻璃幕墙，在主楼 24 层，51 层和 85 层高度范围内有三道外伸桁架将核心筒与外部钢结构相连接。

在塔楼顶部中央有一座高约 51m 的塔尖，其底部标高为 369.50m，顶部标高为 420.50m。

塔尖于 1997 年 8 月 8 日开始安装第一段，次日进行后三段的组装，到 14 日上午正式提升，仅用了 35min，塔尖就稳稳地坐到了 383.50m 高的位置上，同时宣告了中华第一高楼塔楼结构工程的基本完成。

2）建筑施工对测量精度要求

在大厦建筑施工和安装过程中，测量工作极为重要，它是保证施工质量和建筑物安全的重要手段。由于结构的特殊性，塔楼核心筒内的控制点与筒外控制点不能直接通视，又因筒内楼板浇捣滞后，以及 56 层以上筒中心块圆弧内为空洞，给测量工作带来很大困难。

设计施工对测量精度要求：竣工后塔楼中心垂直方向偏差不大于 30mm，塔筒五个垂准基点相对于塔筒中心点，点位误差小于 2mm，楼层四边形控制点小于 3mm，垂直投点误差小于 3mm。长度精度量距相对误差为 1：20000，在玻璃幕墙安装中，要求轴线控制点误差在 3mm 以内，高程点误差在 3mm 以内。

3）施工特点和测量难度

① 施工特点：塔楼分四踏步施工，分别是核心筒、巨型钢柱、复合巨型柱和筒内外楼板。

主楼核心筒为钢筋混凝土结构，采用分体组合式钢平台模板系统，复合巨型柱采用爬模施工工艺。

塔楼共有 45 节钢柱子连接而成，其中 1～36 节为主体楼层，每层有 8 根巨型钢柱和 16 根复合巨型钢柱，在其层间，每根巨型钢柱向核心筒方向共收缩 12 次，每根钢柱要转换 12 个坐标位置。

在主楼的三道外伸桁架由于其设计特殊性使外伸桁架从制作到安装产生了一系列前所未遇的技术难点。

② 测量的难度：该大厦为超高层建筑物，在施工测量时遇到了不少困难，有以下几种不利情况。

a. 自然影响：在高空作业时，易受日照、风力、摇摆等不利气候影响。

b. 建筑物变形影响：设置在建筑物上的测量点由于受到沉降、收缩等影响，其点位也会发生变化，一般网点边长会缩短，影响测量精度。

c. 施工条件的影响：塔楼分四踏步施工（核心筒、巨型钢柱、复合巨型柱混凝土、楼面混凝土），周期长、节奏快、施工快慢不一。核心筒施工快，楼层面慢，如有一次核心筒施工已达 A41 层 +169m 时，楼层面只到 +89m，两者高度相差达 80m，使核心筒十字轴线与楼层四边形网点在相应高度的层面上无法联网，其次筒内楼面后施工，搭设中心测量平台很困难。

d. 结构复杂的影响：由于钢结构设计的特殊性，塔楼共有 45 节钢柱的垂直度测量，立好每节钢柱后，测量时通常水平梁都未安装，无法设站，故每次设法在核心筒壁上搭设测站。三道外伸桁架的测量，因为施工程序的决定，核心筒的 8 根立柱，必须先浇进核心筒剪力墙内，下面只露出 16 只巨型柱节点，待后安装复合巨型柱上来后，再安装相关的水平梁及支撑，因此对先安装好的 8 根立柱的位置与标高一定要控制好，否则产生扭转，使以后的 $\phi100mm$、$\phi150mm$ 的锁轴无法锁进。

e. 使用绝对建筑标高的影响：设计规定标高引测必须使用绝对标高，即从场地水准基点 BM_1 引测上去，势必增加许多工作量。其次是先前设置在各楼层上的标高线（点）变化也不尽相同，势必增加许多检查和修正工作。

4）施工平面（垂直）控制网的建立

塔楼控制测量分为平面与垂直控制测量两大部分，其中平面控制测量在场地区域内建立场地控制网。首先放样出塔楼中心轴线及基础施工所需用的轴线，而垂直控制测量在塔楼中建立垂直控制点，用 Wild ZL 天顶垂准仪投测垂直基准线。随着施工的进展，为了使投测控制点接近施工区，设置一定的测量平台，使投测点转换上去，同样再从测量平台上的投测点，投测至提升好的施工钢平台面上，从标定在施工平台上的五个垂直轴中心来测设核心筒施工轴线，按设计尺寸来控制和调整模板的位置，从而保证筒身的垂直。在楼层面上根据四边形控制网点，投测在各楼层面上，来测设各层的施工轴线。

① 坐标系统：塔楼 SOM 建筑坐标轴，两条正交零轴线交于主楼中心，其坐标为 $Y = 1000.00$，$X = 500.00$。

根据上海建筑设计研究院金茂大厦地下连续墙平面图（图号 S-2），在墙与红线转折点所注 SOM 建筑坐标（Y，X）与设计坐标（A，B）两种坐标，经计算其换算方法如下，如图 7-75 所示。

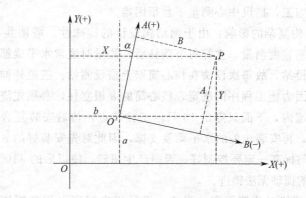

图 7-75　建筑坐标

其中：YOX 为 SOM 建筑坐标系；$AO'B$ 为设计坐标系

则 P 点在两个系统内的坐标，Y、X 和 A、B 的关系式为：

$$Y = a + A\cos\alpha + B\sin\alpha$$
$$X = b - B\cos\alpha + A\sin\alpha$$
$$A = (Y-a)\cos\alpha + (X-b)\sin\alpha$$
$$B = -(X-b)\cos\alpha + (Y-a)\sin\alpha$$

上式中的参数　　　　　$a = 753.391$
$$b = 558.088$$
$$\alpha = 16°04'54.7''$$

② 施工平面控制网的建立。该大厦平面控制网以业主提供的航 1、航 3 和航 4 来引测，其 SOM 坐标见表 7-10。

表 7-10　SOM 坐标

点号	X/m	Y/m
航 1	533.861	1055.921

续表

点号	X/m	Y/m
航 3	569.540	887.261
航 4	242.027	867.711
主楼中心	500.000	1000.000

在建筑施工场地上，平面控制网布设一个通过塔楼中心的十字轴线加密网，点 1～点 4 为轴线的端点，1～7 为加密点，如图 7-76 所示；十字轴线与塔楼建筑零轴线相重合。

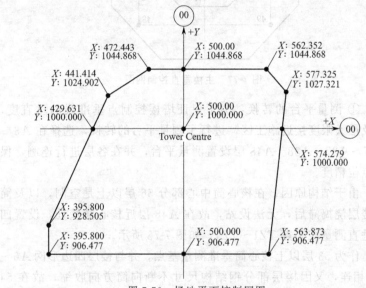

图 7-76　场地平面控制网图

③ 塔楼垂直控制网（点）的设置：依据场地控制十字轴线，在核心筒段内布设一个小十字轴线网点，其点为 $A1～A5$，在筒外楼层布设一个正四边形网，其点为 $A6～A9$，如图 7-77 所示；十字轴线端点延长通过门洞交于四边形中间，形成一个田字网型。

首次垂直控制网点设置于基础承台面上，由于地下室测量不便，便把承台面上的控制点精确投测至 $A3$ 层面上，作为垂准测量基准点。

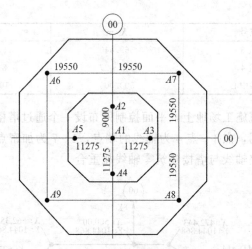

图 7-77　主楼垂直控制网图

④ 测量平台的转换：为了保证塔楼控制点垂准线的垂直度，以及最大限度接近施工区，进行了测量平台的转换，选择在 A3～A17～A27～A38～A48 层设置测量平台，并在各层进行连测，保证点位精度。

由于结构原因，在核心筒中心部分 56 层以上是空洞，以及筒内楼层浇捣滞后，无法设站，故在 A48 层近核心筒壁处，设置四个垂直测量控制点 TZ1～TZ4，如图 7-78 所示。

作为 53 层以上核心筒垂准测量基点，并与楼层四边形网 A6～A9 相连，又因楼层部分钢结构尺寸不断向筒方向收缩，故在 54 层以上将楼层四边形边长从 39.100m 改为 28.550m，并且在 A54 层、A72 层设置测量平台，同时在各楼层四边形网上作加密点来测设轴线和复合巨型柱位置。

5）垂准测量方法和要求

观测选择有利时间如清晨和阴天，使用 Wild ZL 天顶垂准仪进行，仪器标称精度 1：200000（仪器旋转 180°对径时二次之差）。测量时仪器旋转四个方向一测回测定，直至上面标志中心移至十字丝交点为止，然后固定标板。

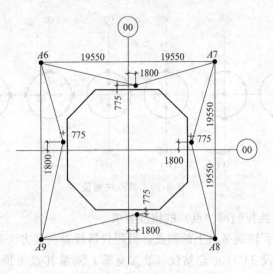

图 7-78 A 48 层垂准控制点

①投点方法：其方法为"置仪—对中—整平"，水平度盘指向 0（轴线方向），通知上方准备投测，其作业步骤如下。

a. 指挥上方，使标志中心初步移在镜里十字丝交点附近 ［图 7-79(a)］。

b. 指挥使标志中心精确移在十字丝交点中心 ［图 7-79(b)］。

c. 垂准仪旋转 $180°$，使标志中心折射在纵丝下（上），离十字丝交点一微小距离 d ［图 7-79(c)］。

d. 指挥上方，在纵丝上向交点方向移 $d/2$ 的距离，即此点为仪器旋转小圆轨迹的中心，旋转 $0°$ 和 $180°$ 两个对径位置，镜里会出现的情况 ［图 7-79(d)］。

e. 垂准仪水平旋转 $90°$ 与 $270°$ 位置，按上述方法测量移至在横丝上 ［图 7-79(e)］。

f. 检查投点位置正否，旋转四方，如点对称折射在十字丝线上 ［图 7-79(f)］，那点才算投正。

点投好后，通知上方，固定标志。

②投测精度要求：

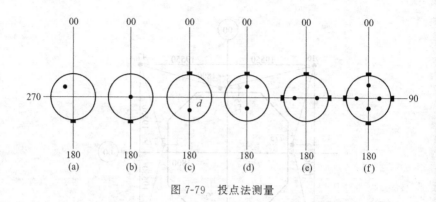

图 7-79 投点法测量

a. 转换控制网（点）的精度要求

投测到转换平台上的测点，另用仪器检查：其方法是在同一测站上，架设 TC1700 全站仪（装置弯管）测量其点天顶角来检查，求得点位 ΔX（ΔY）和偏差值，偏差值小于 2mm 不予改正。点位全部投测转换好后，到转换层上去检查。测量技术指标及限差规定如下。

测回数	1 测回
测角中误差	$\pm 8''$
十字轴线交角误差	$90°\pm 5''$
四边形直角误差	$90°\pm 10''$
量距误差	$1''20000$
十字轴线端点误差	$\pm 2mm$
四边形角点误差	$\pm 3mm$

由于楼层面混凝土有平面收缩现象，在测量长度时，使边长不小于设计长度，以免收缩出现更大误差。

b. 投测至钢平台上的十字轴线点的精度要求

在转换平台上投测至钢平台上的点投好后，就到钢平台面上去检查，其方法是：在中心点 A1 架设经纬仪测设十字轴线边角关系，在 A53 层以上钢平台上，仪器设在 TZ1～TZ4 四站来检查。考虑到钢平台上受施工振动影响较大，以及边长较短，其限差规定如下。

十字轴线（四边形角）　　　　　90°±20″

量距误差十字轴线　　　　　　　11.275m±2mm

四边形线　　　　　　　　28.550m±3mm

如果检测后略超过此限值，则合理调整，在钢平台上十字轴线调整一般选南北方向线来调整。如果交角大于1′或边长误差大于5mm，则通知下方进行重测，直至符合要求为止。

③ 照准标志：在 $A53$ 层以上高度时，投测时采用滑动标志，其特点是快速容易标定。

a. 设置方法：在钢平台上筒中心（或端点）预埋滑动标志装置如图 7-80（a）所示，标志坐标线对准十字轴线。

b. 材料：用一块质硬光滑木板，其尺寸为 300mm×300mm×18mm，中间留有 100mm×100mm 正方形空洞，搁置在预先埋好在平台上的两根相平行角钢滑槽中，木板上钉有与钢槽相垂直的两根平行滑尺，相距为 150mm，测量时用一块 150mm×150mm 不锈钢板标志插在滑尺间，其中点留有 3mm 通光小孔，如图 7-80（b）。

c. 移动方法：根据下方指挥，先将木板顺 Y 轴方向，移左（或右），使标志中心移在 X 轴线上，然后再在滑尺间移动标板（木板不动），使标志中心移在 Y 轴线上，这样点位就定好。经过检查无误后，就用螺栓固定木板和标板。

6）水准测量和塔身高程控制测量

① 水准测量：

a. 高程起算点：以业主提供的 BM_1 水准点作为场地基准水准点，BM_1 位于××路街心花园处，离基坑东北方向约 250m 处。其标高 BM_1＝＋3.4934m（绝对），场地设计建筑标高±0.000m＝±14.200m（绝对）。

b. 楼层控制标高设置：以 11 等水准测量精度进行，以 BM_1 水准点引测至地下室四个基准标高（两个在核心筒南、北外壁上，另两个在内壁上）为 －14.500m 红三角标志，作为地下室标高引

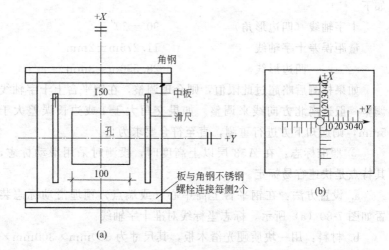

图 7-80　滑动标志

测依据。

建筑物出地面后，以 BM_1 水准点精密地把高程引测至核心筒外壁西北角 +1.500m 处 N 点，N 点红三角标志如图 7-81 所示，作为向上引测高程基准点，并与地下室标高进行连测与检查。

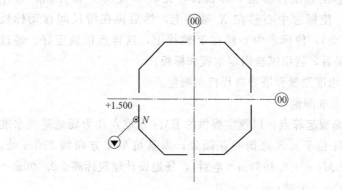

图 7-81　N 点红三角标志

② 主楼竖向高程控制测量方法：以设置在核心筒西北角 N 点红三角标志（+1.500m）作为向上引测依据。

a. 钢尺丈量引测法：核心筒混凝土每施工一层（4.0m 或 3.2m），在提升完钢平台后，拆松模板时，在西北角下面已知标高点，沿筒壁垂直量上一段层高距离，钢尺经拉力、温度、尺差等改正，经检查无误后，以红三角标志标定，作为钢平台上高程放样依据。

b. 竖向测距法：竖向测距使用全站仪加弯管，可测得较长段垂距，控制钢尺逐段丈量累计误差，检查已设置在筒壁上的标高。其测量方法如下：在平台垂直测量孔上，架设 TC1700 全站仪，利用壁上已知点高程，测出仪器视高，然后测量至接受点棱镜（镜面向下）垂距。并在棱镜底面上立水准尺，用水准仪引标高于筒壁上，设置标高标志，竖向高程测量方法如图 7-82 所示。所求标高点计算公式为：

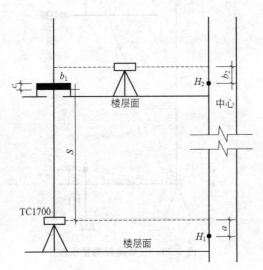

图 7-82　竖向高程测量图

$$H_2 = H_1 + a + S + c + b_1 + b_2$$

式中　H_1——已知点标高；

　　　a——已知点与仪器水平时中心高差；

　　　S——仪器至棱镜垂距；

c——棱镜中心至底面间距（常数18mm）；

b_1——棱镜底面上水准尺读数；

b_2——凑整数。

c. 三角高程测量方法：欲在楼层面上求得高程点，其测量方法如下：在近 BM_1 水准点的地面处，设置 TC1700 全站仪，用两根装置棱镜的标杆，一根立在 BM_1 点上，一根立在所求点上，分别测出仪器至 BM_1 点和所求点的高差 h_1 和 h_2，即可算得所求点的高程，如图 7-83 所示。测量时，二处所立的棱镜标高一致时，其所求点（N_1）高程计算公式如下。

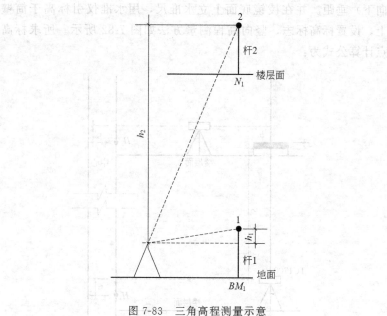

图 7-83 三角高程测量示意

$$H_{N1} = BM_1（高程）+ h_2 - h_1$$

如果仪器至杆1测得负高差，则 h_1 前变符号为"＋"。

二杆高度不一致时，如杆2大于杆1一差数时，则二杆之高差减去这一差数，否则相加。

塔楼高度在＋200m（50层）以上时，用三角高程测量法已无法观测。在 53 层以上的高程控制，用设在 A48 层的 TZ1～TZ4 点竖向高程测量方法进行。

d. 楼层高程控制：依据在核心筒壁西北处红三角标高标志，施工员在每层核心筒壁四周测设墨斗线弹注安装水平线，其标高为每层地坪设计标高＋500mm，供后续各安装单位使用。

7）塔楼钢结构安装测量

88 层的大厦，高达 420.50m，共有 45 节钢柱子组成，其中第 1～36 节为主体楼层，每层有 8 根巨型钢柱及 16 根复合钢柱，如图 7-84 所示。每根巨型钢柱在坐标轴上 ΔX（ΔY）向筒方向共收缩 12 次，每次收缩 ΔX（ΔY）为 0.750m，每对钢柱每次垂直向筒方向平移 1.0607m，12 次在轴上共收进 9.000m，平移 12.728m，每根钢柱要转换 12 个坐标位置，势必增加测设钢柱垂直度的难度，尤其在东西方向上。

第 41 节为塔基底部，42 节为塔基基础，43～45 节为塔尖，这样的超高层钢结构（如转换 12 个坐标位置）垂直度测量允许偏差，现行规范没有详细说明，现规定每节钢柱垂直度限差在 10mm 之内，主体结构整体垂直度如下式所示：

$$H/2500 + 10.0 < 50.0 \text{mm}$$

式中 H——柱总高度。

即总体垂直度不得超过 50mm，为此机械施工公司制定了严密的施工方案，测得钢柱最大偏差为第 24 节（＋234.495m）A6 柱总体偏差为 28mm，从而保证了钢结构封顶时总体垂直偏差大大小于 50mm 的要求。

① 8 根巨型钢柱垂直度测量：

a. 地面测量法：利用场地控制网，将外围柱轴线延长至塔楼外场地上，设置测点，同时在 1 层柱子面上，设置轴线标志，一根柱子设二个基准标志东（西）和南（北），作为投测依据。在相应测站上，用 T2 经纬仪进行正倒镜投测，在上节柱子上量出偏差，求得位移量。随着建筑物不断升高，此基准线方向标志必须向上传递，利用上部轴线重新设置方向标志。第一次设置的一层方向标

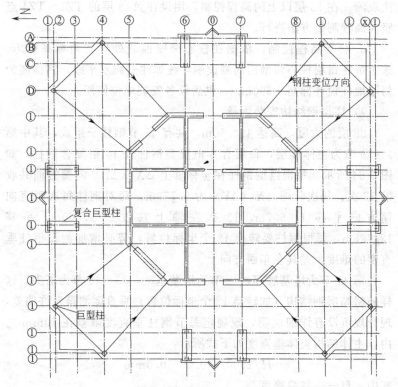

图 7-84　主楼钢柱位置图

志，一直用到第一道外伸桁架安装完成。第二次方向标志设在第18层钢柱上，一直用到第二道外伸桁架安装结束。第三次基准方向标志，设在 48 层的钢柱上。

　　b. 联合测量法：当结构安装到 150m 以上时，采用高空和地面联合测量法。在安装时，高空由当班工，测量安装节柱的本节垂直度，使用 J2 型经纬仪，地面测量总体垂直度，使用 T2 型经纬仪。测好后，互相对照，从而为下一节柱子安装提供垂直偏差的依据。在高空测量中，架设仪器困难，测量人员自己动手解决了搁置仪器问题，即利用钢管、扣件及螺栓，制作一个简单的可固定在核心筒上安放仪器小平台，这样可解决一个方向的测量问题。另一个方向测量，将仪器安置在已安装好的钢梁上，这个方法一直使用到88层。

　　c. 坐标测量法：该方法也是总体垂直度测量的一种方法，其方法在 53 层以上时，每逢各节柱顶的楼层面上，在核心筒壁处的测点 TZ1～TZ3 和 TZ2～TZ4，在其方向一定高度处，在筒壁上预留 200mm×200mm 方孔，使其对向通视，如图 7-85(a) 所示。测量时设置一个搁置平台，使仪器中心对准楼面上测点，如图 7-85(b) 所示。从孔中看到对向后视点，测量各节柱顶中心位置坐标，算得偏差和垂直度。

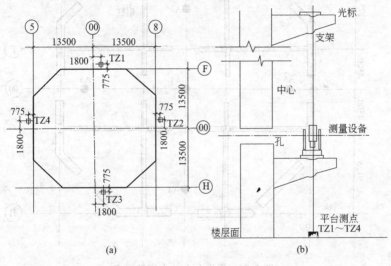

图 7-85　垂直度测量

　　② 三道外伸桁架的测量：三道外伸桁架的安装是整个钢结构工程的关键，要求较高。依施工程序，核心筒的 8 根立柱必须先浇进核心筒剪力墙内，楼层下面只露出 16 只巨型柱节点，待安装复合柱上来后，再安装相关的水平梁及支撑。因此对这先安装好的 8 根立柱的轴线与标高控制至关重要，特别是轴线，如控制不好，产生扭转，以后 $\phi200$mm 和 $\phi_{协}50$mm 的锁轴，无法锁进。

　　测量方法：在测设三道外伸桁架时，钢平台较长时间分别停留在24层、51层和85层相应高度范围内，根据投测在钢平台上的十字轴线点来测设8根立柱和钢结构的位置，如图7-86所示。8根立柱位置控制在3mm内，等浇好混凝土后再测一次，求得8根立柱的实际偏差值，为外伸桁架复合柱安装提供调整数据。

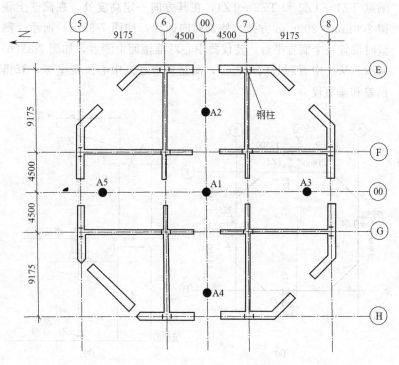

图7-86　钢平台上的十字轴线点

柱顶标高依据在各层核心筒壁西北红三角标高标志来引测。由于测量控制得好，使三道外伸桁架416根锁轴，顺利锁定。

③塔顶测量：塔顶测量是仅次于外伸桁架的第二难点。因为在88层以上，只有少量几根外围柱设计是垂直的，其余都是倾斜的。测量方法根据85层核心筒壁上4个测量点TZ1～TZ4点投测至P1～P4各层面上，直至塔尖基座中心（+383.50m）层面。在各层面上4个控制点网用来控制各层轴线和塔尖垂直度。

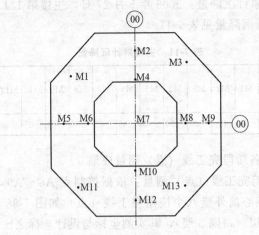

图 7-87 主楼沉降观测点布置

8）主楼沉降观测

主楼沉降观测主要是为了掌握建筑物各部位的沉降变化情况，分析数据，做出预报，为建筑物的安全施工服务。同时根据测得资料，对设计所预期的沉降数据，进行验证。

① 沉降观测点的布设：在基础承台面上布设 13 个沉降观测点，即 M1～M13，如图 7-87 所示，在浇捣承台混凝土时一起埋设，标志为圆盒式型，以利保护。

② 沉降观测方法：以 II 等水准测量精度要求进行观测，从场地基准水准点 BM1，引测组成一个水准环线，塔楼首层至地下室部分用 20m 铟钢带尺向下传递引测，观测使用精密水准仪 Wild-NA2 和铟钢水准尺、带尺。

③ 观测要求：前后视距差不大于 2m，视距累计差不大于 3m，视距最大长度不超过 40m。

观测精度：沉降观测点相对于后视点高差的测定允许偏差为 ±1mm，观测闭合差不超过 $1\sqrt{n}$ mm（式中 n 为测站数）。沉降观测点、测定高程中误差最大为 ±1mm。

④ 观测周期：平均每周观测一次。

⑤ 主楼累计沉降量：2006 年 5 月 27 日，主楼第 121 次沉降观测，测得累计沉降量见表 7-11。

表 7-11　主楼累计沉降量

累计沉降量/mm ＼ 点号	M1	M2	M3	M4	M5	M6	M7	M8	M9	M10	M11	M12	M13
1998.3.28	−36	45	−38	−64	−43	−65	−69	−66	−45	−65	−38	−45	−38

9）结构各阶段完工线（点）测量成果

① 核心筒完工线（点）测量：依据控制点 A6～A9 与 TZ1～TZ4 点测量核心筒外壁八个棱角完工线（点）如图 7-88 所示。从 A1 层～A88 层（每隔 5 层），其实测坐标与设计坐标之比，求得点位偏差值（略）。

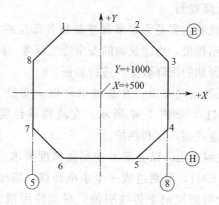

图 7-88　核心筒完工点布置

② 核心筒外伸桁架柱顶偏差和标高测量：核心筒的三道外伸桁架的柱顶中心水平偏差，依据投测在 A24 层、A51 层和 A85 层钢平台上的十字轴线来测设，分别量测轴线与柱顶中心间距离，算得每个柱顶的水平位移偏差如图 7-89～图 7-94 所示，同时算得每道外伸桁架相对偏差（略）。标高测量分别以核心筒红三角标高标志，用水准测量方法，测出各柱顶高程，求得高程偏差。

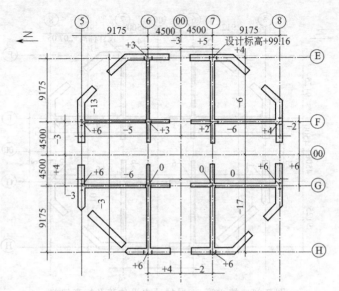

图 7-89　核心筒 24 层柱顶水平位移及标高偏差

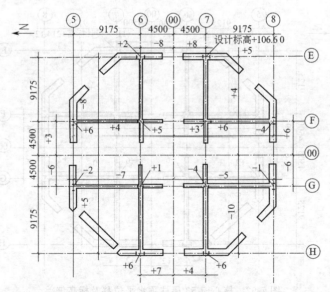

图 7-90　核心筒 26 层柱顶水平位移及标高偏差

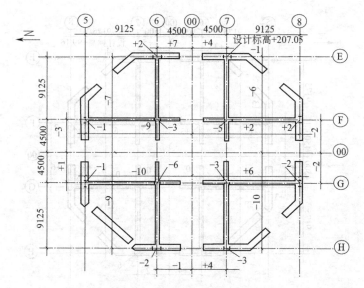

图 7-91 核心筒 51 层柱顶水平位移及标高偏差

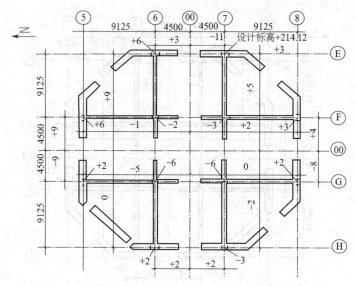

图 7-92 核心筒 53 层柱顶水平位移及标高偏差

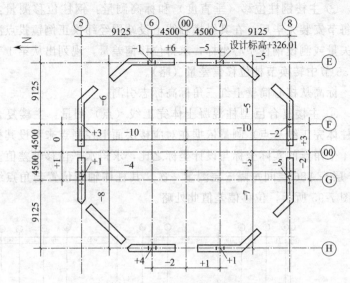

图 7-93　核心筒 85 层柱顶水平位移及标高偏差

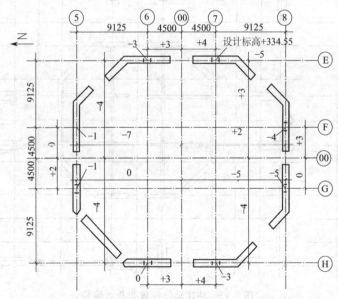

图 7-94　核心筒 87 层柱顶水平位移及标高偏差

③ 主楼钢柱位移（垂直度）和标高测量：钢柱位移测量：钢柱每节安装完毕后，在其纵横轴线上设站用经纬仪正倒镜投点法量取矢量或测设钢柱中心坐标，求得位移偏差量，现列出从第1节至第35节中转换节柱位移偏差量（略）。

标高从核心筒壁上红三角标高标志引测。

④ 主楼复合巨型柱混凝土体完工线（点）测量：主楼复合巨型柱体完工线（点）测量依据在对应楼层面上控制点来测设其柱体的4个角点的实际坐标与设计坐标之比，求得水平位移偏差值。从A1层～A86层间每隔5层测量一次，其柱体轴线位置与角点编号如图7-95所示，位移偏差值此处略。

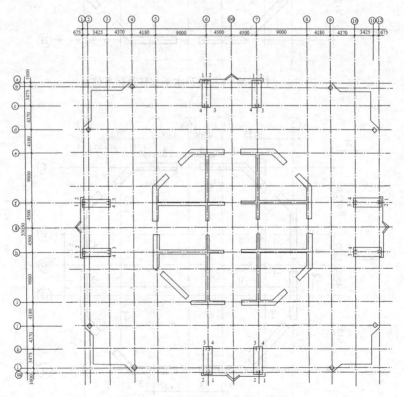

图 7-95　柱体轴线位置与角点编号

⑤ 核心筒中心点垂直位移偏差：在核心筒中心 $A3$ 层基准点（$+12.800$m）处，用 Wild ZL 天顶垂准仪投测至测量平台上，然后用 TC1700 全站仪（装置弯管）测设天顶角，求得位移偏差值。随着施工的进展，测站点移至 $A17$ 层、$A38$ 层、$A56$ 层平台中心点上，投测相应层次中心点，直至塔尖基座中心（$+382.500$m）换算得 $A3$ 层中心至塔尖基座中心垂直位移偏差值：

$$累计位移偏差值\quad 矢量\qquad \Delta Y=+19\text{mm}（偏东）$$

$$\Delta X=+9\text{mm}（偏南）$$

$$S_{(A3-基座)}=21\text{mm}（东南）$$

$$相对误差为 1/17600$$

第五节　工业建筑施工测量

1. **工业厂房矩形控制网的布置要求有哪些？**

（1）厂房矩形控制网应布置在基坑开挖范围线以外 $1.5\sim4$m 处，其边线与厂房主轴线平行。

（2）除控制桩外，在控制网各边每隔若干柱间间距埋设一个距离控制桩（距离指示桩），其间距一般为厂房柱距的倍数，但不要超过所用钢尺的整尺长。

2. **怎样测设矩形控制网？**

如图 7-96 所示，将经纬仪安置在建筑方格网点 F 上，分别精确照准 E、G 点，自 F 点沿视线方向分别量取 $F_b=36.00$m 和 $F_c=29.00$m；定出 b、c 两点。

（1）将经纬仪分别安置于 b、c 两点上，用测设直角的方法分别测出 bS、cP 方向线，沿 bS 方向测设出 R、S 两点，沿 cP 方向测设出 Q、P 两点，分别在 P、Q、R、S 四点上钉立木桩，做好标志。

（2）检查控制桩。P、Q、R、S 各点和直角是否符合精度要求，一般情况下，其误差不应超过 $\pm10''$，各边长度相对误差不应超过 $1/25000\sim1/10000$。

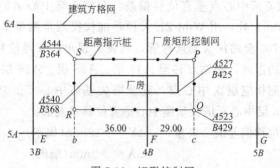

图 7-96　矩形控制网

（3）在控制网边上按一定距离测设距离指示桩，以便对厂房进行细部放样。

3. 如何进行厂房柱列轴线的测设？

根据柱列间距和跨距用钢尺从靠近的距离指标桩量起，沿矩形控制网各边定出各柱列轴线桩的位置，并在桩顶上钉入小钉，作为桩基放线和构件安置的依据，如图 7-97 所示。量大时应以相邻的两个距离指标为起点分别进行，以方便检核。

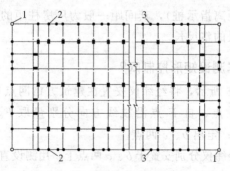

图 7-97　厂房柱列轴线的测设

1—厂房控制桩；2—轴线控制桩；3—距离控制桩

4. 如何进行柱基的测设？

（1）如图 7-98 所示，将两台经纬仪分别安置ⓒ轴与⑤轴一端的轴线控制桩上，瞄准各自轴线另一端的轴线控制桩，交会出轴线交点作为该基础的定位点。

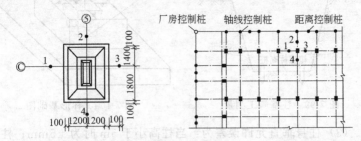

图 7-98 柱基测设

（2）沿轴线在基础开挖边线以外 1～2m 处的轴线上打入四个小木桩 1、2、3、4，并在桩上用小钉标明位置。

（3）木桩应钉在基础开挖线以外一定位置，留有一定空间以便修坑和立模。再根据基础详图的尺寸和放坡宽度，量出基坑开挖的边线，并撒上石灰线，此项工作称为柱列基线的放线。

5. 如何进行柱基施工测量？

（1）如图 7-99 所示，等基坑挖到一定深度后，用水准仪在坑壁四周离坑底 0.3m 或 0.5m 处测设几个水平桩，作为检查坑底标高和打垫层的依据。

（2）注意，打垫层前须再进行垫层标高桩的测设。

（3）待垫层做好后，再依据基坑旁的定位小木桩，用拉线吊垂球法将基础轴线投测到垫层上，弹出墨线，作为桩基础立模和布置钢筋的依据。

6. 预制构件柱子安装测量要求是什么？

如图 7-100 所示，预制构件柱子安装测量时，应满足以下要求：

（1）柱子中心线应与相应的柱列轴线一致，其允许偏差为 ±5mm。

（2）牛腿顶面和柱顶面的实际标高应与设计标高一致，其允许偏差为 ±（5～8mm），柱高大于 5m 时为 ±8mm。

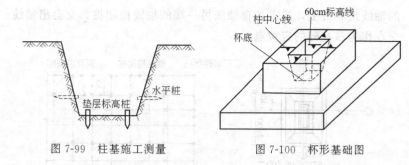

图 7-99 柱基施工测量　　图 7-100 杯形基础图

（3）柱身垂直允许误差为：当柱高小于 5m 时为±5mm；柱高 5~10m 时，为±10mm；柱高大于 10m 时，为柱高的 1/1000，但不能大于 20mm。

7. 预制构件——柱子安装测量的操作步骤是什么？

（1）柱基拆模后，用经纬仪根据柱列轴线控制桩，将柱列轴线投测到杯口顶面上，如图 7-100 所示，并弹出墨线，用红漆画出"▶"标志，作为安装柱子时确定轴线的依据。如果柱列轴线不通过柱子的中心线，则应在杯形基础顶面上加弹柱中心线。

（2）用水准仪，在杯口内壁，测设一条一般为－0.600m 的标高线（一般杯口顶面的标高为－0.500m），并画出"▼"标志，如图 7-100 所示，作为杯底找平的依据。

（3）将每根柱子按轴线位置进行编号。如图 7-101 所示，在每根柱子的三个侧面弹出柱中心线，并在每条线的上端和下端近杯口处画出"▶"标志。根据牛腿面的设计标高，从牛腿面向下用钢尺量出－0.600m 的标高线，并画出"▼"标志。

（4）先量出柱子的－0.600m 标高线至柱底面的长度，再在相应的杯基杯口内量出－0.600m 标高线至杯底的高度，并进行比较，以确定杯底找平厚度，用水泥砂浆根据平厚度在杯底进行找平，使牛腿面符合设计高程。

（5）将预制的钢筋混凝土柱子插入杯口后，使柱子三面的中心线与杯口中心线对齐。如图 7-102 所示，并用木楔或钢楔临时固定。

（6）待柱子立稳后，马上用水准仪检测柱身上的±0.000m 标高线，其允许误差为±3mm。

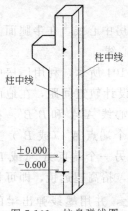

图 7-101　柱身弹线图

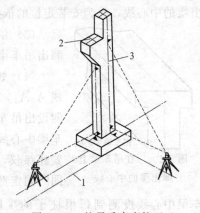

图 7-102　柱子垂直度校正
1—定位轴线；2—梁中心线；3—柱中心线

（7）如图 7-102 所示，用两台经纬仪分别安置在柱基纵、横轴线上，离柱子的距离不小于柱高的 1.5 倍，先用望远镜瞄准柱底的中心线标志，固定照准部后，再缓慢抬高望远镜观察柱子偏离十字丝竖丝的方向，指挥用钢丝绳拉直柱子，直至从两台经纬仪中观测到的柱子中心线都与十字丝竖丝重合为止。

（8）在杯口与柱子的缝隙中浇入混凝土，以固定柱子的位置。

8. **预制构件——柱子安装测量时应注意哪些问题？**

所使用的经纬仪必须严格校正，操作时，应使照准部水准管气泡严格居中。校正时，除注意柱了垂直外，还应随时检查杜子中心线是否对准杯口柱列轴线标志，以防柱子安装就位后，产生水平位移。在校正变截面的柱子时，经纬仪必须安置在柱列轴线上，以免产生差错。在日照下校正柱子的垂直度时，应考虑日照使柱顶向阴面弯曲的影响，为避免此种影响，宜在早晨或阴天校正。

9. **怎样进行预制构件——吊车梁的安装测量？**

（1）首先依据柱子上的±0.000 标高线，用钢尺沿柱面向上量出吊车梁顶面设计标高线，并作为调整吊车梁面标高的依据。

（2）如图 7-103 所示，在吊车梁的顶面和两端面上，用墨线弹出梁的中心线，作为安装定位的依据。

图 7-103　在吊车梁上
弹出梁的中心线

（3）依据厂房中心线，在牛腿面上投测出吊车梁的中心线。

（4）如图 7-104 所示，利用厂房中心线 A_1A_1，依据设计轨道间距，在地面上测设出吊车梁中心线 $A'A'$ 和 $B'B'$。在吊车梁中心线的一个端点 A'（或 B'）上安置经纬仪，瞄准另一个端点 A'（或 B'），同时固定照准部，抬高望远镜，即可将吊车梁中心线投测到每根柱子的牛腿面上，并用墨线弹出梁的中心线。

（5）安装吊车梁时，应使吊车梁两端的梁中心线与牛腿面梁中心线重合，使吊车梁初步定位，用平行线法校正。

如图 7-104 所示，在地面上，从吊车梁中心线向厂房中心线方向量出长度 a（1m），得到平行线 $A''A''$ 和 $B''B''$。

在平行线一端点 A''（或 B''）上安置经纬仪，瞄准另一端点 A''（或 B''），固定照准部，抬高望远镜进行测量。

在梁上移动横放的木尺，当视线正对准尺上一米刻划线时，尺的零点应与梁面上的中心线重合。如不重合，可用撬杠移动吊车梁，使吊车梁中心线到 $A''A''$（或 $B''B''$）的间距等于 1m 为止。

（6）吊车梁安装就位后，先按柱面上定出的吊车梁设计标高线对吊车梁面进行调整，再将水准仪安置在吊车梁上，每隔 3m 测一点高程，并与设计高程比较，误差应在 3mm 以内。

10.　**如何进行屋架安装测量？**

（1）吊装屋架前，用经纬仪或其他方法在柱顶面上测设出屋架定位轴线，在屋架两端弹出屋架中心线，以方便定位。

（2）安装测量时，使屋架的中心线与柱顶面上的定位轴线对准，允许误差为 5mm。

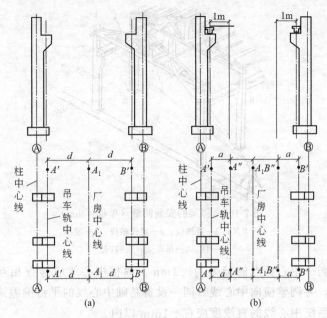

图 7-104　吊车梁的安装测量

（3）用经纬仪（也可用垂球）对屋架垂直度进行检查。在屋架上安装三把卡尺，一把卡尺安装在屋架上弦中点附近，另外两把分别安装在屋架的两端。

屋架几何中心沿卡尺向外量出一定距离，一般为 500mm，作出标志。

在地面上，距屋架中线同样距离处安置经纬仪，观测三把卡尺的标志是否在同一竖直面内，如果屋架竖向偏差较大，则用机具校正，最后将屋架固定。

垂直度允许偏差为：薄腹梁为 5mm；桁架为屋架高的 1/250。屋架安装测量如图 7-105。

11.　厂房设备安装测量工作有哪些？

（1）设备基础中心线的复测与调整。设备基础安装过程中必须对基础中心线的位置进行复测，两次测量的较差不应大于±5mm。

埋设有中心标板的重要设备基础，其中心线由竣工中心线引

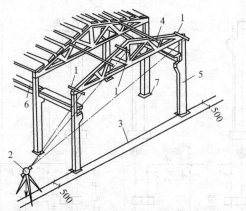

图 7-105　屋架的安装测量（单位：mm）

1—卡尺；2—经纬仪；3—定位轴线；4—屋架；

5—柱；6—吊车梁；7—柱基

测，同一中心标点的偏差为±1mm。纵横中心线应检查相互是否垂直，并调整横向中心线。同一设备基础中心线的平行偏差或同一生产系统中心线的直线度应在±1mm以内。

（2）设备安装基准点的高程测量。一般厂房应使用一个水准点作为高程起算点。如果厂房较大，为施工方便起见，可增设水准点，但应提高水准点的观测精度。一般设备基础基准点的标高偏差，应在±2mm以内。传动装置有联系的设备基础，其相邻两基准点的标高偏差，应在±1mm以内。

12.　怎样进行烟囱、水塔的定位和放线？

（1）按设计要求，利用与施工场地已有控制点或建筑物的尺寸关系，在地面上测设出烟囱的中心位置O（即中心桩）。

（2）如图 7-106 所示，在O点安置经纬仪，任选一点A作后视点，并在视线方向上定出a点，倒转望远镜，通过盘左、盘右分中投点法定出b和B；然后，顺时针测设$90°$，定出d和D，倒转望远镜，定出c和C，得到两条互相垂直的定位轴线AB和CD。

（3）A、B、C、D四点至O点的距离为烟囱高度的$1\sim1.5$倍。a、b、c、d是施工定位桩，用于修坡和确定基础中心，应设

置在尽量靠近烟囱而不影响桩位稳固
的地方。

（4）以 O 点为圆心，以烟囱底部
半径 r 加上基坑放坡宽度 s 为半径，
在地面上用皮尺画圆，并撒出灰线，
作为基础开挖的边线。

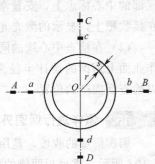

13. 怎样测量烟囱的基础？

（1）当基坑开挖接近设计标高时，
在基坑内壁测设水平桩，作为检查基
坑底标高和打垫层的依据。

图 7-106　烟囱的定位、放线

（2）坑底夯实后，从定位桩拉两根细线，用垂球把烟囱中心投
测到坑底，钉上木桩，作为垫层的中心控制点。

（3）浇筑混凝土基础时，应在基础中心埋设钢筋作为标志，根
据定位轴线，用经纬仪把烟囱中心投测到标志上，并刻上"＋"
字，作为施工过程中控制筒身中心位置的依据。

14. 怎样引测烟囱中心线？

（1）在烟囱施工中，一般每砌一步架或每升模板一次，就应引
测一次中心线，以检核该施工作业面的中心与基础中心是否在同一
铅垂线上。引测方法如下：在施工作业面上固定一根木枋，在枋子
中心处悬挂 8～12kg 的垂球，逐渐移动木枋，直到垂球对准基础
中心为止。此时，木枋中心就是该作业面的中心位置。

（2）另外，烟囱每砌筑完 10m，必须用经纬仪引测一次中心
线。引测方法如下：如图 7-106 所示，分别在控制桩 A、B、C、
D 上安置经纬仪，瞄准相应的控制点 a、b、c、d，将轴线点投测
到作业面上，并作出标记。然后，按标记拉两条细绳，其交点即为
烟囱的中心位置，并与垂球引测的中心位置比较，以作校核。烟囱
的中心偏差一般不应超过砌筑高度的 1/1000。

（3）对于高大的钢筋混凝土烟囱，烟囱模板每滑升一次，就应
采用激光铅垂仪进行一次烟囱的铅直定位，定位方法如下：在烟囱

底部的中心标志上，安置激光铅垂仪，在作业面中央安置接收靶。在接收靶上，显示的激光光斑中心，即为烟囱的中心位置。

（4）在检查中心线的同时，以引测的中心位置为圆心，以施工作业面上烟囱的设计半径为半径，用木尺画圆，如图 7-107 所示，以检查烟囱壁的位置。

15. 怎样进行烟囱外筒壁收坡控制？

烟囱筒壁的收坡，是用靠尺板来控制的。靠尺板的形状，如图7-108 所示，靠尺板两侧的斜边应严格按设计的筒壁斜度制作。使用时，把斜边贴靠在筒体外壁上，若垂球线恰好通过下端缺口，说明筒壁的收坡符合设计要求。

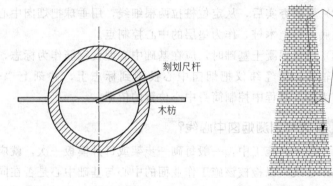
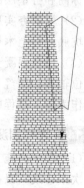

刻划尺杆

木枋

图 7-107　烟囱壁位置的检查　　　图 7-108　坡度靠尺板

16. 怎样进行烟囱筒体标高控制？

一般是先用水准仪，在烟囱底部的外壁上测设出 $+0.500\text{m}$（或任一整分米数）的标高线。以此标高线为准，用钢尺直接向上量取高度。

第六节　竣工总平面图绘制

1. 什么是竣工测量？包括哪些工作？

建（构）筑物竣工验收时进行的测量工作，称为竣工测量。

在每一个单项工程完成后，必须由施工单位进行竣工测量，并提出该工程的竣工测量成果，作为编绘竣工总平面图的依据。

（1）工业厂房及一般建筑物。测定各房角坐标、几何尺寸，各种管线进出口的位置和高程，室内地坪及房角标高，并附注房屋结构层数、面积和竣工时间。

（2）地下管线。测定检修井、转折点、起终点的坐标，井盖、井底、沟槽和管顶等的高程，附注管道及检修井的编号、名称、管径、管材、间距、坡度和流向。

（3）架空管线。测定转折点、结点、交叉点和支点的坐标，支架间距、基础面标高等。

（4）交通线路。测定线路起终点、转折点和交叉点的坐标，路面、人行道、绿化带界线等。

（5）特种构筑物。测定沉淀池的外形和四角坐标，圆形构筑物的中心坐标，基础面标高，构筑物的高度或深度等。

2. 如何绘制竣工总平面图？

绘制竣工总平面图的比例尺一般采用 1∶1000，如不能清楚地表示某些特别密集的地区，也可局部采用 1∶500 的比例尺。

首先在图纸上绘制坐标方格网。绘制坐标方格网的方法、精度要求与地形测量绘制坐标方格网的方法、精度要求相同。坐标方格网画好后，将施工控制点按坐标值展绘在图纸上。展点对所邻近的方格而言，其容许误差为 ±0.3mm。再根据坐标方格网，将设计总平面图的图面内容，按其设计坐标，用铅笔展绘于图纸上，作为底图。再对凡按设计坐标进行定位的工程，应以测量定位资料为依据，按设计坐标（或相对尺寸）和标高展绘。对原设计进行变更的工程，应根据设计变更资料展绘。对凡有竣工测量资料的工程，若竣工测量成果与设计值之误差，不超过所规定的定位容许误差时，按设计值展绘；否则，按竣工测量资料展绘。

厂区地上和地下所有建筑物、构筑物若都绘在一张竣工总平面图上，线条过于密集而不便于使用，可以采用分类绘图，如综合竣工总平面图、交通运输总平面图、管线竣工总平面图等。

3. 如何整饰竣工总平面图?

竣工总平面图的符号应与原设计图的符号一致。有关地形图的图例应使用国家地形图图示符号。对于厂房,应使用黑色墨线绘出该工程的竣工位置,并应在图上注明工程名称、坐标、高程及有关说明。对于各种地上、地下管线,应用各种不同颜色的墨线,绘出其中心位置,并应在图上注明转折点及井位的坐标、高程及有关说明。对于没有进行设计变更的工程,用墨线绘出的竣工位置,与按设计原图用铅笔绘出的设计位置应重合,但其坐标及高程数据与设计值比较可能稍有出入。

随着工程的进展,逐渐在底图上将铅笔线都绘成墨线。

对于直接在现场指定位置进行施工的工程,以固定地物定位施工的工程及多次变更设计而无法查对的工程等,只能进行现场实测,这样测绘出的竣工总平面图,称为实测竣工总平面图。

竣工总平面图编绘完成后,应经原设计及施工单位技术负责人审核、会签。

4. 工程项目竣工测量基本要求有哪些?

(以某地铁线轨道竣工测量为例。)

(1)工程概况。某地铁三号线,是某市轨道交通线网中规划的一条骨干线路,整体上呈西南—东北走向,起点位于××产业园区,全长双线 29.045km,其中地下线为双线 21.57km、高架线为双线 6.87km、地面线为双线 0.605km。全线共设车站 23 座,其中地下站 18 座、高架站 4 座、地面站 1 座。

标段一施工范围为线路起点(K0+310)到××站(K14+420.605)(不含××站)正线及辅助线、××车辆段出入线高架线整体道床部分。

线路竣工测量应在道床铺设之后进行。在高架桥及敞开段以地面导线点为测量依据,在隧道内以控制基标为起始数据,控制基标或控制点发生变化应重新进行控制测量,并以其作为起始数据布设线路导线。控制基标测量一般主要检测各控制基标间的折角和高程，其测量方法和精度要求按有关技术要求执行。标段一进行全线控制基标恢复及布设，普通整体道床按线路中心线布置，浮置板、道岔部分控制基标设置在线路一侧。精确地测设竣工基标为轨道竣工验收及以后地铁运营维修提供测量依据。

（2）测量依据。

①《城市轨道交通工程测量规范》（GB 50308—2008）。

②《工程测量规范》（GB 50026—1993）。

③ 总测移交的控制桩和设计院图纸。

④ 总测检测的原控制基标。

⑤《地下铁道工程施工及验收规范》（GB 50299—2003）。

（3）测量人员职能和施工保障。

① 测量队：由测量队长及 5 名测量人员组成，均有测量岗位资质证书。根据竣工测量时间紧任务重、工作量大、要求精度高、内业资料多等特点，对测量人员进行责任分工，如图 7-109 所示。

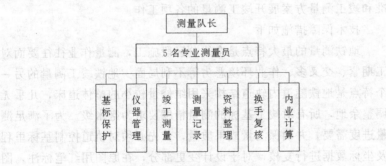

图 7-109　测量队安排组成

② 测量队职能：测量队由公司派驻现场、完成铺轨测量任务的实体，该部门实行队长负责制。

测量队设队长一名，专业测量人员 5 人，负责与××测绘院交接桩，对控制桩加固并做点之记，及时对所管辖区的工程控制桩进行复核，按规范布设铺轨基标及施工测量放线，工程竣工后，进行竣工基标测量和整理竣工测量资料等工作。

测量队长负责竣工测量数据和资料的收集、数据处理和管理，基标测量放线成果资料归档；测量方案编制、实施；负责全队的日常工作，指导测量人员编写测量日志和资料，及与外界沟通、员工教育和测量技术培训等工作。并负责与业主、设计单位以及监理单位的测量方面交流与沟通。

③ 测量人员：必须持有测量证书，具备良好的身体素质和专业技能，有吃苦耐劳、严肃认真、实事求是、团结协作的工作作风。自觉养成爱护仪器并规范使用仪器的良好习惯。按时完成测量任务（含外业测量、内业数据处理、测量成果的自查自检等），书写测量日志，配合测量队长做好竣工测量的各项工作。

④ 确保足够、合理的人员、设备投入，安排责任心强、技术水平高、工作经验丰富的人员参与正线轨道竣工测量工作，并建立严格岗位责任制和奖惩制度。项目部投入的测量仪器设备精度高，自动化程度高，数量足，为竣工测量提供了良好的技术设备保障。

⑤ 明确各自的工作职责和要求，依据有关法律、有关技术标准和竣工测量方案展开竣工测量的各项工作。

技术保障措施如下。

地铁测量的最大特点是全线分区段施工，测量作业往往要面对工期紧、交叉多、作业环境恶劣等不利局面。地铁竣工测量的另一个特点是地铁隧道内轨道结构采用维修量较小的整体道床，几乎无调整余地，所有对竣工基标的测量精度要求为毫米级。为了满足测量进度需要，并确保测量成果质量，首先必须对轨道控制基标里程及坐标数据进行复核，对于设计变更部分，在原图用红笔标注，图纸应标明有效或无效并做好记录。内业计算资料必须做到两人复核，或用不同的方法进行计算复核，可用 Auto CAD 绘出整个工程的平面图，和数学计算相结合的方法复核。该项目将结合工程特点，采用一系列的技术措施，确保轨道竣工测量按时完成。

① 测量作业开始前，积极与业主、监理沟通，全面收集基础资料并认真进行现场踏勘，依据各种有关的技术标准和合同约定，并以满足轨道工程竣工测量需要为原则，结合项目的实际情况进行

轨道竣工测量方案编制，确保实施方案科学合理，切实可行。

② 方案编制完成后，及时报经监理、业主审批，获业主批准的竣工测量方案作为测量作业的依据，在项目实施的全过程加以切实和严格执行。

③ 仪器采用徕卡1201全站仪，天宝电子精密水准仪，数码尺均在鉴定有效期内。棱镜及三脚架2套，使用前进行了检验及校正，精度符合要求。在竣工测量作业过程中，该项目将充分发挥测量仪器技术和精度优势，实现仪器设备和测量技术的最优化，提高测量作业的工作效率，促进测量精度的全面提升。

同时，在作业过程中，一边采取有效措施克服作业环境对测量精度和作业进度的影响，全程保持测量仪器设备在有效鉴定周期并处于良好运转状态，确保竣工测量成果质量。

④ 按照技术技能高低进行测量队分工，确保作业队伍结构合理，并保持作业队伍相对稳定。

⑤ 严格按照规范要求进行测量作业，并按规定进行作业过程检查以及测量成果的检查验收。

⑥ 充分借鉴和总结类似项目工作经验，以避免盲目作业。

⑦ 我项目将虚心向业主和监理单位学习，不断提高自身的业务能力和技术水平。

⑧ 对测量队的全部人员进行技术培训和质量安全教育，全面领会竣工测量技术要求和测量工艺流程，使每一位测量人员懂得竣工测量的重要性，确保每一个测量环节的成果质量。

（4）轨道竣工测量。

① 线路导线测设：线路导线在隧道内为与原线形保持一致，使用铺轨后经天津测绘院检测合格的原铺轨控制基标为起始数据布设线路导线，以小里程铺轨基标点作为线路导线的起始边，中间按导线加密点进行布设，大里程铺轨基标为附合边，布设成附合导线，然后进行导线测量，符合精度后对导线进行平差计算。然后布设下一段附合导线，以上一段的终止边作为下一段起始边进行导线符合，最后符合到终点根据每段导线点坐标和高程进行竣工后控制

基标测设。

在高架桥及敞开段以测绘院交的控制点为依据布设附合导线，在通视条件良好、安全、易保护的地方对附合导线进行加密布置，然后进行测量及严密计算平差。平差结果要满足四等导线的精度要求。符合规范后编制成表，准备进行下一步控制基标测设。

② 导线观测主要技术要求（表7-12）

表7-12 水平角方向观测法的技术要求

等级	仪器精度等级	光学测微器两次重合读数之差/(″)	半测回归零差/(″)	一测回内2C互差/(″)	同一方向值各测回较差/(″)
四等及以上	1″级仪器	1	6	9	6
	2″级仪器	3	8	13	9
一级及以下	2″级仪器	—	12	18	12
	6″级仪器		18		24

注：1. 全站仪、电子经纬仪水平角观测时不受光学测微器两次重合读数之差指标的限制。

2. 当观测方向的垂直角超过±3°的范围时，该方向2C互差可按相邻测回方向比较，其值应满足表中一测回内2C互差的限值。

导线边长测距的主要技术要求应符合表7-13、表7-14的规定。

表7-13 测距的主要技术要求

平面控制网等级	仪器精度等级	每边测回数		一测回读数较差/mm	单程各测回较差/mm	往返测距较差/mm
		往	返			
三等	5mm仪器	3	3	≤5	≤7	≤2(a+b×D)
	10mm仪器	4	4	≤10	≤15	
四等	5mm仪器	2	2	≤5	≤7	
	10mm仪器	3	3	≤10	≤15	
一级	10mm仪器	2	—	≤10	≤15	
二、三级	10mm仪器	1	—	≤10	≤15	

注：1. 测回是指照准目标一次，读数2～4次的过程。

2. 困难情况下，边长测距可采用不同时间段测量代替往返观测。

表 7-14　导线测量的主要技术要求

导线等级	导线长度/km	平均长度/km	测角中误差/(″)	测距中误差/mm	测距相对中误差	测回数			方位角闭合差/(″)	导线全长相对闭合差
						1″级仪器	2″级仪器	6″级仪器		
三等	14	3	1.8	20	1/150000	6	10	—	$3.6\sqrt{n}$	≤1/55000
四等	9	1.5	2.5	18	1/80000	4	6	—	$5\sqrt{n}$	≤1/35000
一级	4	0.5	5	15	1/30000	—	2	4	$10\sqrt{n}$	≤1/15000
二级	2.4	0.25	8	15	1/14000	—	1	3	$16\sqrt{n}$	≤1/10000
三级	1.2	0.1	12	15	1/7000	—	1	3	$24\sqrt{n}$	≤1/5000

注：1. 表中 n 为测站数。

2. 当测回测图的最大比例尺为 1:1000 时，一、二、三级导线的导线长度、平均边长可适当放长，但最大长度不应大于表中规定相应长度的 2 倍。

③ 全站仪导线测量注意事项如下。

a. 用于控制测量的全站仪的精度要达到相应等级控制测量的要求。

b. 测量前要对仪器按要求进行检定、校准；出发前要检查仪器电池的电量。

c. 必须使用与仪器配套的反射棱镜测距。

d. 在等级控制测量中，不能使用气象、倾斜、常数的自动改正功能，应把这些功能关闭，而在测量数据中人工逐项改正。

e. 测量前要检查仪器参数和状态设置，如角度、距离、气压、温度的单位，最小显示、测距模式、棱镜常数、水平角和垂直角形式、双轴改正等。可提前设置好仪器，在测量过程中不再改动。

f. 手工记录以便检核各项限差，内存记录用作对照检查。

④ 全站仪导线测量观测方法如下。

a. 在测站上安置全站仪，对中、整平（激光对中、电子整平时要先启动仪器）。

b. 在各镜站上安置棱镜，对中、整平，镜面对向测站。

c. 打开全站仪电源，上下转动望远镜、水平旋转仪器进行初始化，设置为角度测量状态。

　　d. 测站、各镜站分别读记测前气压、温度。

　　e. 盘左望远镜十字丝照准后视导线点方向的反射棱镜觇牌纵横标志线，水平方向设置为 $0°0'0''$，然后，照准读前视导线点方向的反射棱镜觇牌纵横标志线，读记水平角、平距。

　　f. 转动望远镜，盘右望远镜十字丝照准前视导线点方向的反射棱镜觇牌纵横标志线，读记水平角、平距。

　　g. 盘右转到后视导线点方向照准反射棱镜觇牌纵横标志线，同法测记。

　　h. 测站、各镜站分别读记测后气压、温度。

　　i. 上面 d～h 为第一个测回的观测，照准第 1 方向，设置水平度盘，同法测完全部测回。

　　j. 检查记录，关闭仪器。本站结束。

　　⑤ 控制基标位置：控制基标布置根据铺轨设计图纸按直线段间距为 120m 一个，曲线 60m 设置一个，曲线起终点、缓圆点、圆缓点、道岔起止点等均设置基标，单开道岔在基本轨缝两轨外侧、辙叉前后轨缝两侧、交叉渡线的长短轴上等增设轨道基标，普通整体道床在线路中线上布设，U 形结构段、浮置板道床分别按左线左侧、右线右侧 1.5m、1.8m 布置。道岔是按规范左右侧 1.5m 布置。

　　控制基标示意图：控制基标采用 ϕ14mm 的不锈钢螺钉制成，顶部成六棱形、平面如图 7-110～图 7-113 所示。

　　竣工控制基标按规范应采用等距等高布置，如果高架桥按等距等高布置，基标将露出桥面 10cm 左右，在以后轨道维修施工中，工人在搬运建筑材料及机械施工时，不可避免对高出底面的控制基标产生碾压、磕砸的情况，影响基标精度。

　　浮置板地段及线路道岔控制基标布设在道床外侧，无法与钢轨等高，根据《铺轨综合图》图纸的设计说明处理（……可根据铺轨施工的工艺，以确保铺轨精度，加快施工进度和降低成本为前提，可采用灵活的设置方式）。

　　根据以上实际情况和设计说明，为了提高竣工控制基标的高程

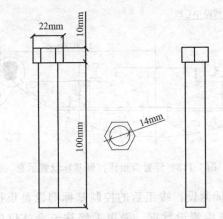

图 7-110　控制基标用螺钉尺寸

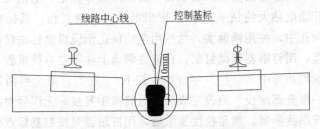

图 7-111　一般道床控制基标设置示意

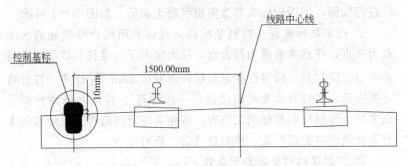

图 7-112　道岔道床控制基标设置示意

精度，加快测设进度，标段一按标头略微突出混凝土面为原则等距不等高布设全线控制基标。

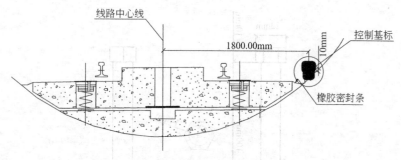

图 7-113　浮置板道床控制基标设置示意

⑥ 控制基标测设：竣工后的控制基标测设是根据设计图纸事先计算的控制基标测设数据，采用 1″级徕卡全站仪以坐标方式进行放样，用坐标法测至混凝土面，红油漆做好标记，电钻头竖直对准，开动电钻大约钻 9cm 深，拔出电钻，清理灰粉，基标蘸水泥浆塞入孔中，并用锤砸实，然后用全站仪正倒镜极坐标法精确测定其位置，用钉眼器轻微钉眼，在隧道侧墙上注明左右线里程，里程数字前端加写中文"控"字（如：控 K0＋200），最少要两站一区间为一段全部测设，测设完成后，对其换手复核。无误后对控制基标进行串线测量，满足精度要求后，用钉眼器对控制基标点位进行扩眼，使点位直径和深度达到 2mm 左右，然后用混凝土将控制基标进行加固，不锈钢标头略微突出混凝土表面，如图 7-114 所示。

⑦ 控制基标高程：控制基标的高程则利用附合导线起点水准点为基点，终点水准点为符合点，用天宝电子水准仪和数码尺按高差法对本段控制基标进行往返测量，限差按 $8mm\sqrt{n}$ 计算。符合精度要求后，按符合水准线路法进行平差计算 。控制基标高程成果出来后，编制控制基标测设报告，按相关规定向监理工程师和业主及天津测绘院提请报验。检测合格后，资料存档。

⑧ 控制基标测量限差要求如下。

a. 使用 1″级全站仪进行测量，检测控制基标间夹角，水平角左、右各两测回（其左、右角之和与 360°之差小于 ±6″），边长往返各两测回（测回差小于 ±5mm）。控制基标测设形式为等距不

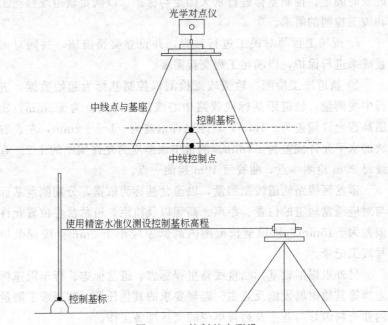

光学对点仪

中线点与基座

控制基标

中线控制点

使用精密水准仪测设控制基标高程

控制基标

图 7-114 控制基本测设

等高。

b. 直线段控制基标间夹角与 180°较差应小于±6″，实测距离与设计距离较差小于±10mm，曲线段控制基标间夹角与设计值较差计算出的线路横向偏差小于±2mm，弦长测量值与设计值较差小于±5mm。

c. 控制基标高程测量按精密水准测量要求施测。其水准线路闭合差小于±8√L mm（L 为水准线路长度，以公里为单位）。控制基标高程实测值与设计值较差小于±2mm，相邻控制基标与设计值地高差较差小于 2mm。

⑨ 控制基标保护：

a. 对测量人员进行质量交底，主要是针对导线控制点和基标的保护进行交底，要求测量人员做到对测设点的随时固定。

b. 基标标桩埋设牢固后，经检测基标满足各项限差要求后用砼及时固定，控制基标进行永久固定与保护。以满足轨道维修施工和竣工检测的需求。

c.现场工程师对民工进行教育，并设立奖罚措施，共同对测量成果进行保护，以满足工程交接需要。

⑩ 轨道竣工检测：轨道竣工检测以控制基标为起始数据，进行中线测量，轨道距基标或线路中心线的允许偏差为±2mm；轨道高程允许偏差为±1mm，轨距允许偏差为−1～+2mm，左、右轨的水平允许偏差为±1mm。测量中误差应为允许偏差的1/2。直线每20m检测一点，曲线每10m检测一点。

道岔区线路轨道竣工测量，以道岔基标为依据，分别测量基标与对应道岔轨道的位置、距离、高程以及轨距。道岔岔心位置允许偏差为±15mm，轨顶全长范围内高低差应小于2mm。按规范填写竣工记录。

另外根据铺轨基标测量线路里程标志、道岔标志、行车限速标志牌等其他附属设施及业主、监理要求的其他任务。整理竣工测量内业资料做好与业主及运营单位的交接准备工作。

（5）质量保证措施。

为了确保竣工测量的成果质量，本项目在实施过程中将严格按照公司的质量管理体系文件、测绘与信息工程过程作业程序以及各项规章制度，对本标段轨道竣工测量工作的全过程实行全面的质量控制和质量保证，做到人员、设备、管理三到位，确保建成后的地铁轨道工程、平面、纵断面线性符合设计要求，最终保证建成后的地铁工程是一条高质量、高标准的精品地铁线路。

依据质量保证体系和竣工测量工作内容和特点，建立覆盖轨道竣工测量作业全过程的严格质量管理与控制制度，并加以实施。包括以下几条。

① 严格执行一系列强制性技术标准，以及业主方的技术规定。

② 严格执行经业主单位批准的竣工测量方案，加强过程控制，重点监控关键环节的测量技术与成果质量，保证测量方案的全面贯彻落实。

③ 严格履行测量人员的岗位职责要求，层层把关，逐级负责，各测量人员对队长负责，队长对主管领导负责。

④ 确定并跟踪检查、落实每个过程的内容、完成情况、精度、存在问题和处理方法等，登记测量记录人员、仪器使用人、换手测量复核人信息等。

⑤ 在竣工测量开始前，对作业人员进行必要的技术交底和技术培训，对仪器设备提前进行鉴定，确保本项目使用的所有仪器设备始终在有效鉴定周期内并处于良好状态。

⑥ 对各工序的作业情况、有关技术问题的发现与处理及质量检查作明确记载，建立各种技术与质量文档。

⑦ 应严格执行资料交接制度，所有资料（含向业主、监理及测绘院等单位提交的导线复测成果、控制基标成果、测量放样成果等）通过"交接单"的方式进行资料交接。

（6）安全生产与文明施工。

为了更好地指导轨道竣工测量生产活动，规范作业流程，杜绝安全事故，避免安全事故的发生，根据项目的现场环境与竣工测量的作业特点制定测量安全管理体系及安全管理措施。

① 进行安全教育、安全交底。

② 测量作业人员应听从项目管理人员指挥，进入现场不得嬉戏打闹，不得动用非测量专业的人和设备、材料等。

③ 进入隧道的测量人员必须佩带安全帽、安全鞋，身着安全警示服，佩戴通信设备，并保持与地面人员的通信畅通。

④ 在有轨道车及其他运输机械的地下隧道内测量作业时，应事先与有关部门、人员联系，申请测量时段，禁止在测量区段内有车辆通过、高速机械运转情况发生。在以上区段作业时，测量队尚需派专人监护，确保测量作业安全。

⑤ 在轨排运输、轨道车行车、龙门吊作业以及现场钢轨焊接等与测量工作同时进行时，现场调度统一进行安全协调指挥。

⑥ 对正在施工及情况复杂的现场预先进行踏勘工作，确保安全后可进入现场作业。

⑦ 洞内作业严禁明火。

⑧ 使用大功率发电设备时，测量人员应具备安全用电和现场急救的基础知识，供电人员应使用绝缘防护用品，接地电极附近应设明显警告标志，并设专人看管。

⑨ 作业中一旦发生人身安全事故，除立即将受害者送医院急救外，还应保护好现场，并及时报告上级主管部门，以便调查处理。

⑩ 在高架桥高压线附近测量时，禁止使用铝合金标尺、镜杆等，防止触电。

⑪ 在盾构内视线不清的地点作业时应事先设置安全警示标志，必要时安排专人担任安全警戒员。

⑫ 地下及高架桥作业必须学习相关的安全规程和洞内测量规程，掌握洞内、桥面工作的一般安全知识，掌握工作地点的具体情况。

⑬ 现场测绘人员语言文明，谦虚谨慎，待人诚恳。

⑭ 向相关单位解释技术问题应口齿清晰，使用专业术语，解答过程中应耐心有礼。

⑮ 与业主、监理及相关部门进行工作联系时，联络人员应注重仪态仪表。

⑯ 因工作需要于隧道内就餐，餐后及时清理现场杂物。

⑰ 测量人员在施工现场文明如厕。

⑱ 作业时不得勾肩搭背、嬉戏打闹，仪表不整者不准进入作业现场。

a. 成果资料。对取得的所有设计图纸、控制桩交接资料、导线复测资料、放线报验资料、竣工测量资料等所有成果资料，应有专人保管，作业过程中定期对各种电子数据进行备份。切实做好计算机防病毒工作，确保测量数据的安全。上述资料在项目完成后，有必要按相关规定移交给业主单位。

b. 附主要仪器校准证书、测量人员资质。

第八章　建筑物变形观测

第一节　建筑物沉降观测

1. **如何布设水准基点？**

（1）水准基点最少应布设三个，以方便相互检核。

（2）水准基点和观测点之间的距离应适中，相距太远会影响观测精度，通常在 100m 范围内。

（3）水准基点须设置在沉降影响范围外，冰冻地区水准基点应埋设在冰冻线以下 0.5m。

2. **如何布设沉降观测点？**

（1）沉降观测点应布设在能全面反映建筑物沉降情况的部位，如建筑物四角、沉降缝两侧、荷载有变化的部位、大型设备基础、柱子基础和地质条件变化处。

（2）通常沉降观测点是均匀布置的，它们之间的距离一般为 10～20m。

（3）沉降观测点的设置形式如图 8-1 所示。

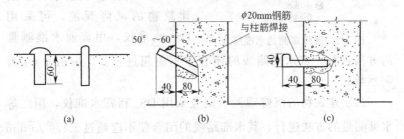

图 8-1　沉降观测点的设置形式

3. 什么是沉降观测?

沉降观测是指定期地测量观测点相对于水准点相对于水准点的高差以求得观测点的高程,并将不同时期所得的高程加以比较,得出建筑的沉降情况。

4. 沉降观测的操作步骤是什么?

(1) 观测时间。建筑物沉降观测的时间和次数,应根据工程的性质、施工进度、地基地质情况及基础荷载的变化情况而定。

当埋设的沉降观测点稳固后,在建筑物主体开工前,进行第一次观测。

在建(构)筑物主体施工过程中,一般每盖1~2层观测一次。如中途停工时间较长,应在停工时和复工时进行观测。

当发生大量沉降或严重裂缝时,应立即或几天一次连续观测。

建筑物封顶或竣工后,一般每月观测一次,如果沉降速度减缓,可改为2~3个月观测一次,直至沉降稳定为止。

(2) 观测方法。应先观测后视水准基点;再观测前视各沉降观测点;最后再次观测其后视水准基点,两次后视读数之差不应超过±1mm。

❸ 水准点
▲ 沉降观测点

图 8-2 沉降观测的水准路线

沉降观测的水准路线(即从一个水准基点到另一个水准基点)应为闭合水准路线,如图 8-2 所示。

(3) 观测精度要求。多层建筑物的沉降观测,可采用 DS_3 水准仪,用普通水准测量的方法进行,其水准路线的闭合差不应超过 $\pm 2.0\sqrt{n}$ mm (n 为测站数)。

高层建筑物的沉降观测,则应采用 DS_1 精密水准仪,用二等水准测量的方法进行,其水准路线的闭合差不应超过 $\pm 1.0\sqrt{n}$ mm (n 为测站数)。

5. 如何进行沉降观测的成果整理?

（1）每次观测结束后，应检查记录的数据和计算是否正确，精度是否合格，再接着调整高差闭合差，推算出沉降观测点的高程，填入沉降观测表中，见表 8-1。

表 8-1　沉降观测记录

观测次数	观测时间	各观测点的沉降情况						…	施工进展情况	荷载情况/(t/m²)
		1			2					
		高程/m	本次下沉/mm	累积下沉/mm	高程/m	本次下沉/mm	累积下沉/mm	…		
1	2009-01-10	50.454	0	0	50.473	0	0	…	一层平口	—
2	2009-02-23	50.448	−6	−6	50.467	−6	−6		三层平口	40
3	2009-03-16	50.443	−5	−11	50.462	−5	−11		五层平口	60
4	2009-04-14	50.440	−3	−14	50.459	−3	−14		七层平口	70
5	2009-05-14	50.438	−2	−16	50.456	−3	−17		九层平口	80
6	2009-06-04	50.434	−4	−20	50.452	−4	−21		主体完	110
7	2009-08-30	50.429	−5	−25	50.447	−5	−26		竣工	
8	2009-11-06	50.425	−4	−29	50.445	−2	−28		使用	
9	2010-02-28	50.423	−2	−31	50.444	−1	−29			
10	2010-05-06	50.422	−1	−32	50.443	−1	−30			
11	2010-08-06	50.421	−1	−33	50.443	0	−30			
12	2010-12-26	50.421	0	−33	50.443	0	−30			

（2）计算沉降量。沉降观测点的本次沉降量的计算公式为：

沉降观测点的本次沉降量＝本次观测所得的高程－上次观测所得的高程

计算累积沉降量的计算公式为：

累积沉降量＝本次沉降量＋上次累积沉降量

计算出沉降观测点本次沉降量、累积沉降量和观测日期、荷载情况等后记入沉降观测表中，见表 8-3。

（3）沉降曲线的绘制。绘制时间与沉降量关系曲线的步骤为：

以沉降量 s 为纵坐标，以时间 t 为横坐标，组成直角坐标系。

以每次累积沉降量为纵坐标，以每次观测日期为横坐标，标出沉降观测点的位置。

用曲线将标出的各点连接起来，并在曲线的一端注明沉降观测点号码，这样就绘制出了时间与沉降量关系曲线，如图 8-3 所示。

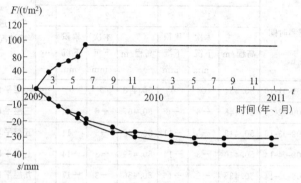

图 8-3　××建筑物沉降曲线

绘制时间与荷载关系曲线的步骤为：

以荷载为纵坐标，以时间为横坐标，组成直角坐标系。

依据每次观测时间和相应的荷载标出各点，将各点连接起来，即可绘制出时间与荷载关系曲线，如图 8-3 所示。

第二节　建筑物倾斜观测

1.　一般建筑物的倾斜观测包括哪些工作内容？

（1）可以用精密水准仪测出基础两端点的差异沉降量 Δh。

（2）依据两点间的距离 D，计算基础的倾斜度。基础倾斜观测如图 8-4 所示。

2.　如何用差异沉降推算法观测建筑物上部是否倾斜？

（1）首先采用精密水准测量测定建筑物两点的差异沉降量 Δh。

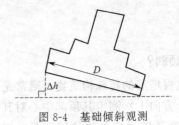

图 8-4　基础倾斜观测

（2）再根据建筑物的宽度 L 和高度 H，推算出上部的倾斜值，如图 8-5 所示，设顶部倾斜位移值 Δ，倾斜度为 i，则：

$$\Delta = iH = \frac{\Delta h}{L}H$$

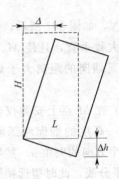

图 8-5　上部倾斜观测

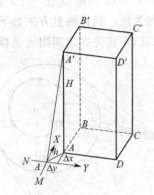

图 8-6　投影法观测建筑物上部倾斜图

3. 如何用经纬仪投影法观测建筑物上部是否倾斜？

如图 8-6 所示，A、B、C、D 为房屋的底部角点，A'、B'、C'、D' 为顶部各对应点，假设 A' 向外倾斜，观测步骤如下。

（1）标定屋顶的 A' 点，设置明显标志，丈量房屋高度 H。

（2）在 BA 的延长线上，距 A 点约 $1.5H$ 的地方设置一点 M。在 DA 延长线上，距 A 点约 $1.5H$ 的地方设置一点 N。

（3）在 M、N 点上架经纬仪，将 A' 点投影到地面得点 A''。丈量倾斜量 $k = AA''$，并用支距法丈量纵横向位移量 Δx、Δy。

（4）用下列公式计算建筑物的倾斜方向和倾斜度。

倾斜方向：

$$a = \arctan \frac{\Delta x}{\Delta y}$$

倾斜度：

$$i = \frac{k}{H}$$

4. **如何观测圆形建筑物是否倾斜?**

塔式建筑物是指水塔、烟囱、电视塔等的特殊构筑物,通常是对此类建筑物(大致互相垂直的两个方向上)测定其顶部中心对其底部中心 O 的偏心距,这个偏心距就是塔式建筑物的倾斜量。以烟囱为例,具体测量方法如下所述。

(1)首先在烟囱附近选择两点 M、N,如图 8-7 所示,使 MO 与 NO 大致垂直,且使 M、N 两点分别离烟囱的距离大于烟囱的高度。

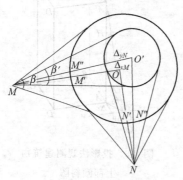

图 8-7　测量倾斜量

(2)在 M 点上安置仪器,测出与同一高度的烟囱底部断面相切的两个方向的夹角 β。然后测设 β 角的平分线,此时望远镜照准的方向正是 MO 的方向,沿该方向在烟囱底部外壁上定出一点 M',并量取此高度处的烟囱周长,求得此处烟囱半径 R,并量出 M 点与 M' 的水平距离 L_M。

(3)用同样的方法测出顶部断面相切的两个方向所夹的水平角 β'。再测设角度平分线得 MO' 的方向,然后将 MO' 的方向投影到烟囱的底部(与 M' 同高),定出 M'' 点。量出 $M'M''$ 的距离,设为 $\Delta_{x'M}$,则 O' 的垂直偏差 Δ_{xM} 为:

$$\Delta_{xM} = \frac{L_M + R}{L_M} \Delta_{x'M}$$

(4)再让仪器设于 N 点,可以得到 O' 的垂直偏差 Δ_{yN} 为:

$$\Delta_{yN} = \frac{L_N + R}{L_N} \Delta_{y'M}$$

式中,L_M 为 M 点至 M' 点的距离;L_N 为 N 点至 N' 点的距离;R 为 OM' 或 ON' 指烟囱的半径。

如果设烟囱的高度为 H，那么倾斜量 OO' 和烟囱的倾斜度 i 分别为

$$OO' = \sqrt{\Delta_{xM}^2 + \Delta_{yN}^2}$$

$$i = \frac{OO'}{H}$$

5. 常见的观测倾斜仪有哪几种？如何使用倾斜仪进行观测？

观测建筑物的常见倾斜仪有水准管式倾斜仪、气泡式倾斜仪、滑动式测斜仪和电子倾斜仪等。倾斜仪一般具有能连续读数、自动记录和数字传输等特点，有较高的观测精度，因而在倾斜观测中得到广泛应用。

图 8-8 为气泡式倾斜仪，它由一个高灵敏度的气泡水准管 e 和一套精密的测微器组成。气泡水准管 e 固定在架 a 上，a 可绕 c 点转动，a 下装一弹簧片 d，在底板 b 下有置放装置 m。测微器中包括测微杆 g、读数盘 h 和指标 k。观测时将倾斜仪安置在需要观测的位置上以后，转动读数盘，使测微杆向上（向下）移动，直至水准气泡居中为止。此时，在读数盘上读数，即可得出该位置的倾斜度。

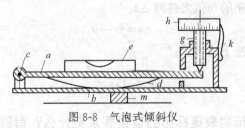

图 8-8　气泡式倾斜仪

第三节　建筑物位移观测与裂缝观测

1. 什么是位移观测？常用观测方法有哪几种？

位移观测是指根据平面控制点测定建筑物的平面位置随时间

而移动的大小及方向，根据实际情况选用，对于有方向性的建筑物，一般选用基准线法、经纬仪投点法、激光准直法和引张线法等；对于非线性建筑物，可采用精密导线法、极坐标法、前方交会法等。

2. **怎样用基准线法进行建筑物的位移观测?**

（1）如图 8-9 所示，观测时，先在位移方向的垂直方向上建立一条基准线，设 A、B 为控制点，M 为观测点。

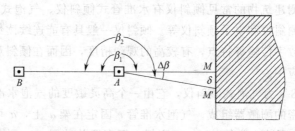

图 8-9　基准线法观测水平位移

（2）只要定期测量观测点 M 与基准线 AB 的角度变化值 $\Delta\beta$，即可测定水平位移量，$\Delta\beta$ 测量方法如下：在 A 点安置经纬仪，第一次观测水平角 $\angle BAP = \beta_1$，第二次观测水平角 $\angle BAP' = \beta_2$，两次观测水平角的角值之差即 $\Delta\beta$：

$$\Delta\beta = \beta_2 - \beta_1$$

其位移量可按下式计算：

$$\delta = D_{AP} \frac{\Delta\beta''}{\rho''}$$

3. **建筑物裂缝标志的设置要求是什么? 有哪几种标志设置方法?**

不均匀沉降使建筑物发生倾斜，严重的不均匀沉降会使建筑物产生裂缝。因此，当建筑物出现裂缝时，除要增加沉降观测的次数外，还应立即进行裂缝观测。

观测裂缝需要进行标志的设置，常用标志如图 8-10 所示。

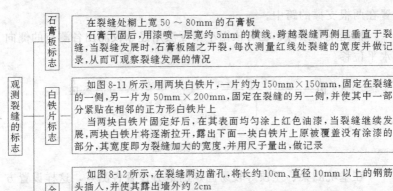

图 8-10　观测裂缝的标志

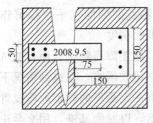

图 8-11　白铁皮标志

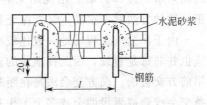

图 8-12　金属棒标志

第四节　深基坑工程变形测量

1. 什么是深基坑水平位移监测？

基坑工程变形监测的主要指标是沉降或水平位移，其中沉降监测与普通建筑物沉降监测方法相似，在此不再叙述。

2. 怎样使用视准线法进行深基坑水平位移监测？

如图 8-13 所示。在该线的两端设置工作基点 A、B，在基线上沿基坑边线根据需要设置若干监测点。基坑有支撑时，测点宜设置在两根支撑的跨中。

根据现场条件，也可依据小角度法用经纬仪测出各测点的侧向水平位移。

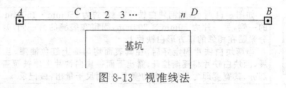

图 8-13　视准线法

在基坑圈梁、压顶等较易固定的地方设置各测点，这样设置方便，不宜损坏，而且能真实反映基坑侧向变形。测量工作基点 A、B 须设置在基坑一定距离外的稳定地段，对于有支撑的地下连续墙或大孔径灌注桩这类维护结构，基坑角点的水平位移通常较小，这时可将基坑就角点设为临时基点 C、D。在每个工况内还可以用临时的基点监测，交换工况时再用基点 A、B 测量临时基点 C、D 的侧向水平位移。最后用此结果对各测点的侧向水平位移值作校正。这种方法效率很高，又能保证要求的精度。

由于深基坑工程场地一般比较小，施工障碍物多，而且基坑边线也并非都是直线，因此视准线的建立比较困难，在这种情况下可用前方交会法。前方交会法是在距基坑一定距离的稳定地段设置一条交会线，或者设两个或多个工作基点，以此为基准，用交会法测出各测点的位移量。

3.　**什么是测斜仪？怎样用测斜仪法测量深基坑的水平位移？**

测斜仪是一种可以精确测量不同深度处土层水平位移的工程测量仪器，可以采用测量单向位移，也可以采用测量双向位移，再由两个方向的位移求出矢量和，得到位移的最大值和方向。加拿大 Roctest 公司生产的 RT-20MU 型测斜仪，其仪器标称精度为 $\pm6mm/25m$，探头工作幅度为 $20°$，探头测量精度为 $\pm0.1mm/0.5m$，测读器显示读数至 $\pm0.01mm$。

测斜仪是通过摆锤承重力作用来测量测斜探头轴线与铅垂线之

间倾角，进而计算不同深度位置各点的水平位移，如图 8-14 所示。

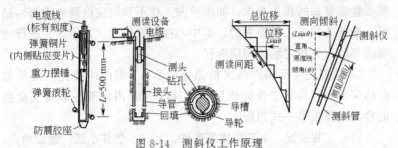

图 8-14　测斜仪工作原理

　　同一位置处不同时刻测得的水平投影量之差，即为该深度上土体的水平位移值。测斜管可以用测量单向位移，也可以测量互相垂直两个方向上的位移，然后再求出矢量和，即得水平位移的最大值和方向。

　　测量坑壁时，首先连接探头和测读仪。检查密封装置，电池充电情况，仪器是否正常读数。任何情况下，当测斜仪电池不足时必须立即充电，否则会损伤仪器。将探头插入斜管，使滚轮卡在导槽上，缓慢下至孔底以上 0.5m 处。

　　通常，不许把探头降到测斜管的底部，还有可能会损伤探头。

　　测量自孔底开始。自上而下，沿导槽全长，每隔 1.0m 测读一次。为了提高测量结果的可靠度，在每一测量步骤中均需要一定的时间延迟，以确保读数系统的稳定。

　　通常，侧向位移的初始值应取连续三次测量且无明显差异之读数的平均值。当侧向位移的绝对值或水平位移速率有明显加大时，必须加密监测次数。

4.　建筑物沉降观测方案如何编制？

　　（以某居住小区基坑沉降监测为例。）

　　严格遵守检验工作程序，执行国家、行业和地区有关检验的标准、规范，为委托单位提供科学公正、准确可靠、优质高效的服务，以"一流的质量、一流的管理、一流的服务、一流的效率"确保实现以下承诺。

① 质量承诺：满足国家现行相关规范（规程）要求及建设工程质量监督站的相关要求，如因检测工作不到位或检测成果资料错误，造成委托方工程损失的，本中心按国家或省（自治区）现行建筑法规的有关规定承担相应责任。

② 检测进度承诺：每次检测完成后，1周内向委托方提供临时结果；现场所有工作完成后，15个工作日内向委托方提交最终的检测成果报告一式四份。

（1）工程概况。本工程建筑名称：×××居住小区；建设地点：××市；建设单位：中国×××分公司；总建筑面积 57602.01m² （已含地下室面积 14298.57m² 及架空层面积 923.88 m²），其中住宅面积 42104.26m²，管理用房及公厕面积 275.30m²。计容积率建筑面积为 42379.56m²；建筑层数、高度：地下 2 层，地上 A、C 栋 26 层，高 79.35m；B 栋 26＋1 层，高 82.35 米；D 栋 11＋1 层，高 36.15m；建筑结构形式：为钢筋混凝土剪力墙结构，抗震设防类别为丙类，抗震设防烈度为六度，建筑合理使用年限为 50 年。根据总平面规划图，本工程地下室顶板覆土后高程为 96.0m，地下室底板高程 87.6m，基坑深度约 9m。南面与××花园相邻，采用排桩支护，排桩直径为 1500mm 人工挖孔桩，混凝土强度等级为 C25，桩距 2.5m，支护高度为 9m，周边建筑物面积约为 7200m²；西南面有约 9m 高土坡，支护高度含基坑深度在内合计约 18m。东北面有约 12m 土坡，支护高度含基坑深度在内合计 21m。西北面地势稍低，基坑深度约 5m。除南面采用排桩支护外其余采用土钉墙支护。

（2）第三部分：编制依据。

1）方案编制依据

①委托方提供的基坑支护相关设计图纸；

②《建筑基坑工程监测技术规范》；

③《建筑地基基础设计规范》；

④《建筑变形测量规范》；

⑤《工程测量规范》；

⑥《建筑基坑支护技术规程》。

2）监测内容

本工程基坑施工过程中，为确保本建筑工程、邻近原有建筑及交通要道的安全，避免设计与施工带来的盲目性，以及一旦出现紧急情况及时采取相应的补救措施，对基坑围护工程和周边环境进行监测就显得十分必要。根据业主提供的地质勘查报告、设计支护方案及现场实际情况，具体监测内容如下。

① 基坑坡顶位移监测：包括坡顶水平位移和竖向位移的监测；排桩顶部水平位移的监测。

② 高边坡位移观测：观测频率及次数跟东北面基坑监测一样。

③ 周边建筑物变形监测：基坑边缘外 2 倍的开挖深度范围内的建筑物作为监测对象，监测点设置在建筑物四角、中点及拐点处，主要对周边建筑物进行沉降及变形监测。

④ 周边地表开裂状态的监测。

⑤ 周边设施（住宅楼、道路、管线等）的监测。

⑥ 主体沉降观测。

（3）第四部分：监测项目及内容。

① 基坑坡顶位移和高边坡位移观测。

a. 基准点及基坑坡顶测点布设：拟在现场设置永久性基准点 3 个，基准点距坑边线不应少于 3 倍基坑开挖深度，采用钻机成孔至地下稳定土层，深度约为 15m，再套钢管浇混凝土，埋设永久性基准点。基准点布设施工完成 15 天后即可进行监测。根据设计和相关规范的要求及实际情况，基坑坡顶的水平和沉降观测点（水平和沉降观测点为同一个点）拟布置 19 个，靠南面排桩支护的基坑布置测点为 9 个，东北面基坑布置测点数约为 10 个，布置间距约为 15m。该 19 个观测点的布置详见图 8-15。

b. 基坑坡顶观测次数：依据委托方的要求，靠南面排桩及西南喷锚支护的基坑监测时间约为半年；东北面基坑监测时间为两年。土方大面积开挖前应先进行 2 次初值观测。根据设计要求，各项监测的时间间隔根据施工进度确定，每一工况的施工前后都要求

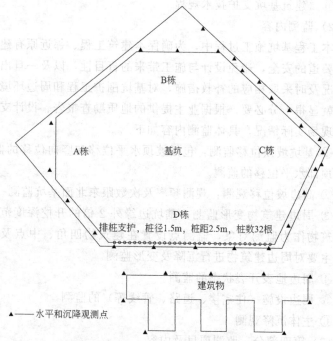

图 8-15　基坑边坡变形和沉降、周边建筑物沉降观测点位置

进行观测，当变形超过控制值或监测结果变化速率较大时，应加密观测次数；当有事故征兆时应连续监测。依据设计要求和现场实际情况，在基坑开挖期间每 7 天观测一次，按施工计划开挖约两个月，拟共观测 9 次；基坑开挖完后如监测数据稳定且不超过规范和设计的要求，改为 15 天观测一次，拟观测两个月，共观测 4 次；之后如监测数据稳定且不超过规范和设计的要求，改为 30 天观测一次观测两个月，共观测 2 次，则该基坑和周边建筑物为 15 次；半年后，靠南面排桩支护的基坑及周边建筑物不需要监测，东北面的基坑每两月监测一次，则监测次数为 9 次。

　　c. 高边坡位移观测：在基坑东北至北面高边坡埋设 6 个位移观测点，观测点的布置详见图 8-15。观测频率及次数跟东北面基坑监测一样，监测时间为两年（从第一次观测时间起计算）。

② 基坑周边建筑物的沉降监测。

a. 周边建筑物沉降观测。根据现场情况拟定对该基坑南面附近的一栋建筑物进行水平和沉降监测，布置 9 个观测点，该 9 个观测点的布置详见图 8-15。周边建筑物沉降观测的频率和次数与靠南面排桩支护基坑的次数和频率一样。

b. 四大角垂直度观测。拟采用经纬仪对南面靠近该排桩支护基坑附近的一栋建筑物进行房屋四大角垂直度观测，每个大角测两个方向。监测次数为基坑开挖前和基坑施工至 ± 0.000 时各测量一次（如遇雨天或沉降异常时需提高观测频率、基坑施工工期延长需增加观测次数，费用按实际费用增加）。

c. 建筑的外观及裂缝描述。对该工程基坑周边的民房建筑（建筑面积约 $7200 \mathrm{m}^2$）的上部结构存在的裂缝在基坑开挖前进行 1 次描述（包括对部分裂缝进行编号，然后分别记录裂缝的位置、表面长度、走向及宽度），必要时进行拍照留证。施工期间如果出现异常情况，应增加监测次数，费用由委托方负责。

③ 周边地表开裂状态的监测。

基坑开挖前记录地表已有需监测的裂缝的分布位置、走向、长度、宽度和深度等情况，并设置监测标志。当在基坑施工过程中，对于新的裂缝，出现一条，跟踪观测一条，一段时期后，裂缝未有明显变化，可减少观测频率。

地表裂缝报警：地表发现裂缝即报警。

④ 主体沉降观测。

a. 观测点布设。按照规范要求，拟在 A 栋布置 8 个观测点，布置详见图 8-16；B 栋布置 8 个观测点，布置详见图 8-17；C 栋布置 8 个观测点，布置详见图 8-18；D 栋布置 12 个观测点，布置详见图 8-19。

b. 观测次数。首层施工完毕进行第一次观测。以后每施工完 4 层观测 1 次，直至主体结构施工完毕；建筑装修及设备安装阶段每 2 个月观测一次，建筑物竣工后第一年观测 4 次，第二年观测 2 次直至沉降稳定。稳定标准为沉降速度小于 $0.01 \sim 0.04 \mathrm{mm} /$ 天。故根据上述要求，观测总次数 A、B、C 栋分别暂按 14 次，D 栋暂按 10 次观测。

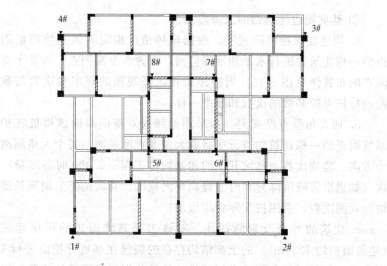

图例：▼—— 沉降观测点

图 8-16　A 栋楼沉降观测点布置平面示意

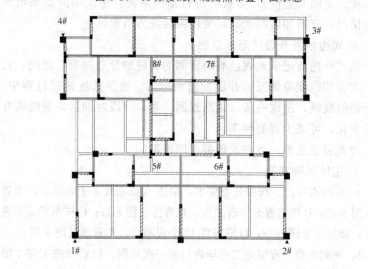

图例：▼—— 沉降观测点

图 8-17　B 栋楼沉降观测点布置平面示意

若观测期间出现异常情况或沉降未达到稳定速率要求的 0.02mm/日，建议加密观测周期及增加监测次数。

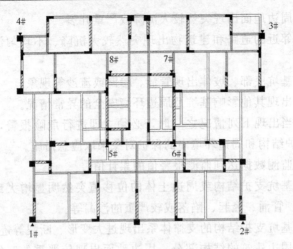

图例：▼—— 沉降观测点

图 8-18　C栋楼沉降观测点布置平面示意

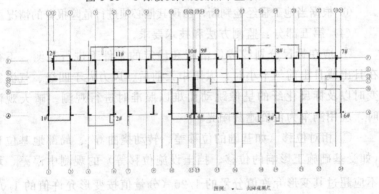

图例：▼—— 沉降观测点

图 8-19　D栋楼沉降观测点布置平面示意

⑤ 其他注意事项。

a. 当出现下列情况之一时，应提高监测频率。

ⓐ 监测数据达到报警值。

ⓑ 监测数据变化量较大或者速率加快。

ⓒ 基坑及周边大量积水、长时间连续降雨、市政管道出现泄漏。

ⓓ 基坑附近地面荷载突然增大或超过设计限值。

ⓔ 支护结构出现开裂。

ⓕ 周边地面出现突然较大沉降或严重开裂。

ⓖ 邻近的道路和建筑物出现突然较大沉降、不均匀沉降或严重开裂。

ⓗ 基坑底部、坡体出现管涌、渗漏或流沙等现象。

ⓘ 出现其他影响基坑及周边环境安全的异常情况。

b. 当出现下列情况之一时，必须立即进行危险报警，并应对基坑支护结构和周边环境中的保护对象采取应急措施。

ⓐ 监测数据达到监测报警值的累计值。

ⓑ 基坑支护结构或周边土体的位移值突然明显增大或基坑出现流沙、管涌、隆起、陷落或较严重的渗漏等。

ⓒ 基坑支护结构的支撑体系出现过大变形、断裂等迹象。

ⓓ 周边建筑的结构部分、周边地面出现较严重的突发裂缝或者危害结构的变形裂缝。

ⓔ 根据当地工程经验判断，出现其他必须进行危险报警的情况。

（4）第五部分：监测方法和技术要求。

① 应在标尺分划线成像清晰和稳定的条件下进行观测。不得在日出或日出前约半小时、太阳中天前后、风力大于四级、气温突变时以及标尺化纤的呈像跳动而难以照准时进行观测。晴天观测时，应用测伞为仪器遮蔽阳光。

② 相对位移（如基础的位移差、转动挠曲等）、局部地基位移（如受基础施工影响的位移、挡土设施位移等）的观测中误差，均不应超过其变形允许值分量的 $1/20$（分量值按变形允许值的 $1/\sqrt{2}$ 倍采用）。

③ 作业中应经常对水准仪及水准标尺的水准器和 i 角进行检查。当发现观测成果出现异常情况并认为与仪器有关时，应及时进行检验与校正。

④ 每测段往测与返测的测站数均应为偶数，否则应加入标尺零点差改正。由往测转向返测时，两标尺应互换位置，并应重新整置仪器。在同一测站上观测时，不得两次调焦。转动仪器的倾斜螺旋和测微鼓时，其最后旋转方向，均应为旋进。

⑤ 观测时，仪器应避免安置在有空压机、搅拌机、卷扬机等振动影响的范围内，塔式起重机等施工机械附近也不宜设站。

⑥ 每次观测应记载施工进度、增加荷载量等各种影响沉降变化和异常的情况。

（5）第六部分：拟投入检测人员方案。

本项目拟投入主要技术人员见表 8-2。

表 8-2　本项目拟投入主要人员

名称	姓名	职务	职称	资格证书	从事检测工作年限
各主要岗位人员		检测一所所长	高级工程师硕士	检测 027 号	从事检测工作 18 年
		检测一所副所长	工程师	检测 043 号	从事检测工作 12 年
		检测一所主任工程师	工学博士	检测 032 号	从事检测工作 6 年
		检测一所助理工程师	本科	检测 1755 号	从事检测工作 5 年
		检测一所高级试验员	高级试验员	检测 033 号	从事检测工作 20 年

说明：以上人员均持有××全省建设厅颁发的××全省建设工程质量检测人员上岗证书（执业范围：××全省）。

（6）第七部分：拟投入仪器设备。

对于本项目，根据以往相关监测工作经验，拟投入的仪器设备见表 8-3。

表 8-3　本项目拟投入仪器

仪器名称	型号规格	数量	备注
水准仪	DS_1	1 台	监测支护结构、周边建筑沉降
全站仪	GPT-3002	1 套	监测支护结构水平位移
裂缝观测仪	SW-LW-101	1 台	观测裂缝宽度
铟钢尺	2m	1 把	监测支护结构、周边建筑沉降
钢直尺	1m	1 把	测量距离

以上仪器设备除定期自检保证处于正常状态外，每年均送到××省计量检测研究院检定，经检定合格且在检定有效周期内，方可在现场监测中使用。

参 考 文 献

[1] 合肥工业大学，重庆建筑大学，天津大学，哈尔滨建筑大学合编．测量学 [M]．北京：中国建筑工业出版社，2005．

[2] 陈丽华．土木工程测量 [M]．杭州：浙江大学出版社，2002．

[3] 刘谊，邢贵和．测绘学 [M]．北京：教育科学出版社，2000．

[4] 金芳芳．工程测量实验与实习指导 [M]．南京：东南大学出版社，2007．

[5] 胡伍生等．土木工程测量 [M]．第3版．南京：东南大学出版社，2007．

[6] 黄浩．测量 [M]．修订版．北京：中国环境科学出版社，2007．

[7] 卢满堂，等．建筑工程测量 [M]．北京：中国水利水电出版社，2007．

[8] 全志强．铁路测量 [M]．北京：中国铁道出版社，2008．

[9] 赵文亮．地形测量 [M]．郑州：黄河水利出版社，2005．

[10] 武汉测绘科技大学测量学编写组．测量学 [M]．第3版．北京：测绘出版社，2002．

[11] 中华人民共和国国家标准．GB 50026—2007 工程测量规范．北京：中国计划出版社，2008．